全国机械行业职业教育优质规划教材（高职高专）
经全国机械职业教育教学指导委员会审定
机械制造类专业

公差配合与测量技术

主　编　刘彩琴
副主编　李　莉　刘爽爽
参　编　王　倩　赵利颇　曹春雷　王文军
　　　　李　静　赵玉清　程　毓　陈金勇
主　审　钟　健

机械工业出版社

本书内容包括锤把的测量、阶梯轴的精度分析及检测、轴套的精度分析及检测、箱体的精度分析及检测、减速器传动轴的精度设计、典型零件的精度分析及检测、（滚动轴承的精度设计、螺纹连接的精度分析及检测、圆锥配合的精度分析及检测、圆柱齿轮传动精度的选择与检测）共6个项目。

本书采用现行国家标准，侧重讲解概念和标准的应用；阐述了技术测量的基本原理及常用计量器具的操作步骤，同时也介绍了国内外一些新的测量技术。本书内容精炼、简约，重点内容突出，方便实用，可操作性较强。

本书可作为高等职业院校机械类或近机械类各专业的教学用书，也可供工程技术人员及设计、检验人员参考。

本书配有电子课件，凡使用本书作为教材的教师，可登录机械工业出版社教育服务网（http://www.cmpedu.com）注册后下载。咨询电话：010-88379375。

图书在版编目（CIP）数据

公差配合与测量技术/刘彩琴主编. —北京：机械工业出版社，2022.5（2024.1重印）

全国机械行业职业教育优质规划教材. 高职高专 经全国机械职业教育教学指导委员会审定. 机械制造类专业

ISBN 978-7-111-70753-0

Ⅰ.①公… Ⅱ.①刘… Ⅲ.①公差-配合-高等职业教育-教材②技术测量-高等职业教育-教材 Ⅳ.①TG801

中国版本图书馆CIP数据核字（2022）第097723号

机械工业出版社（北京市百万庄大街22号 邮政编码100037）
策划编辑：王英杰　　　　责任编辑：王英杰
责任校对：陈 越 张 薇　责任印制：张 博
北京建宏印刷有限公司印刷
2024年1月第1版第3次印刷
184mm×260mm · 9.5印张 · 228千字
标准书号：ISBN 978-7-111-70753-0
定价：35.00元

电话服务　　　　　　　网络服务
客服电话：010-88361066　机 工 官 网：www.cmpbook.com
　　　　　010-88379833　机 工 官 博：weibo.com/cmp1952
　　　　　010-68326294　金 书 网：www.golden-book.com
封底无防伪标均为盗版　机工教育服务网：www.cmpedu.com

前　言

“公差配合与测量技术”是职业院校机械类专业和机电一体化技术专业课程体系中一门重要的技术基础课。本书是在广泛调研的基础上，根据全国机械制造专业教学指导委员会审批的教材编写大纲编写的。本书以高等职业教育培养生产、建设、管理和服务第一线的高等技术应用型人才为目标，采用基于工作过程的课程开发理念，以“工作过程”为导向，结合“项目教学”，把握“必需、够用”的尺度，力求达到最佳的教学效果。本书贯彻现行国家标准，内容简明易懂、深入浅出、概念精准，充分体现高职高专的教育特色。

本书具有以下特点：

（1）按“项目驱动”模式，以“工作过程”为导向。项目下面设置任务，每个任务均安排有任务实施环节，避免了理论与实践脱节，真正实现了学生在“学中做”和“做中学”。

（2）将传统的“公差配合与测量技术”内容进行了重组，提取精华，按零件精度从简单到复杂的顺序划分项目。每个项目均按精度分析、精度检测的顺序进行介绍。

（3）采用现行国家标准和法定的计量单位，并兼顾旧标准在生产实际中使用的成功经验，提醒学生既要“温故”更须“知新”，培养学生学习、应用、贯彻、执行国家标准的意识，真正做到“与时俱进”。

本书由刘彩琴担任主编，李莉、刘爽爽担任副主编，由深圳职业技术学院钟健主审。

本书共6个项目。参加本书编写的人员及分工如下：河北科技工程职业技术大学刘彩琴编写项目一，荆州职业技术学院王文军编写项目二任务一、任务二，深圳职业技术学院程毓编写项目二任务三、项目三任务二，河北科技工程职业技术大学王倩编写项目三任务一，河北科技工程职业技术大学李莉编写项目四，河北工业职业技术大学刘爽爽编写项目五，河北科技工程职业技术大学赵玉清编写项目六任务一，河北科技工程职业技术大学曹春雷编写项目六任务二，河北科技工程职业技术大学赵利颇编写项目六任务三，河北科技工程职业技术大学李静编写项目六任务四。本书配有电子课件和电子教案，其中视频录制由邢台钢铁有限公司技术部陈金勇负责，动画由李莉、赵利颇负责。

由于编者水平有限，书中难免有错误和不妥之处，敬请广大读者批评指正。

编　者

二维码清单

名称	图形	页码	名称	图形	页码
01 互换性		1	09 几何公差的标注		53
02 公称尺寸与偏差		2	10 识读位置公差		58
03 万能角度尺测量角度		10	11 内径百分表的使用		65
04 公差与公差带		13	12 量块的组合		68
05 外径千分尺的使用		32	13 识读方向公差		74
06 光切显微镜测量表面粗糙度		36	14 箱体方向误差测量		88
07 配合种类及选用		47	15 基准制的选用		92
08 几何公差项目及公差		50	16 公法线千分尺的使用		135

目 录

项目一

锤把的测量

任务一　锤把的精度分析

任务导入

某学校要求每个学生加工一把小锤子，锤把如图 1-1 所示，读图并思考下列问题。

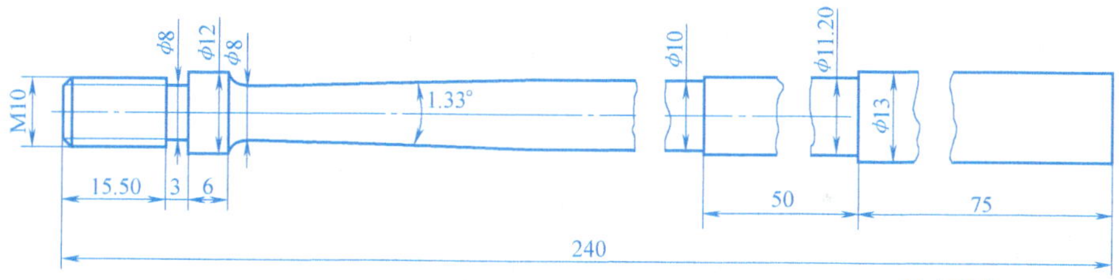

技术要求
未注公差尺寸按GB/T 1804— m。

图 1-1　锤把

1）锤把如何加工？锤把之间能互换吗？如何保证锤把之间可以互换？

2）分析锤把有哪些尺寸要求。这些尺寸有精度要求吗？

3）如何判断锤把是否合格？

基本知识

导入问题 1：锤把之间能互换吗？如何保证锤把之间可以互换？

一、互换性概念

零部件的互换性是指同一规格零部件按规定的技术要求制造，能够彼此相互替换使用而效果相同的性能。

01 互换性

互换性是机械制造、军品生产、机电一体化产品设计和制造过程中广泛使用的重要原则，并且能取得巨大的经济和社会效益。

零部件的互换性包括几何量、力学性能和理化性能等方面的互换性。本课程只讨论几何量的互换性。

二、互换性在机械制造业中的作用

（1）在设计中的作用　设计时，可最大限度地采用具有互换性的标准件、通用件，从而减少绘图、计算等工作，缩短设计周期。

（2）在制造中的作用　制造时，有利于组织专业化生产，有利于采用先进工艺和高效的专用设备，最终实现加工和装配过程的自动化，提高生产率，降低成本。

（3）在使用与维修中的作用　使用和维修时，能及时更换磨损或损坏的零部件，减少机器的维修时间和费用，保证机器工作的连续性，提高机器的使用价值。

互换性在保证产品质量、提高生产率、降低成本等方面具有重大意义，它是工业发展的必然趋势。互换性已成为工业部门在产品设计和制造中一个应普遍遵循的指导原则。

三、互换性的种类

根据互换程度的不同，零件的互换性可分为完全互换性和不完全互换性。

1）完全互换性简称互换性，是指零部件装配或更换时不需要附加的挑选或修配，即能满足规定的装配要求。

2）不完全互换性也称为有限互换性，是指在零部件装配时允许有附加的选择或调整。

在进行机器产品设计时，对于那些易耗件、通用件、标准件以及厂际协作生产件，应遵循完全互换原则。当零部件装配要求很高时，可以考虑用不完全互换原则。

四、公差的概念

零件几何量允许的最大变动量，称为几何量公差，简称公差。

几何量公差由尺寸公差、几何公差和表面粗糙度等组成。

互换性要由公差来保证。公差是由设计人员给定的。公差不能为零，且是没有正负之分的绝对值。公差反映了制造精度的要求，体现了加工的难易程度。

导入问题 2：这些尺寸有精度要求吗？

五、有关尺寸的术语及定义

（1）尺寸　以特定单位表示线性尺寸值的数字，一般表示长度的大小，如直径、深度、宽度、中心距等。

（2）公称尺寸　由图样规范确定的理想形状要素的尺寸，用 $D(d)$ 表示。

它是设计给定的尺寸，只表示尺寸的基本大小，未必是要保证的准确尺寸。

（3）极限尺寸　允许尺寸变化的两个极端值。

上极限尺寸指允许的最大尺寸。孔、轴的上极限尺寸分别用 D_{max}、d_{max} 表示。

下极限尺寸指允许的最小尺寸。孔、轴的下极限尺寸分别用 D_{min}、d_{min} 表示。

（4）实际（组成）要素尺寸　通过测量所获得的尺寸。孔、轴的实际（组成）要素尺寸分别用 D_a、d_a 表示。

由于测量过程中存在误差，实际尺寸往往并非真实尺寸。

孔或轴实际（组成）要素尺寸的合格条件如下：

$$D_{min} \leqslant D_a \leqslant D_{max}$$

$$d_{min} \leqslant d_a \leqslant d_{max}$$

02 公称尺寸与偏差

六、有关偏差和公差的术语及定义

1. 尺寸偏差（简称偏差）

尺寸偏差指某一尺寸（极限尺寸、实际尺寸）减去其公称尺寸所得的代数差。偏差值除零外，其前面必须冠以正号或负号。

（1）极限偏差 指极限尺寸减去其公称尺寸所得的代数差。

上极限尺寸减去公称尺寸所得的代数差称为上极限偏差。孔、轴的上极限偏差分别用 ES、es 表示。

$$\mathrm{ES}=D_{\max}-D \qquad \mathrm{es}=d_{\max}-d \tag{1-1}$$

下极限尺寸减去公称尺寸所得的代数差称为下极限偏差。孔、轴的下极限偏差分别用 EI、ei 表示。

$$\mathrm{EI}=D_{\min}-D \qquad \mathrm{ei}=d_{\min}-d \tag{1-2}$$

在图样上，上、下极限偏差标注在公称尺寸的右侧，例如某轴直径尺寸为 $\phi60^{+0.011}_{-0.008}$mm。

（2）实际偏差 指实际尺寸减其公称尺寸所得的代数差。孔、轴的实际偏差可以分别用 EA、ea 表示。

$$\mathrm{EA}=D_{a}-D \qquad \mathrm{ea}=d_{a}-d \tag{1-3}$$

实际偏差只要在极限偏差范围内，零件尺寸就是合格的，即实际偏差的合格条件如下：

$$\mathrm{EI}\leqslant \mathrm{EA}\leqslant \mathrm{ES}$$

$$\mathrm{ei}\leqslant \mathrm{ea}\leqslant \mathrm{es}$$

2. 尺寸公差（简称公差）

尺寸公差是允许尺寸的变动量。孔、轴的尺寸公差分别用 T_D、T_d 表示。

公差、极限尺寸及极限偏差的关系如下：

$$T_D=D_{\max}-D_{\min}=\mathrm{ES}-\mathrm{EI} \qquad T_d=d_{\max}-d_{\min}=\mathrm{es}-\mathrm{ei} \tag{1-4}$$

注意：公差没有正、负值之分，也不可能为零。

七、线性尺寸的未注公差

零件图上所有的尺寸原则上都应受到一定公差的约束。为了简化制图，节省设计时间，对不重要的尺寸和精度要求很低的非配合尺寸，在零件图上通常不标注它们的公差。

为了保证使用要求，避免在生产中引起不必要的纠纷，国家标准 GB/T 1804—2000 对未注公差的尺寸规定了一般公差。一般公差是指在车间一般加工条件下能够保证的公差。

GB/T 1804—2000 对线性尺寸的一般公差各规定了 4 个公差等级，即 f 级（精密级）、m 级（中等级）、c 级（粗糙级）和 v 级（最粗级），并制定了相应的极限偏差数值。未注公差线性尺寸的极限偏差数值见表 1-1。在零件图上这些数值不必注出，而由车间在加工时加以控制。

线性尺寸的未注公差要求应写在零件图的技术要求中或者技术文件上，按 GB/T 1804 的标准号和公差等级代号的先后顺序（中间用一字线“—”分开）写出。

例如，选用中等级时，表示为：GB/T 1804—m。

表 1-1 未注公差线性尺寸的极限偏差数值（GB/T 1804—2000） （单位：mm）

公差等级	尺寸分段							
	0.5~3	>3~6	>6~30	>30~120	>120~400	>400~1000	>1000~2000	>2000~4000
f(精密级)	±0.05	±0.05	±0.1	±0.15	±0.2	±0.3	±0.5	—
m(中等级)	±0.1	±0.1	±0.2	±0.3	±0.5	±0.8	±1.2	±2
c(粗糙级)	±0.2	±0.3	±0.5	±0.8	±1.2	±2	±3	±4
v(最粗级)	—	±0.5	±1	±1.5	±2.5	±4	±6	±8

导入问题 3：如何判断锤把是否合格？

八、几何量检测的重要性

需要通过检测才能判断零件是否合格，只有合格的零件才具有互换性。检测的目的除了用来评定产品质量，还可用于分析产生不合格品的原因，及时调整生产，监督工艺过程，预防废品产生。所以说，检测是机械制造的“眼睛”。

产品质量的提高，除有赖于设计和加工精度的提高外，往往更有赖于检测精度的提高。所以，合理地确定公差与正确进行检测，是保证产品质量、实现互换性生产的两个必不可少的条件和手段。

检测是检验和测量的统称。测量能够获得具体的数值，用游标卡尺测轴颈就属于测量。检验不能获得具体的数值，只能判断是否合格，例如孔是否合格就可以用塞规检验。

任务实施

1）锤把如何加工？锤把之间能互换吗？如何保证锤把之间可以互换？

锤把属于精度要求不高的轴类零件，需要加工外圆柱面、圆锥面、端面和螺纹，这些都可以直接在车床上完成。只要锤把都按照技术要求制造，并通过检测保证合格，就可以实现互换。

2）分析锤把有哪些尺寸要求。这些尺寸有精度要求吗？

锤把零件图上有 ϕ8mm、ϕ12mm、ϕ13mm、15.50mm、3mm、6mm 等尺寸要求。虽然没有标注出公差，但是它们都有精度要求，属于未注公差尺寸。例如尺寸 ϕ12mm，未注公差等级 m 级，查表 1-1 可得它的极限偏差为±0.2mm。

3）如何判断锤把是否合格？

对锤把上的各个尺寸进行测量，通过尺寸合格条件来判断锤把是否合格。

自检自查

1. 互换性、公差、加工误差之间的关系是怎样的？
2. 互换性原则是否在任何情况下都适用？
3. 查表写出锤把直径尺寸 ϕ8mm、ϕ13mm，长度尺寸 240mm、15.50mm 的极限偏差。

任务二 用游标卡尺测量锤把

任务导入

对图 1-1 所示锤把的各个线性尺寸进行测量，判断该零件是否合格。

请思考：

1）什么是测量？

2）计量器具有哪些主要技术性能指标？

3）测量方法有哪些？

4）你见过哪些长度量具？如何使用游标卡尺测量长度？

基本知识

导入问题 1：什么是测量？

一、测量的概念

测量就是将被测几何量与作为计量单位的标准量进行比较，从而确定两者比值的过程。

例如，用游标卡尺测轴径为 32.62mm，这里 mm 为长度计量单位，数字 32.62 为以 mm 为计量单位时该几何量的数值。

可见，进行任何测量，首先要明确被测对象和确定计量单位，其次要有与被测对象相适应的测量方法，并且测量结果还要达到所要求的测量精度。因此，一个完整的测量过程应包括被测对象、计量单位、测量方法和测量精度 4 个要素。

（1）被测对象　本课程研究的被测对象是几何量，包括长度、角度、表面粗糙度、几何误差等。

（2）计量单位　用于度量同类量值的标准量。例如长度的计量单位有米（m）、毫米（mm）、微米（μm）等。

（3）测量方法　测量方法是指测量时所采用的测量原理、计量器具和测量条件的综合。

（4）测量精度　测量精度是指测量结果与真值相一致的程度。

导入问题 2：计量器具有哪些主要技术性能指标？

二、计量器具的分类及基本技术性能指标

1. 计量器具的分类

计量器具是指可以单独地或连同辅助设备一起用以进行测量的器具。计量器具可分为量具、量规、量仪（计量仪器）和计量装置 4 类。

（1）量具　量具通常是指结构比较简单的测量工具。它可分为单值量具和多值量具。单值量具是指复现单一量值的量具，如量块、直角尺等。多值量具是指复现一定范围内的一系列不同量值的量具，如直尺、游标卡尺等。

（2）量规　量规是指没有刻度的专用计量器具，用以检验零件要素实际尺寸和几何误差的综合结果。使用量规检验的结果只能确定被检验零件是否合格，而不能得到具体数值，如使用光滑极限量规、螺纹量规的检验。

（3）量仪　量仪（即计量仪器）是指能将被测几何量的量值转换成可直接观测的指示值（示值）或等效信息的计量器具。量仪按原始信号转换的原理不同可分为机械式、光学式、电动式和气动式以及它们的组合形式——光机电一体的现代化量仪。

（4）计量装置　计量装置是指为确定被测几何量量值所必需的计量器具和辅助设备的总体。它能够测量同一零件上较多的几何量和形状比较复杂的零件，有助于实现检测自动化

或半自动化。

2. 计量器具的基本技术指标

计量器具的基本技术指标是合理选择和使用计量器具的重要依据。

(1) 标尺间距　标尺间距是指计量器具标尺或分度盘上相邻两刻线中心之间的距离或圆弧长度。为适于人眼观察，标尺间距一般为 1~2.5mm。

(2) 分度值　分度值是指计量器具标尺或分度盘上每刻线间距所代表的量值。例如，百分表的分度值为 0.01mm，千分表的分度值为 0.001mm，图 1-2 所示机械比较仪的分度值为 0.002mm。一般来说，分度值越小，则计量器具的精度就越高。

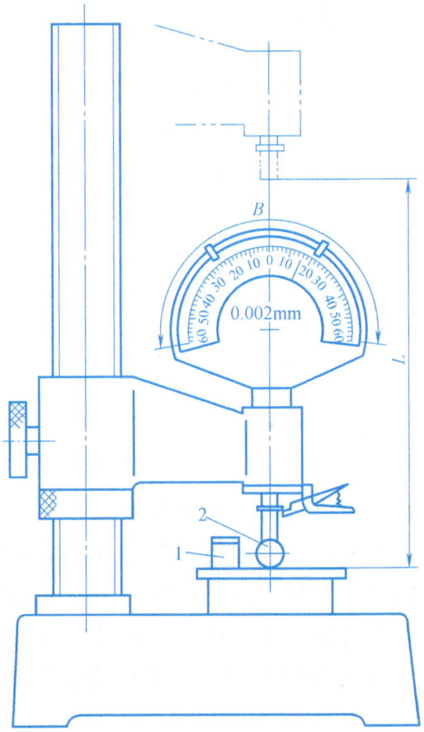

图 1-2　机械比较仪参数示意图

1—量块　2—被测零件

(3) 分辨力　分辨力是指计量器具所能显示的最末一位数所代表的量值。由于在一些量仪（如数字式量仪）中，其读数采用非标尺或非分度盘显示，因此就不能使用分度值这一概念，而将其称为分辨力，或者分辨率。例如，图 1-3 所示数显千分尺的分辨力为 1μm。

(4) 示值范围　示值范围是指计量器具标尺或刻度盘内全部刻度所代表的最大值与最小值的范围。例如，图 1-2 所示机械比较仪的示值范围为±60μm。

(5) 测量范围　测量范围是指计量器具所能测量的最小值到最大值的范围。测量范围的最大值与最小值之差称为量程。如图 1-2 所示机械比较仪的测量范围为 0~180mm，量程为 180mm。

(6) 不确定度　不确定度指由于测量误差的存在而对被测几何量不能肯定的程度。

图 1-3　数量千分尺的分辨力

导入问题 3：测量方法有哪些?

三、测量方法的分类

测量方法可从不同的角度进行分类。

1. 按实测几何量是否为被测几何量分类

(1) 直接测量　直接测量是指实测的几何量就是被测几何量的一种测量方法。例如，用游标卡尺、千分尺直接测出轴径的大小。

(2) 间接测量　间接测量是指被测几何量由几个实测几何量的量值按一定的函数关系式运算后获得。例如，用游标卡尺测图 1-4 所示箱体上孔的中心高度 H。

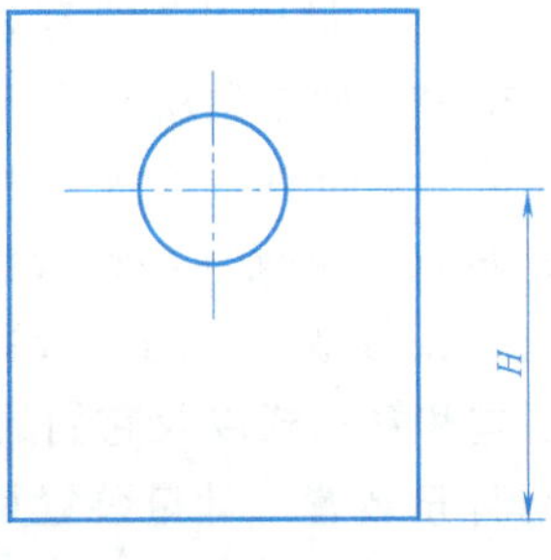

图 1-4　间接测量孔中心高度

间接测量常用于受条件所限而无法进行直接测量的场合。

2. 按示值是否为被测几何量的量值分类

（1）绝对测量 绝对测量是指计量器具显示或指示的示值就是实测几何量的量值。例如，用游标卡尺、千分尺测量轴径的大小。

（2）相对测量 相对测量（比较测量）是指计量器具显示或指示的示值为实测几何量相对于已知标准量的偏差。如图 1-2 所示，用机械比较仪测量轴径，测量时先用量块调整量仪示值零位，该比较仪指示出的示值为被测轴径相对于量块尺寸的偏差。

3. 按测量时被测表面与计量器具的测头是否接触分类

（1）接触测量 接触测量是指测量时计量器具的测头与被测表面接触，并有机械作用的测量力。例如，用千分尺测量轴径。

（2）非接触测量 非接触测量是指测量时计量器具的测头不与被测表面接触。例如，用光切显微镜测量表面粗糙度。

4. 按零件上是否有多个被测几何量一起加以测量分类

（1）单项测量 单项测量是指分别对零件上的各被测几何量进行独立测量。例如，用不同的量具分别测量齿轮的齿厚、齿距偏差。

（2）综合测量 综合测量是指同时测量零件上几个相关几何量的综合结果。例如，用螺纹量规判断螺纹的综合结果是否合格。

导入问题 4：你见过哪些长度量具？如何使用游标卡尺测量长度？

四、游标卡尺简介

工业生产中常用的量具有游标卡尺、千分尺、百分表等。其中游标卡尺的结构简单，使用方便，测量范围大，用途广泛；可测量零件的内、外直径，宽度，厚度，深度和孔距；由于它的精度较低，因此只用于普通尺寸的测量。游标卡尺的分度值有 0.02mm、0.05mm 和 0.1mm 3 种，最常用的是 0.02mm。

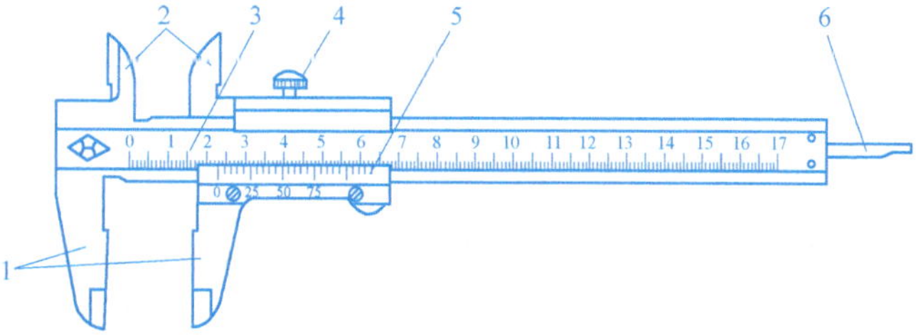

图 1-5 三用游标卡尺

1—外测量爪 2—内测量爪 3—尺身

4—紧固螺钉 5—游标 6—深度尺

常见的游标量具有：游标卡尺、游标高度卡尺、游标深度卡尺、游标万能角度尺等，图 1-5 所示为三用游标卡尺。新型的游标卡尺为了读数方便，装有测微表头或配有数显装置，如图 1-6 所示。

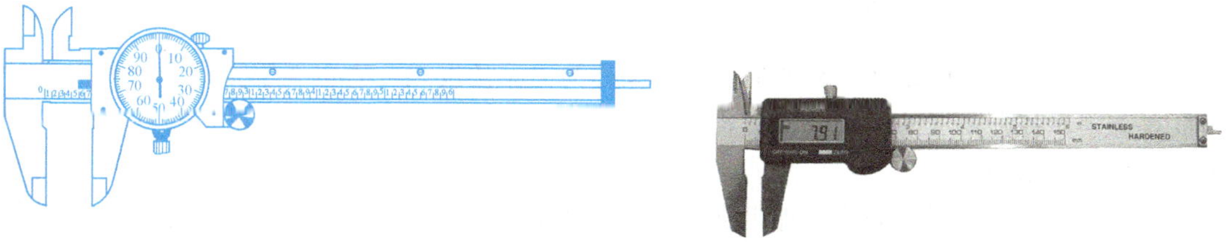

a) 带表卡尺 b) 数显卡尺

图 1-6 新型游标卡尺

五、游标卡尺的操作步骤

1）测量前将待测零件表面擦拭干净。

2）用软布将测量爪擦拭干净，使其并拢，查看游标卡尺尺身和游标的零刻度线是否对齐。如果对齐就可以进行测量，如没有对齐则要记取零误差，游标的零刻度线在尺身零刻度线右侧的叫正零误差，在尺身零刻度线左侧的叫负零误差。

3）测量时，右手拿住尺身，大拇指移动游标，待测零件用左手拿持或放在工作台上，使待测零件位于测量爪之间，当与测量爪可靠接触时，即可读数。读数时，视线应与尺面垂直。如需取下读数，可用紧固螺钉将游标固定在尺身上，以防止其滑动。

游标卡尺的读数部分主要由尺身与游标构成，游标卡尺是以游标的零刻度线为基线进行读数的，具体方法如下。

① 读出游标刻线左边所显示的尺身的刻线毫米整数。

② 游标刻线右边的第几条刻线与尺身上某一条刻线相重合，将游标上读得的刻线条数乘以游标分度值，即为以毫米为单位的小数值。

③ 将尺身读得的毫米整数与小数值相加，就是被测零件的尺寸。如图 1-7a 所示，用分度值为 0.02mm 的游标卡尺，在游标零刻线左边尺身显示 12mm，游标零刻度线右边第五条刻线与尺身上的刻线相重合。即零件尺寸为（12+5×0.02）mm=12.10mm。图 1-7b 所示零件尺寸为 34.48mm。

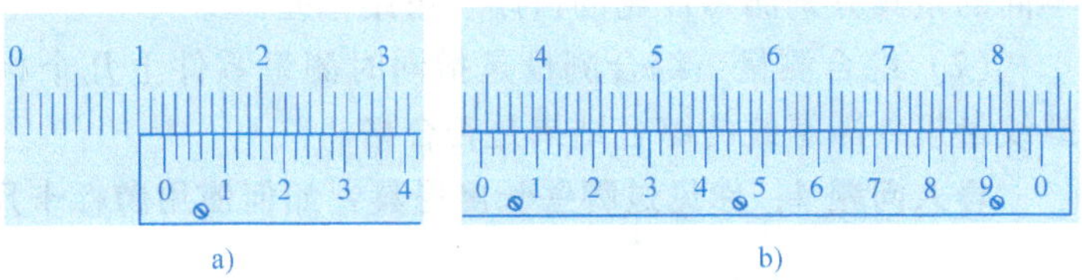

图 1-7　游标卡尺读数示例

4）游标卡尺使用完毕，擦拭干净后，放入卡尺盒内盖好。

任务实施

锤把零件图上的直径尺寸有 ϕ8mm、ϕ12mm、ϕ10mm、ϕ11.20mm，长度尺寸有 15.50mm、6mm、50mm、75mm、240mm、3mm 等。由于锤把精度要求较低，可以直接使用游标卡尺测量其上的各个尺寸。每个被测表面至少测量 4 次（在不同截面、不同方向上测量），根据测量结果判断锤把是否合格。

拓展知识

一、游标万能角度尺简介

游标万能角度尺就是 0°~320°角度尺，又称为 I 型角度尺，它也属于游标类量具。这种角度尺适用于各种角度的测量，例如测量刀具角度、样板角度等。游标分度值有 2′和 5′两种，其结构如图 1-8 所示。

这种角度尺在使用时分为 4 种组合方式进行测量，如图 1-9 所示。图 1-9a 的组合方式是利用基尺测量面与直尺测量面形成夹角，可测量 0°~50°的角度；图 1-9b 的组合方式利用基尺测量面与活动直尺测量面形成的夹角，可测量 50°~140°的角度；图 1-9c 的组合方式利用

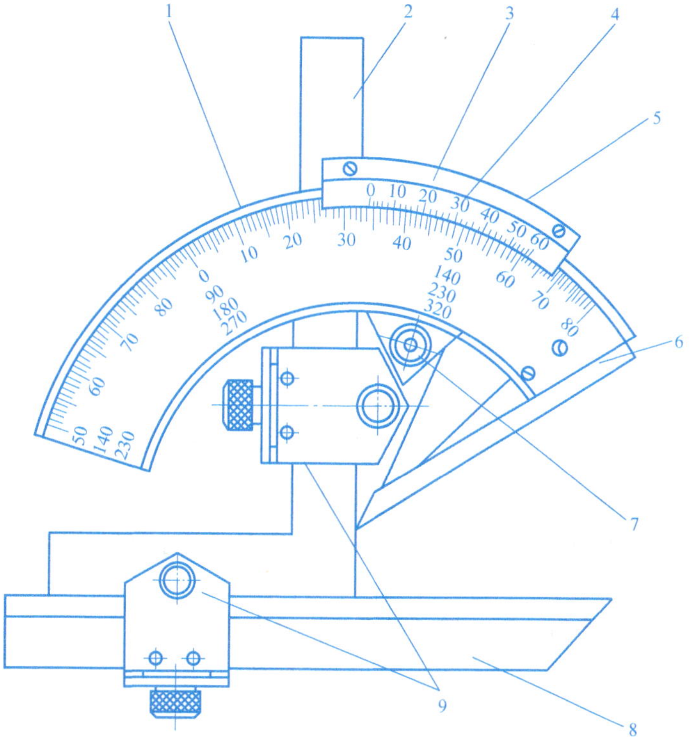

图 1-8　游标万能角度尺

1—主尺　2—直角尺　3—尺座　4—游标　5—齿轮旋钮　6—基尺　7—止动器　8—活动直尺　9—紧固装置

直角尺短边测量面与基尺测量面之间形成夹角，可测量 140°～230°的角度；图 1-9d 的组合方式直接由尺座左面与基尺测量面形成夹角，可测量 230°～320°的角度。

二、游标万能角度尺的操作步骤

1）使用前，先将游标万能角度尺擦拭干净，再检查各部件的相互作用是否移动平稳可靠、止动后的读数是否不动，然后对零位。

2）根据被测角度的大小按图 1-9 所示的组合方式调整好游标万能角度尺。测量时，拧

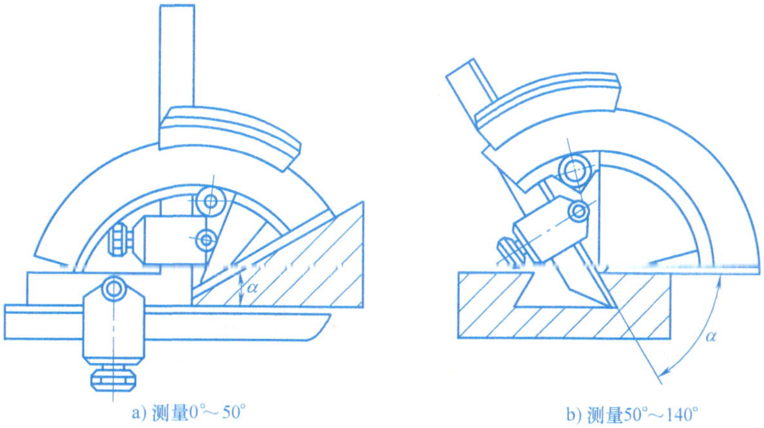

图 1-9　游标万能角度尺的组合方式

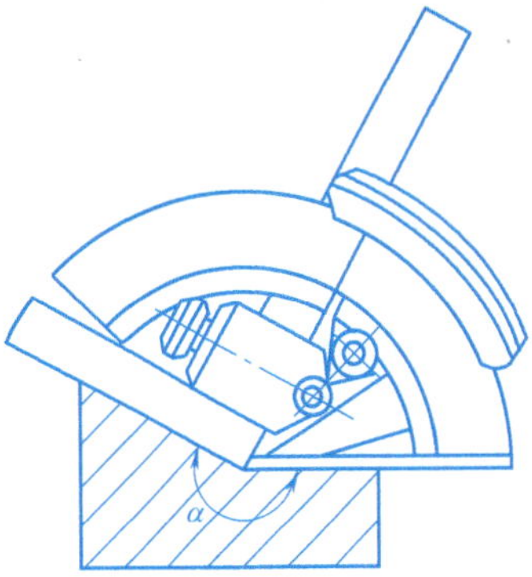

c) 测量140°～230°

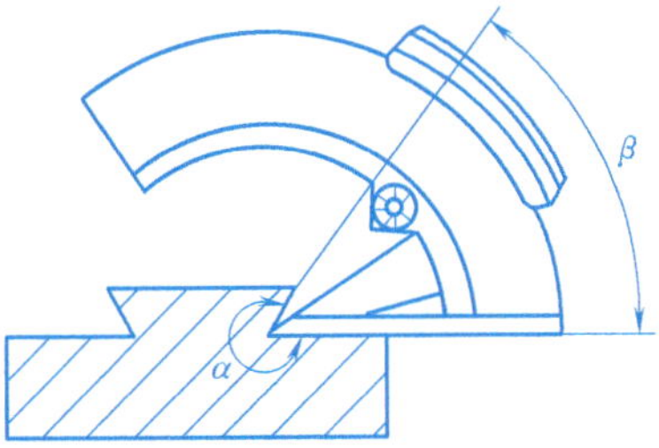

d) 测量230°～320°

图 1-9　游标万能角度尺的组合方式（续）

03 万能角度尺测量角度

松止动器，移动尺座或转动游标背面的齿轮旋钮使角度尺的两测量面与被测零件的工作面贴紧，目测观察应封锁可见光隙，锁紧后即可读数。测量时须注意保持游标万能角度尺与被测件之间的正确位置。

3）游标万能角度尺使用完毕，擦拭干净后，放入盒内盖好。

习　题

一、填空题

1. 零部件的互换性是指________规格零部件按规定的________制造，能够彼此相互________使用而效果相同的性能。

2. 实行专业化协作生产必须采用________原则。

3. 完全互换性是指零部件装配或更换时不需要________或________为条件。

4. 在满足功能要求的前提下，公差应尽量规定得________些，以获得最佳技术经济效益。

5. 用公式表示的实际尺寸合格条件是__________，实际偏差合格条件是__________。

6. 一般公差是指在车间____________条件下能够保证的公差，即机床设备在正常维护和操作情况下，能达到的____________加工精度。

7. 线性尺寸的一般公差有________级、________级、________级和________级 4 个公差等级。

8. 一个完整的测量过程应包括________、________、________和________ 4 个要素。

9. 计量器具的分度值是指____________________。

二、选择题

1. 不完全互换性一般用于（　　）的零部件，适合于部分场合。

A. 生产批量大、装配精度高　　B. 生产批量大、装配精度低

C. 生产批量小、装配精度高　　D. 生产批量小、装配精度低

2. 本课程研究的是零件（　　）方面的互换性。

A. 物理性能　　B. 几何量　　C. 化学性能　　D. 尺寸

3. 为使零件的（　　）具有互换性，必须把零件的加工误差控制在给定的范围内。

A. 尺寸　　B. 形状　　C. 表面粗糙度　　D. 几何量

4. 下列论述中不正确的有（　　）。

A. 因为有了大批量生产，所以才有零件互换性；因为有互换性生产才制定公差制

B. 具有互换性的零件，其几何参数应是绝对准确的

C. 一个零件经过调整后再进行装配，检验合格，也称为具有互换性

D. 不完全互换不会降低使用性能，且经济效益较好

5. 如图 1-10 所示方法测量零件直径，属于（　　）测量方法。

A. 间接测量　　B. 相对测量　　C. 绝对测量　　D. 主动测量

6. 下列测量中属于相对测量的有（　　）。

A. 用千分尺测外径　　B. 用游标卡尺测外径

C. 用机械比较仪测外径　　D. 用内径千分尺测量内径

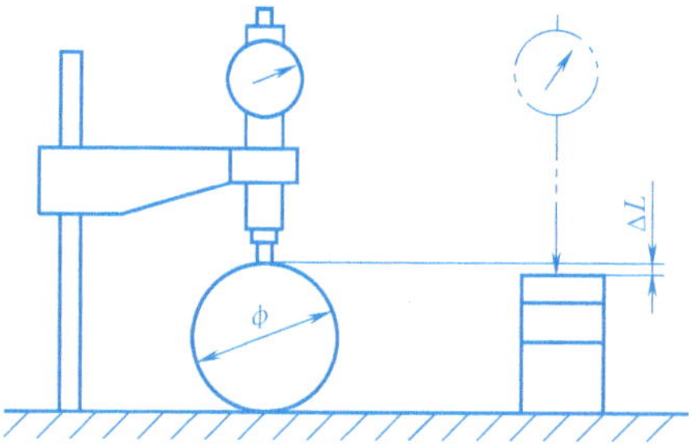

图 1-10　测量零件直径

三、判断题

1. 单件、小批生产也必须遵循互换性原则。(　　)

2. 未注公差尺寸即对该尺寸无公差要求。(　　)

3. 偏差数值可以为正、负或者零，公差也是。(　　)

4. 对零部件规定的公差值越小，尺寸精度越高，越难加工。(　　)

5. 加工尺寸越靠近公称尺寸就越精确。(　　)

6. 直接测量必为绝对测量。(　　)

7. 为减少测量误差，一般不采用间接测量。(　　)

8. 选择较大的测量力，有利于提高测量的准确度和灵敏度。(　　)

9. 某轴要求尺寸为 $\phi50^{-0.025}_{-0.050}$mm，今测得其实际尺寸为 $\phi50.000$mm，可以判断该轴合格。(　　)

四、综合题

1. 互换性按互换程度可以分为哪两类？各有什么特点？

2. 用游标卡尺测零件直径属于哪种测量方法？游标卡尺是否需要估读？

项目二 阶梯轴的精度分析及检测

任务一 阶梯轴的精度分析

任务导入

图 2-1 所示为 CA6140 车床主轴箱里的小轴。它的功用是支承杠杆，并使杠杆绕小轴摆动。读图并思考下列问题。

1）尺寸 $\phi16g8$ 各部分的含义是什么？画出公差带图。

2）代号 √、√Ra 6.3 对零件哪些方面的精度进行了限制？为什么要进行这些代号的标注？

3）代号 √Ra 1.6（磨）的含义是什么？

4）零件表面结构代号如何标注？

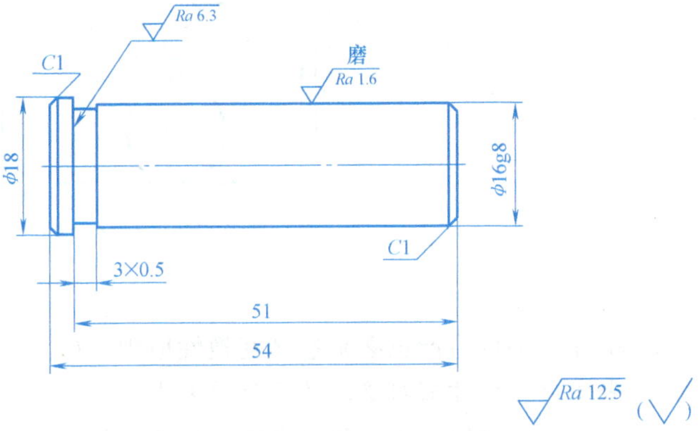

图 2-1 小轴

基本知识

导入问题 1：尺寸 $\phi16g8$ 各部分的含义是什么？画出公差带图。

一、孔和轴的定义

孔主要指圆柱形的内尺寸要素，也包括非圆柱形内尺寸要素（由两平行平面或切面形成的包容面）。

轴主要指圆柱形外尺寸要素，也包括非圆柱形外尺寸要素（由两平行平面或切面形成的被包容面）。

它们都是由单一尺寸确定的表面，其中孔是包容面，轴是被包容面。图 2-2 所示的各表面，L_3、L_4 都属于孔；L_1、L_2 都属于轴。而 L_5 既没有形成包容面也没有形成被包容面，所以它既不是孔也不是轴，属于一般长度尺寸。

二、公差带图

以公称尺寸为零线，用适当的比例画出上、下极限偏差，以表示尺寸允许变动的界限及

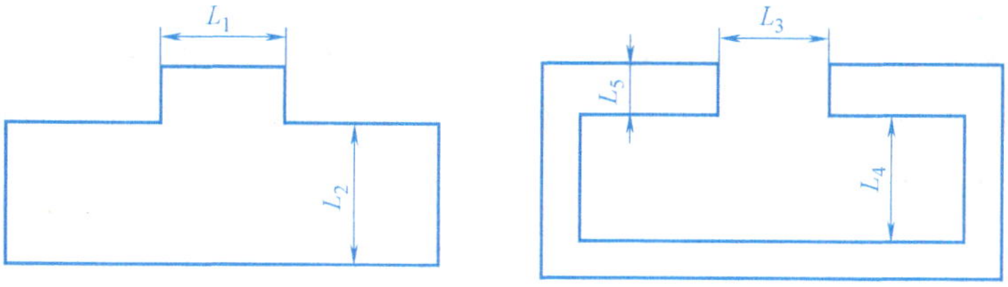

图 2-2　非圆柱形的孔和轴

范围，称为公差带图，如图 2-3 所示。

1. 零线

公差带图中，零线是指代表公称尺寸的一条直线，以它作为上、下极限偏差的起点。零线以上为正偏差，零线以下为负偏差，位于零线上的偏差为零。

2. 公差带

公差带是指代表孔或轴的上、下极限偏差或者上、下极限尺寸的两条直线所限定的一个区域。公差带在垂直于零线方向上的宽度代表公差值，公差带方框的左右长度可适当选取。

公差带图中，公称尺寸以毫米（mm）为单位，毫米省略不标。偏差一般以微米（μm）为单位进行标注，微米可省去不标。

例 2-1　已知孔尺寸为 $\phi50^{+0.025}_{0}$mm，轴尺寸为 $\phi50^{-0.025}_{-0.041}$mm，画出孔、轴的公差带图。

解： 从题意可知，孔、轴的公称尺寸为 ϕ50mm，孔的上极限偏差 ES = +0.025mm = +25μm，下极限偏差 EI = 0；轴的上极限偏差 es = −0.025mm = −25μm，下极限偏差 ei = −0.041mm = −41μm。画出公差带图如图 2-4 所示。

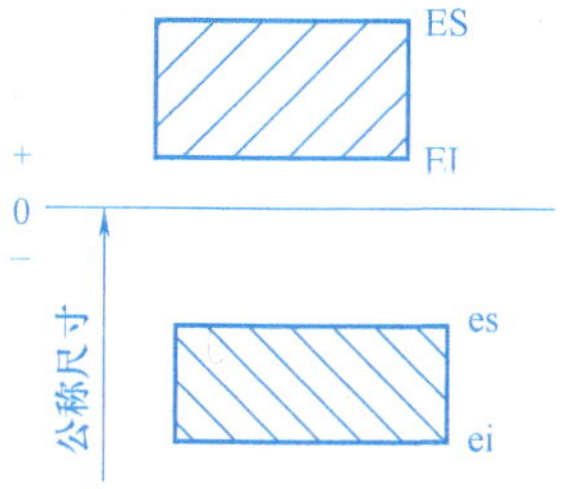

图 2-3　孔、轴公差带图

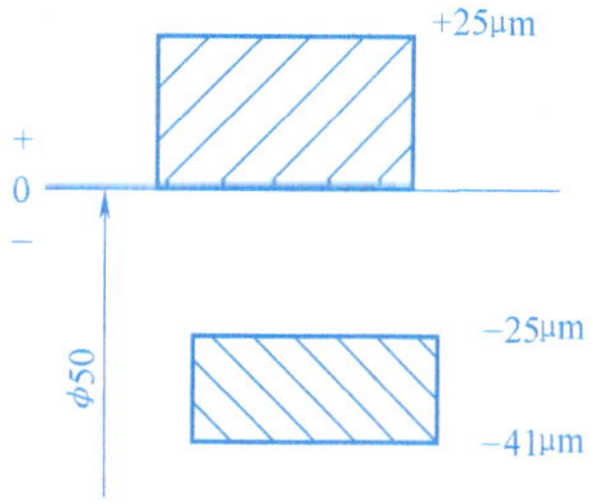

图 2-4　例 2-1 公差带图

04 公差与公差带

公差带有两个基本参数，即公差带的大小和公差带的位置。公差带的大小取决于标准公差，公差带的位置取决于基本偏差。为了使公差带的大小和位置标准化，国家标准 GB/T 1800.2—2020 规定了孔和轴的标准公差系列与基本偏差系列。

三、标准公差系列

标准公差为国家标准所规定的任一公差。它的数值取决于标准公差等级和公称尺寸。

1. 标准公差等级及其代号

国家标准规定在公称尺寸至 500mm 内孔、轴的标准公差各分为 20 个等级，它们分别用符号 IT01、IT0、IT1、…、IT18 表示，IT 为国际公差 ISO Tolerance 的缩写。其中 IT01 最高，等级依次降低，IT18 最低。在公称尺寸大于 500~3150mm 内规定了 18 个标准公差等级，即 IT1、IT2、…、IT18，等级依次降低。

2. 标准公差数值表

国家标准已经分别计算并按规则圆整，得出各个尺寸段的标准公差数值，并编制成标准公差数值表。表 2-1 为公称尺寸至 3150mm 的标准公差数值，使用时可根据公称尺寸和标准公差等级直接查表得出。

表 2-1 公称尺寸至 3150mm 的标准公差数值（摘自 GB/T 1800.1—2020）

公称尺寸/mm		标准公差等级																	
		IT1	IT2	IT3	IT4	IT5	IT6	IT7	IT8	IT9	IT10	IT11	IT12	IT13	IT14	IT15	IT16	IT17	IT18
大于	至	μm											mm						
—	3	0.8	1.2	2	3	4	6	10	14	25	40	60	0.10	0.14	0.25	0.40	0.60	1.0	1.4
3	6	1	1.5	2.5	4	5	8	12	18	30	48	75	0.12	0.18	0.30	0.48	0.75	1.2	1.8
6	10	1	1.5	2.5	4	6	9	15	22	36	58	90	0.15	0.22	0.36	0.58	0.90	1.5	2.2
10	18	1.2	2	3	5	8	11	18	27	43	70	110	0.18	0.27	0.43	0.70	1.10	1.8	2.7
18	30	1.5	2.5	4	6	9	13	21	33	52	84	130	0.21	0.33	0.52	0.84	1.30	2.1	3.3
30	50	1.5	2.5	4	7	11	16	25	39	62	100	160	0.25	0.39	0.62	1.00	1.60	2.5	3.9
50	80	2	3	5	8	13	19	30	46	74	120	190	0.30	0.46	0.74	1.20	1.90	3.0	4.6
80	120	2.5	4	6	10	15	22	35	54	87	140	220	0.35	0.54	0.87	1.40	2.20	3.5	5.4
120	180	3.5	5	8	12	18	25	40	63	100	160	250	0.40	0.63	1.00	1.60	2.50	4.0	6.3
180	250	4.5	7	10	14	20	29	46	72	115	185	290	0.46	0.72	1.15	1.85	2.90	4.6	7.2
250	315	6	8	12	16	23	32	52	81	130	210	320	0.52	0.81	1.30	2.10	3.20	5.2	8.1
315	400	7	9	13	18	25	36	57	89	140	230	360	0.57	0.89	1.40	2.30	3.60	5.7	8.9
400	500	8	10	15	20	27	40	63	97	155	250	400	0.63	0.97	1.55	2.50	4.00	6.3	9.7
500	630	9	11	16	22	32	44	70	110	175	280	440	0.7	1.1	1.75	2.8	4.4	7	11
630	800	10	13	18	25	36	50	80	125	200	320	500	0.8	1.25	2	3.2	5	8	12.5
800	1000	11	15	21	28	40	56	90	140	230	360	560	0.9	1.4	2.3	3.6	5.6	9	14
1000	1250	13	18	24	33	47	66	105	165	260	420	660	1.05	1.65	2.6	4.2	6.6	10.5	16.5
1250	1600	15	21	29	39	55	78	125	195	310	500	780	1.25	1.95	3.1	5	7.8	12.5	19.5
1600	2000	18	25	35	46	65	92	150	230	370	600	920	1.5	2.3	3.7	6	9.2	15	23
2000	2500	22	30	41	55	78	110	175	280	440	700	1100	1.75	2.8	4.4	7	11	17.5	28
2500	3150	26	36	50	68	96	135	210	330	540	860	1350	2.1	3.3	5.4	8.6	13.5	21	33

四、轴的基本偏差系列

1. 基本偏差的定义

基本偏差是指用以确定公差带相对于零线位置的极限偏差（上极限偏差或下极限偏差），一般是指靠近零线或位于零线的那个极限偏差。

2. 基本偏差的代号

国家标准规定孔、轴的基本偏差各有 28 种，每种基本偏差的代号用一个或两个英文字母表示。孔用大写字母表示，轴用小写字母表示。

在 26 个英文字母中，去掉 I(i)、L(l)、O(o)、Q(q)、W(w) 这 5 个字母，增加由两个字母组成的 7 组字母 CD(cd)、EF(ef)、FG(fg)、JS(js)、ZA(za)、ZB(zb)、ZC(zc)，共计 28 种。

3. 轴基本偏差的分布规律

轴的基本偏差系列如图 2-5 所示。这些基本偏差的主要特点如下：

1）代号为 a~g 的基本偏差是上极限偏差 es（负值），按从 a 到 g 的顺序，基本偏差的绝对值逐渐减小。

2）代号为 h 的基本偏差是上极限偏差 es=0。

3）代号为 j~zc 的基本偏差是下极限偏差 ei，按从 k 到 zc 的顺序，基本偏差的数值依次逐渐增大。

4）代号为 js 的轴公差带相对于零线对称分布，基本偏差可取为上极限偏差 es=+IT/2，也可取为下极限偏差 ei=-IT/2。其中 IT 为标准公差数值。

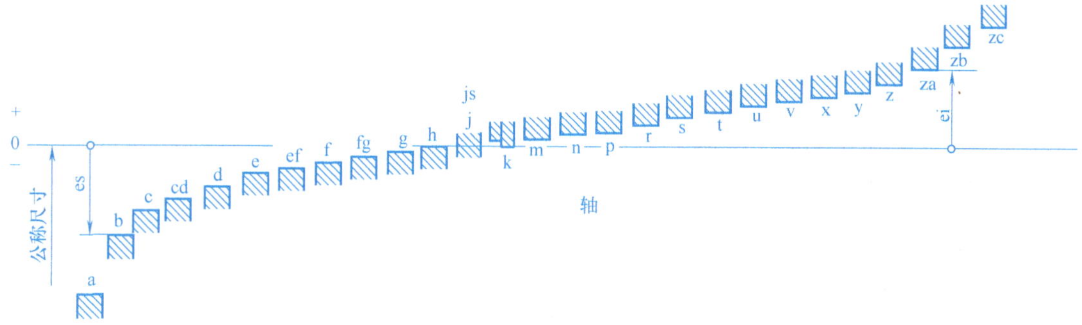

图 2-5 轴的基本偏差系列

由于基本偏差仅确定公差带的位置，因而图 2-5 中公差带的另一端“开口”，表示其公差等级未定。

4. 轴基本偏差数值表

轴的基本偏差数值见表 2-2。

五、孔、轴的公差带代号及其标注

将孔、轴基本偏差代号和标准公差等级代号中的阿拉伯数字组合，就构成孔、轴公差带代号。例如：孔公差带代号 H7、F8，轴公差带代号 h7、f6。

标准规定：在公称尺寸后标注公差带代号或（和）对应的极限偏差数值，形式如图 2-6 所示。

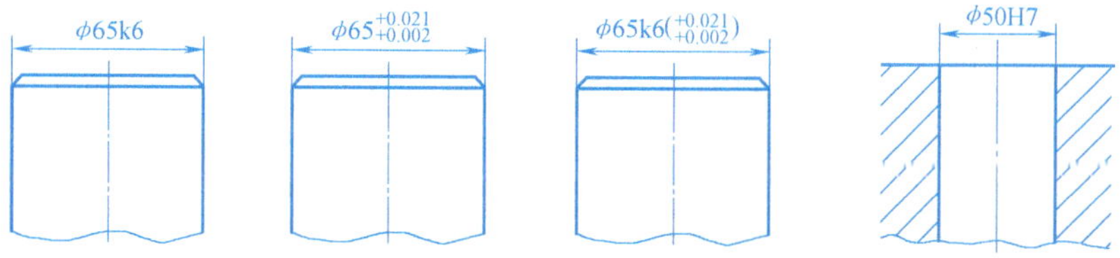

图 2-6 孔、轴公差带代号标注

例 2-2 利用标准公差数值表（表 2-1）和轴的基本偏差数值表（表 2-2），确定 $\phi60m7$ 轴的极限偏差数值。

表 2-2 轴的基本偏差数值（GB/T 1800.1—2020） （单位：μm）

公称尺寸/mm		轴的基本偏差数值(上极限偏差 es)											
		所有标准公差等级											
大于	至	a	b	c	cd	d	e	ef	f	fg	g	h	js
—	3	-270	-140	-60	-34	-20	-14	-10	-6	-4	-2	0	
3	6		-140	-70	-46	-30	-20	-14	-10	-6	-4	0	
6	10	-280	-150	-80	-56	-40	-25	-18	-13	-8	-5	0	
10	14	-290	-150	-95	-70	-50	-32	-23	-16	-10	-6	0	
14	18												
18	24	-300	-160	-110	-85	-65	-40	-25	-20	-12	-7	0	
24	30												
30	40	-310	-170	-120	-100	-80	-50	-35	-25	-15	-9	0	
40	50	-320	-180	-130									
50	65	-340	-190	-140		-100	-60		-30		-10	0	
65	80	-360	-200	-150									
80	100	-380	-220	-170		-120	-72		-36		-12	0	
100	120	-410	-240	-180									
120	140	-460	-263	-200		-145	-85		-43		-14	0	
140	160	-520	-280	-210									
160	180	-580	-310	-230									
180	200	-660	-340	-240		-170	-100		-50		-15	0	
200	225	-740	-380	-260									
225	250	-820	-420	-280									
250	280	-920	-480	-300		-190	-100		-56		-17	0	偏差 = $\pm\frac{IT_n}{2}$ 式中 n 是标准公差等级数
280	315	-1050	-540	-330									
315	355	-1200	-600	-360		-210	-125		-62		-18	0	
355	400	-1350	-680	-400									
400	450	-1500	-760	-440		-230	-135		-68		-20	0	
450	500	-1650	-840	-480									
500	560					-260	-145		-76		-22	0	
560	630												
630	710					-290	-160		-80		-24	0	
710	800												
800	900					-320	-170		-86		-26	0	
900	1000												
1000	1120					-350	-195		-98		-28	0	
1120	1250												
1250	1400					-390	-220		-110		-30	0	
1400	1600												
1600	1800					-430	-240		-120		-32	0	
1800	2000												
2000	2240					-480	-260		-130		-34	0	
2240	2500												
2500	2800					-520	-290		-145		-38	0	
2800	3150												

（续）

公称尺寸/mm		轴的基本偏差数值（下极限偏差 ei）								
		IT5 和 IT6	IT7	IT8	IT4～7	≤IT3，>IT7	所有标准公差等级			
大于	至	j			k		m	n	p	r
—	3	−2	−4	−6	0	0	+2	+4	+6	+10
3	6	−2	−4		+1	0	+4	+8	+12	+15
6	10	−2	−5		+1	0	+6	+10	+15	+19
10	14	−3	−6		+1	0	+7	+12	+18	+23
14	18									
18	24	−4	−8		+2	0	+8	+15	+22	+28
24	30									
30	40	−5	−10		+2	0	+9	+17	+26	+34
40	50									
50	65	−7	−12		+2	0	+11	+20	+32	+41
65	80									+43
80	100	−9	−15		+3	0	+13	+23	+37	+51
100	120									+54
120	140	−11	−18		+3	0	+15	+27	+43	+63
140	160									+65
160	180									+68
180	200	−13	−21		+4	0	+17	+31	+50	+77
200	225									+80
225	250									+84
250	280	−16	−26		+4	0	+20	+34	+56	+94
280	315									+98
315	355	−18	−28		+4	0	+21	+37	+62	+108
355	400									+114
400	450	−20	−32		+5	0	+23	+40	+68	+126
450	500									+132
500	560				0	0	+26	+44	+78	+150
560	630									+155
630	710				0	0	+30	+50	+88	+175
710	800									+185
800	900				0	0	+34	+56	+100	+210
900	1000									+220
1000	1120				0	0	+40	+66	+120	+250
1120	1250									+260
1250	1400				0	0	+48	+78	+140	+300
1400	1600									+330
1600	1800				0	0	+58	+92	+170	+370
1800	2000									+400
2000	2240				0	0	+68	+110	+195	+440
2240	2500									+460
2500	2800				0	0	+76	+135	+240	+550
2800	3150									+580

（续）

公称尺寸/mm		轴的基本偏差数值（下极限偏差 ei）									
		所有标准公差等级									
大于	至	s	t	u	v	x	y	z	za	zb	zc
—	3	+14		+18		+20		+26	+32	+40	+60
3	6	+19		+23		+28		+35	+42	+50	+80
6	10	+23		+28		+34		+42	+52	+67	+97
10	14	+28		+33		+40		+50	+64	+90	+130
14	18				+39	+45		+60	+77	+108	+150
18	24	+35		+41	+47	+54	+63	+73	+98	+136	+188
24	30		+41	+48	+55	+64	+75	+88	+118	+160	+218
30	40	+43	+48	+60	+68	+80	+94	+112	+148	+200	+274
40	50		+54	+70	+81	+97	+114	+136	+180	+242	+325
50	65	+53	+66	+87	+102	+122	+144	+172	+226	+300	+405
65	80	+59	+75	+102	+120	+146	+174	+210	+274	+360	+480
80	100	+71	+91	+124	+146	+178	+214	+258	+335	+445	+585
100	120	+79	+104	+144	+172	+210	+254	+310	+400	+525	+690
120	140	+92	+122	+170	+202	+248	+300	+365	+470	+620	+800
140	160	+100	+134	+190	+228	+280	+340	+415	+535	+700	+900
160	180	+108	+146	+210	+252	+310	+380	+465	+600	+780	+1000
180	200	+122	+166	+236	+284	+350	+425	+520	+670	+880	+1150
200	225	+130	+180	+258	+310	+385	+470	+575	+740	+960	+1250
225	250	+140	+196	+284	+340	+425	+520	+640	+820	+1050	+1350
250	280	+158	+218	+315	+385	+475	+580	+710	+920	+1200	+1550
280	315	+170	+240	+350	+425	+525	+650	+790	+1000	+1300	+1700
315	355	+190	+268	+390	+475	+590	+730	+900	+1150	+1500	+1900
355	400	+208	+294	+425	+530	+660	+820	+1000	+1300	+1650	+2100
400	450	+232	+330	+490	+595	+740	+920	+1100	+1450	+1850	+2400
450	500	+252	+360	+540	+660	+820	+1000	+1250	+1600	+2100	+2600
500	560	+280	+400	+600							
560	630	+310	+450	+660							
630	710	+340	+500	+740							
710	800	+380	+560	+840							
800	900	+430	+620	+940							
900	1000	+470	+680	+1050							
1000	1120	+520	+780	+1150							
1120	1250	+580	+840	+1300							
1250	1400	+640	+960	+1450							
1400	1600	+720	+1050	+1600							
1600	1800	+820	+1200	+1850							
1800	2000	+920	+1350	+2000							
2000	2240	+1000	+1500	+2300							
2240	2500	+1100	+1650	+2500							
2500	2800	+1250	+1900	+2900							
2800	3150	+1400	+2100	+3200							

注：公称尺寸小于或等于 1mm 时，基本偏差 a 和 b 均不采用。

解： 由表 2-1 查得公称尺寸为 60mm，标准公差等级为 7 级对应的标准公差数值 IT7 = 30μm；由表 2-2 查得公称尺寸为 60mm，且代号为 m 的轴基本偏差为下极限偏差 ei = +11μm。因此，轴的另一极限偏差为上极限偏差 es = IT7+ei = 30+11 = +41μm；轴的极限偏差在图样上的标注为 $\phi60^{+0.041}_{+0.011}$。

导入问题 2：代号 √ 、√Ra 6.3 对零件哪些方面的精度进行了限制？为什么要进行这些代号的标注？

六、表面粗糙度的概念

表面粗糙度是指在机械加工过程中，因加工方法、机床与工具的精度、振动及磨损等因素，使零件被加工表面形成具有较小间隔和较小峰谷的微观的状况，它属于微观几何误差。

经机械加工的零件表面，总是存在宏观和微观的几何形状误差，如图 2-7 所示。表面粗糙度属于微观误差，形状误差则是宏观的，表面波纹度介于两者之间。通常以一定的波距 λ 与波高 h 之比来划分。一般比值 h/λ 大于 1000 为形状误差，小于 40 为表面粗糙度，介于两者之间为表面波纹度。

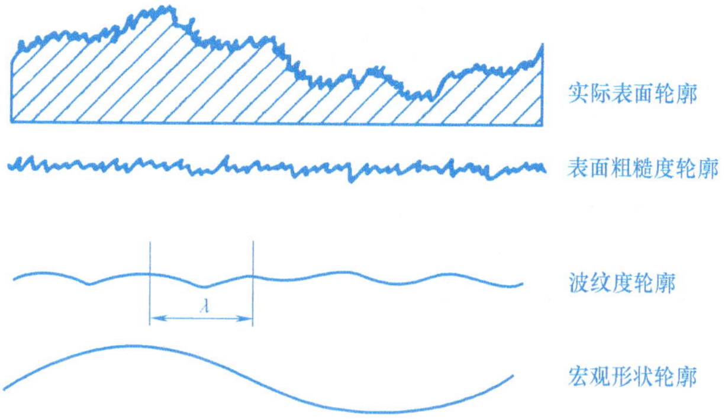

图 2-7　表面粗糙度、波纹度和形状误差综合影响的表面轮廓

λ—波距（间距）

对于已完工的零件，只有同时满足尺寸精度、几何精度、表面结构的要求，才能保证零件几何参数的互换性。

七、表面粗糙度对零件使用性能的影响

1. 对耐磨性的影响

相互运动的两个零件表面越粗糙，它们的磨损就越快。这是因为这两个表面只能在轮廓的峰顶接触，当表面间产生相对运动时，峰顶的接触将对运动产生摩擦阻力，使零件表面磨损。但是如果两个表面过于光滑，又会因为润滑油被挤出及分子间的吸附作用而加剧磨损。

2. 对配合性质稳定性的影响

对于间隙配合，在零件工作过程中孔、轴表面上的微小峰被磨去，使间隙增大，因而改变原设计的配合性质；对于过盈配合，由于压入装配时孔、轴表面上的微小峰被挤平而使有效过盈减小，使连接强度降低，影响结合的可靠性。

3. 对疲劳性能的影响

对于承受交变应力作用的零件表面，疲劳裂纹容易在其微小谷底出现，这是因为在表面轮廓的微小谷底处会产生应力集中，使材料的疲劳强度降低，导致零件表面产生裂纹而损坏。

4. 对耐蚀性的影响

在零件表面的微小谷的位置容易残留一些腐蚀性物质。由于腐蚀性物质与零件的材料不

同，因而形成电位差，对零件表面产生电化学腐蚀。表面越粗糙，则电化学腐蚀就越严重。

此外，表面粗糙度对于密封性、接触刚度、产品外观及表面反射能力等都有影响。综上所述，表面粗糙度影响零件的使用性能和寿命。在零件精度设计中，对零件表面粗糙度提出合理的技术要求是一项不可缺少的重要内容。

导入问题 3：代号 磨 √Ra 1.6 的含义是什么？

八、表面轮廓

有限区域上的表面粗糙度、波纹度、纹理方向、表面缺陷和形状误差总称为表面结构。

为了研究零件的表面结构，通常用垂直于零件实际表面的平面与该零件实际表面相交所得到的轮廓作为评估对象，它称为表面轮廓，如图 2-8 所示。

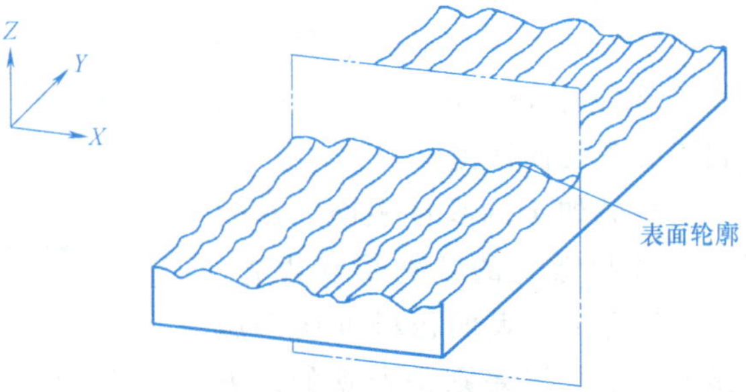

图 2-8 表面轮廓

零件在加工后的表面轮廓是否符合要求，应由测量和评定它的结果来确定。当没有指定测量方向时，测量截面方向与表面轮廓幅度参数的最大值相一致，该方向垂直于被测表面的加工纹理，即垂直于表面主要加工痕迹的方向。

九、表面粗糙度的主要术语及其定义

1. 取样长度 *lr*

在 *X* 轴方向判别被评定轮廓不规则特征的长度。取样长度可以理解为用于判别表面结构特征的一段基准线长度，规定取样长度是为了限制和减弱波纹度、宏观几何形状误差对表面粗糙度测量结果的影响。

另外，取样长度在轮廓总的走向上量取。表面越粗糙，取样长度则越大，这是因为表面越粗糙，波距越大的缘故。取样长度 *lr* 的推荐值见表 2-3。

表 2-3 取样长度 *lr* 和评定长度 *ln* 的选用值（GB/T 1031—2009）

Ra/μm	*Rz*/μm	*lr*/mm	*ln*/mm
≥0.008～0.02	≥0.025～0.10	0.08	0.4
>0.02～0.1	>0.10～0.50	0.25	1.25
>0.1～2.0	>0.50～10.0	0.8	4.0
>2.0～10.0	>10.0～50.0	2.5	12.5
>10.0～80.0	>50.0～320	8.0	40.0

2. 评定长度 *ln*

用于评定表面粗糙度而所需要的 *X* 轴方向上的一段长度。一般评定长度包含一个或几个取样长度。规定评定长度是为了克服加工表面的不均匀性，较客观地反映表面结构的真实情况，如图 2-9 所示。一般取评定长度 $ln=5lr$，具体数值见表 2-3。

3. 中线

具有几何轮廓形状并划分轮廓的基准线。中线是定量计算表面粗糙度数值的基准线。确定中线的方法有最小二乘法和算术平均法。

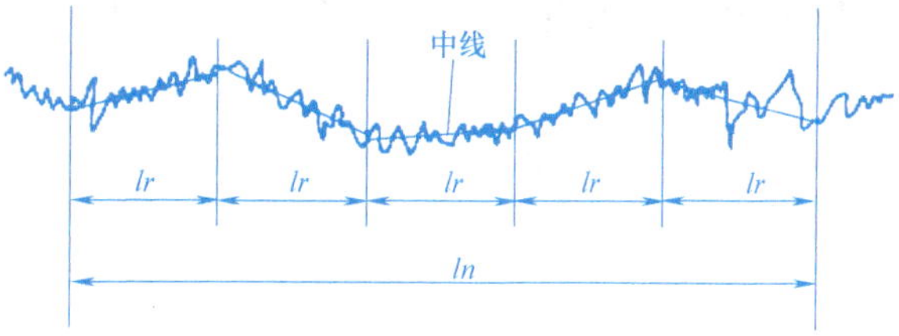

图 2-9　取样长度与评定长度

(1) 最小二乘法　在取样长度内使轮廓线上各点的轮廓偏距的平方和最小，如图 2-10 所示，即 $\sum_{i=1}^{n} Z_i^2 = \min$。所谓轮廓偏距，是指轮廓线上的点与该线之间的距离，如 Z_1、Z_2、…、Z_n。

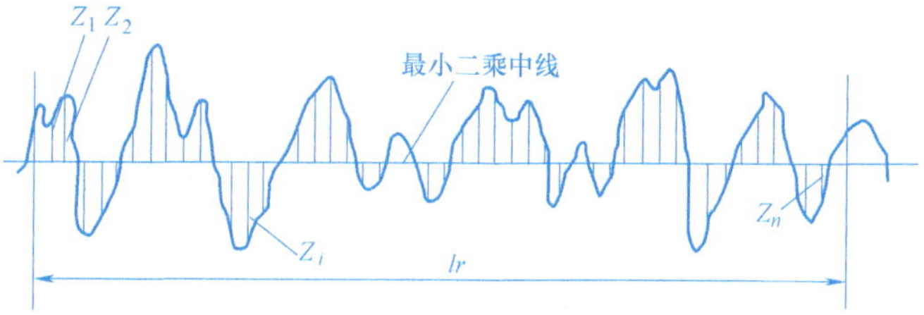

图 2-10　轮廓最小二乘中线

(2) 算术平均法　在取样长度内与轮廓走向一致的基准线，该线划分轮廓并使上、下两部分的面积相等。如图 2-11 所示，中间直线是算术平均中线，F_1、F_2、…、F_n 代表中线上面部分的面积，F'_1、F'_2、…、F'_n 代表中线下面部分的面积。算术平均中线使得：

$$F_1+F_2+\cdots+F_n=F'_1+F'_2+\cdots+F'_n \quad (2\text{-}1)$$

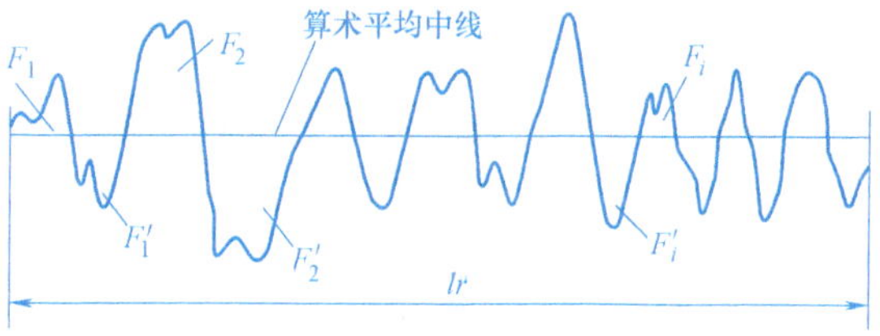

图 2-11　轮廓的算术平均中线

用最小二乘法确定的中线是唯一的，但比较费事。用算术平均法确定的中线是一种近似的图解法，较为简便，因而得到广泛应用。

十、表面粗糙度的主要评定参数

国家标准规定，评定表面粗糙度轮廓的参数有幅度参数、间距参数、混合参数和相关参数。下面仅介绍最常用的幅度参数。

1　轮廓算术平均偏差 *Ra*

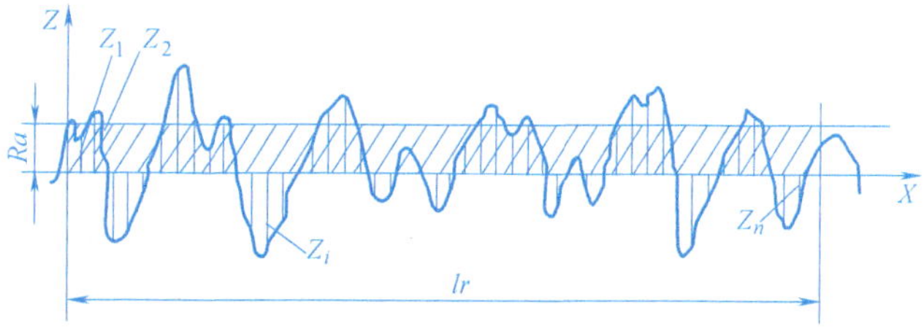

图 2-12　轮廓算术平均偏差 *Ra* 示意图

轮廓算术平均偏差指在一个取样长度内，被评定轮廓上各点至中线的距离的算术平均值，如图 2-12 所示。其计算公式为

$$Ra=\frac{1}{n}\sum_{i=1}^{n} Z_i \quad (2\text{-}2)$$

Ra 能充分反映表面微观几何形状高度方面的特性。*Ra* 越大，表面越粗糙。*Ra* 的数值见表 2-4。

表 2-4　轮廓算术平均偏差 *Ra* 的数值（GB/T 1031—2009）　　（单位：μm）

系列值	补充系列值	系列值	补充系列值	系列值	补充系列值	系列值	补充系列值
	0.008	0.1			1.25		16.0
	0.010		0.125	1.6			20
0.012			0.160		2.0	25	
	0.016	0.2			2.5		32
	0.020		0.25	3.2			40
0.025			0.32		4.0	50	
	0.032	0.4			5.0		63
	0.040		0.50	6.3			80
0.05			0.63		8.0	100	
	0.063	0.8			10.0		
	0.080		1.00	12.5			

2. 轮廓最大高度 *Rz*

轮廓最大高度指在一个取样长度内，轮廓峰顶线和轮廓谷底线之间的距离。在图 2-13 中，轮廓最大高度也是最大轮廓峰高 *Zp* 与最大轮廓谷深 *Zv* 之和，即：$Rz=Zp+Zv$。

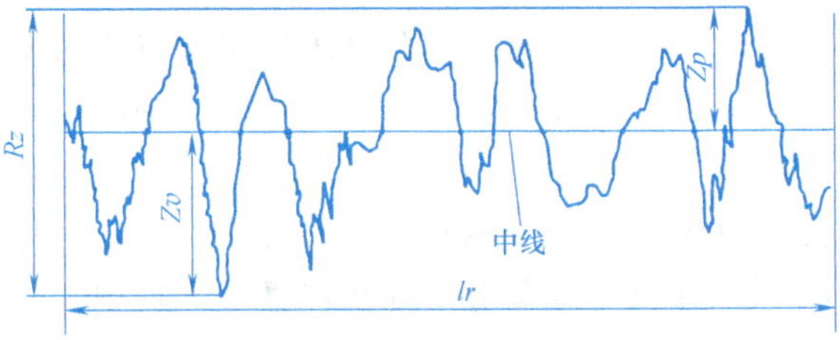

图 2-13　轮廓最大高度 *Rz*

Rz 常用于不允许有较深加工痕迹（如受交变载荷的场合）或小零件的表面。*Rz* 不能全面反映微观几何形状特征，*Rz* 常和 *Ra* 联用。*Rz* 的数值见表 2-5。

注意：GB/T 1031—2009 与旧版符号有区别，如旧版中 *Rz* 代表“微观不平度的十点高度”，用 *Ry* 代表“轮廓最大高度”。

表 2-5　轮廓最大高度 *Rz* 的数值（GB/T 1031—2009）　　（单位：μm）

系列值	补充系列值	系列值	补充系列值	系列值	补充系列值	系列值	补充系列值
0.025			0.50		10.0	200	
	0.032		0.63	12.5			250
	0.040	0.8			16.0		320
0.05			1.00		20	400	
	0.063		1.25	25			500
	0.080	1.6			32		630
0.1			2.0		40	800	
	0.125		2.5	50			1000
	0.160	3.2			63		1250
0.2			4.0		80	1600	
	0.25		5.0	100			
	0.32	6.3			125		
0.4			8.0		160		

导入问题 4：零件表面结构代号如何标注？

十一、表面结构的符号

表 2-6 是表面结构的符号及其含义。

表 2-6　表面结构的符号及其含义

符号	含义
	基本图形符号，未指定工艺方法的表面，当通过一个注释解释时可单独使用，例如：大多数表面有相同表面结构要求的简化注法
	扩展图形符号，表示指定表面是用去除材料的方法（如车、铣、刨、磨、钻、剪切、抛光、腐蚀、电火花加工、气割等）获得的表面；仅当其含义是“被加工表面”时可单独使用。如通过机械加工方法获得。也可如上简化标注
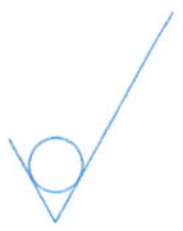	扩展图形符号，用不去除材料的方法（如铸、锻、冲压变形、热轧、粉末冶金等）获得的表面，也可用于表示保持上道工序形成的表面，不管这种状态是通过去除材料还是不去除材料形成的。也可如上进行简化标注时使用
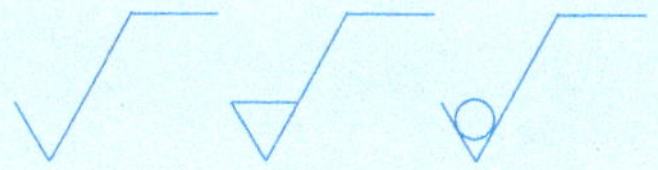	当要求标注表面结构特征的补充信息时，应在上述图形符号的长边末端加一条横线

十二、表面结构补充要求的注写位置

为了明确表面结构要求，除了标注表面结构参数和数值外，必要时应标注补充要求，补充要求包括传输带、取样长度、加工工艺、表面纹理及方向、加工余量等。表面结构补充要求和注写位置见表 2-7。

表 2-7　表面结构补充要求和注写位置

符号	位置	注写内容
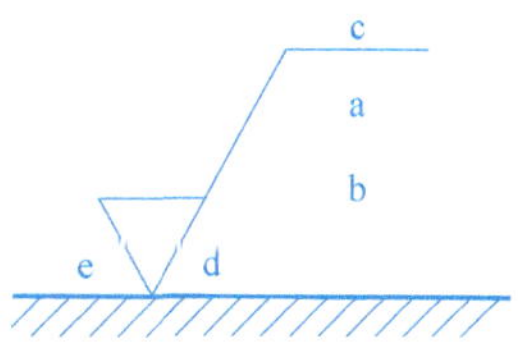	a	表面结构的单一要求。示例 1：0.0025-0.8/*Rz* 6.3（传输带标注）；示例 2：-0.8/*Rz* 6.3（取样长度标注）
	a 和 b	两个或多个表面结构要求
	c	加工方法、表面处理、涂层等，如车、磨、电镀等加工表面
	d	要求的表面纹理和纹理的方向
	e	加工余量数值（mm）

十三、加工纹理方向符号

表 2-8 为加工纹理方向符号和标注示例。

表 2-8　加工纹理方向符号和标注示例

符号	示例	说明
=	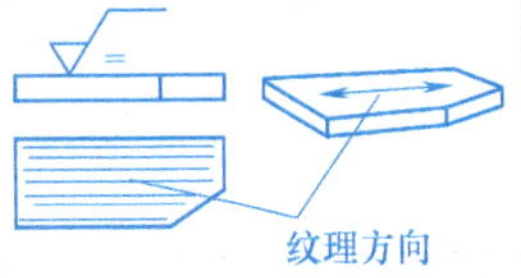	纹理平行于视图所在的投影面，类似于刨削的效果
⊥	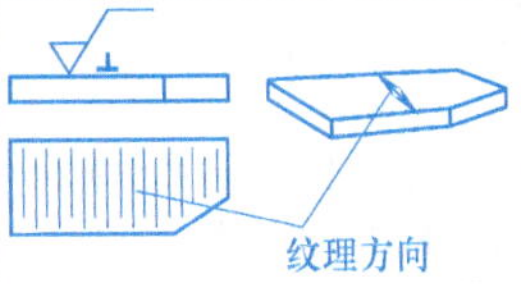	纹理垂直于视图所在的投影面，类似于车削、周铣效果
R		纹理呈近似放射状且与表面圆心相关，类似于端铣效果
M	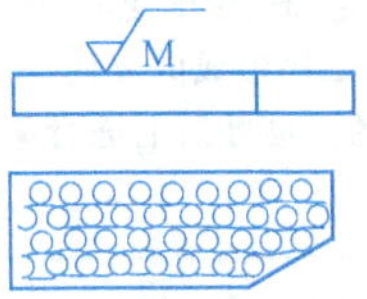	纹理呈多方向，类似于刮研效果
P	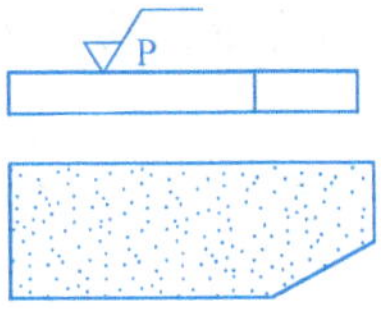	纹理呈微粒、凸起，无明显方向，类似于喷丸、电火花成形加工效果
C	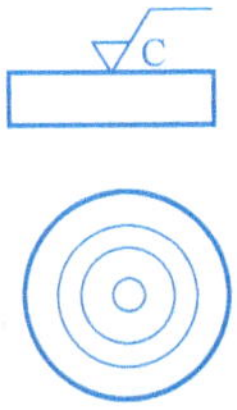	纹理呈近似同心圆且圆心与表面中心相关，类似于卧车削端面、立车效果
×	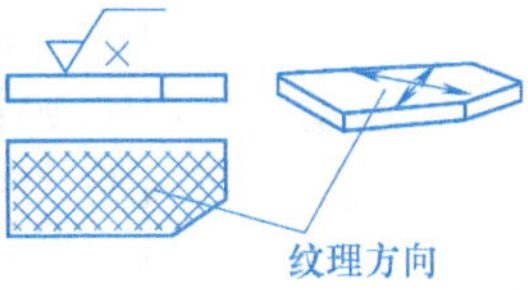	纹理呈两斜向交叉且与视图所在的投影面相交，类似于镗削、纵磨效果

注：1. 如果表面纹理不能清楚地用这些符号表示，可在图样上用文字说明。

2. 若没有指定测量方向，该方向垂直于被测表面加工纹理。

3. 对无方向的表面，测量截面的方向可以是任意的。

十四、控制表面功能的最少标注

表面结构要求的最少标注如图 2-14 所示。

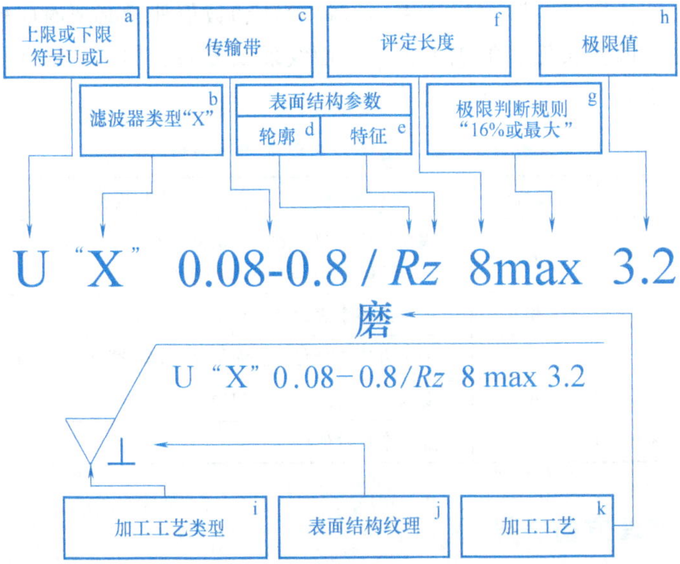

图 2-14　表面结构要求的最少标注

a：上限或下限符号 U 或 L。标注单向或双向极限以表示对表面结构的明确要求。偏差与参数代号应一起标注。当只标注参数代号、参数值和传输带时，它们应默认为参数的上限值；当参数代号、参数值和传输带作为参数的单向下限值标注时，参数代号前应加 L。示例：L *Ra* 0.32。

在完整符号中表示双向极限时应标注极限代号，上限值在上方用 U 表示，下极限在下方用 L 表示。如果同一参数具有双向极限要求，在不引起歧义的情况下，可以不加 U、L。

在图样中：

上、下极限值可以用不同的参数代号和传输带表达。

b：滤波器类型“X”。标准滤波器是高斯滤波器，代替了以前的标准滤波器 2RC 滤波器。

c：传输带标注为短波或长波滤波器。当参数代号中没有标注传输带时，表面结构要求采用默认的传输带。如果表面结构参数没有定义默认传输带、默认的短波滤波器或默认的取样长度（长波滤波器），则表面结构标注应该指定传输带，即短波滤波器或长波滤波器，以保证表面结构明确的要求。传输带应标注在参数代号的前面，并用斜线“/”隔开。

传输带标注包括滤波器截止波长（mm），短波滤波器在前、长波滤波器在后，并用连字号“-”隔开。

在图样中：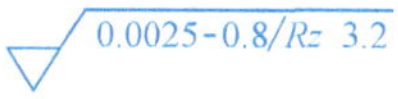

在某些情况下，在传输带中只标注两个滤波器中的一个。如果只标注一个滤波器，应保留连字符“-”来区分是短波滤波器还是长波滤波器。

例如：0.008-　　短波滤波器标注。

　　　-0.25　　长波滤波器标注。

d：轮廓（*R*、*W* 或 *P*）。通过 λs 轮廓滤波器后的总轮廓称为原始轮廓。在原始轮廓上计算所得的参数叫作 *P* 参数。

粗糙度轮廓是对原始轮廓采用 λc 轮廓滤波器抑制长波成分以后形成的轮廓，是一种经过人为修正的轮廓。在粗糙度轮廓上计算所得的参数叫作 *R* 参数。

波纹度轮廓是对原始轮廓连续应用 λf 和 λc 两个轮廓滤波器以后形成的轮廓。前者抑制长波成分，后者抑制短波成分，它也是经过人为修正的轮廓。在波纹度轮廓上计算所得的参数叫作 *W* 参数。

e：特征/参数。为了避免误解，在参数代号和极限值间应插入空格。

f：评定长度，包含若干取样长度。默认评定长度等于 5 个取样长度。

如果评定长度不是取样长度的 5 倍，应在相应参数代号后标注其个数。如：*Ra*3（要求评定长度为 3 个取样长度）。如果评定长度与取样长度不是倍数关系，应将其数值标注在两斜线“/”中间。示例：0.008-0.5/12/*R* 10。

g：极限判断规则（“16%规则”或“最大化规则”）。

16%规则：当参数的规定值为上限值时，如果所选参数在同一评定长度上的全部实测值中，大于图样或技术产品文件中规定值的个数不超过实测值总数的 16%，则该表面合格；当参数的规定值为下限值时，如果所选参数在同一评定长度上的全部实测值中，小于图样或技术文件中规定值的个数不超过实测值总数的 16%，则该表面合格；指明参数的上下限值时，所用参数符号没有“max”标记。

最大化规则：检验时，若参数的规定值为最大值，则在被检表面的全部区域内测得的参数值一个也不应超过图样或技术产品文件中的规定值。若规定参数的最大值，应在参数符号后面增加一个“max”标记。

h：以微米为单位的极限值。

表面结构符号示例及含义见表 2-9。

表 2-9　表面结构符号示例及含义

序号	符号	含义及解释
1	Rz 3.2	表示不允许去除材料，单向上限值，默认传输带，*R* 轮廓，粗糙度的最大高度为 3.2μm，评定长度为 5 个取样长度（默认），“16%规则”（默认）
2	Rz max 0.2	表示去除材料，单向上限值，默认传输带，*R* 轮廓，粗糙度的最大高度的最大值为 0.2μm，评定长度为 5 个取样长度（默认），“最大规则”
3	0.008-0.8/Ra 3.2	表示去除材料，单向上限值，传输带 0.008-0.8mm，*R* 轮廓，算术平均偏差 3.2μm，评定长度为 5 个取样长度（默认），“16%规则”（默认）
4	-0.8/Ra3 3.2	表示去除材料，单向上限值，传输带：根据 GB/T 6062，取样长度 0.8μm（λs 默认 0.0025mm），*R* 轮廓，算术平均偏差 3.2μm，评定长度包含 3 个取样长度，“16%规则”（默认）
5	U Ra max 3.2 L Ra 0.8	表示不允许去除材料，双向极限值，两极限值均使用默认传输带，*R* 轮廓，上限值：算术平均偏差 3.2μm，评定长度为 5 个取样长度（默认），“最大规则”。下限值：算术平均偏差 0.8μm，评定长度为 5 个取样长度（默认），“16%规则”（默认）
6	0.8-2.5/Wz3 10	表示去除材料，单向上限值，传输带 0.8-2.5mm，*W* 轮廓，波纹度的最大高度为 10μm，评定长度包含 3 个取样长度（默认），“16%规则”（默认）

十五、表面结构符号、代号的标注位置与方向

表面结构要求对每一个表面一般只标注一次，并尽可能标注在相应的尺寸及其公差的同一视图上。除非另有说明，所标注的表面结构要求是对完工零件表面的要求。

（1）总原则　总原则是根据国家标准的规定，使表面结构的注写和读取方向与尺寸的注写和读取方向一致。表面结构要求的注写方向如图 2-15 所示。

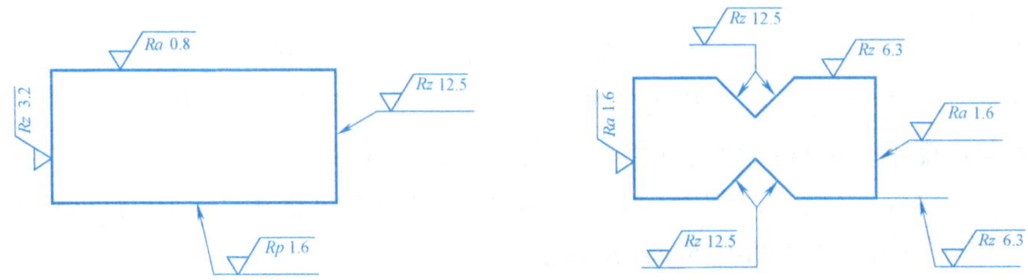

图 2-15　表面结构要求的标注示例

（2）标注在轮廓线上或延长线上　表面结构要求可标注在轮廓线或其延长线上，其符号应从材料外指向并接触表面，如图 2-16 所示。

（3）标注在特征尺寸的尺寸线上　在不致引起误解时，表面结构要求可以标注在给定

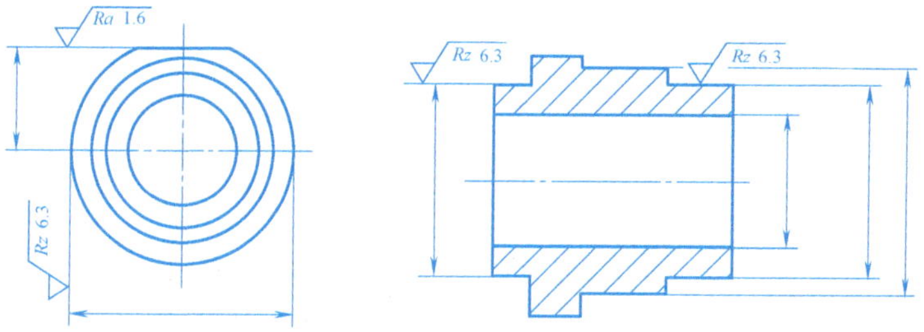

图 2-16　表面结构要求用指引线引出的标注

的尺寸线上，如图 2-17 所示。

（4）标注在几何公差的框格上　表面结构要求可标注在几何公差框格的上方，如图 2-18 所示。

（5）标注在指引线上　表面结构符号也可用带箭头或黑点的指引线引出标注，如图 2-19 所示。

（6）标注在圆柱和棱柱的表面上　圆柱和棱柱表面的表面结构要求只标注一次。如果每个棱柱表面有不同的表面结构要求，则应分别单独标注，如图 2-20 所示。

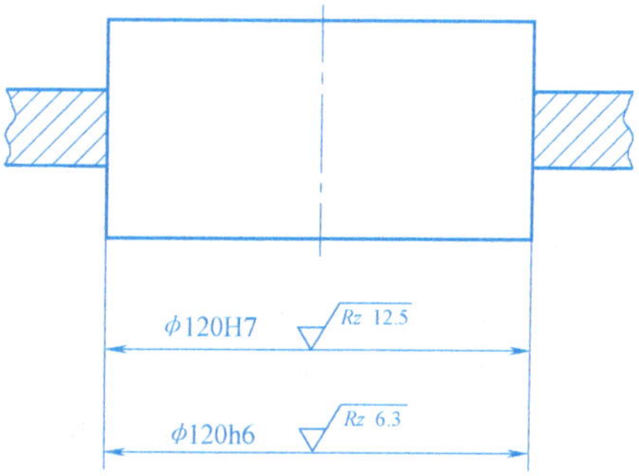

图 2-17　表面结构要求在尺寸线上的标注

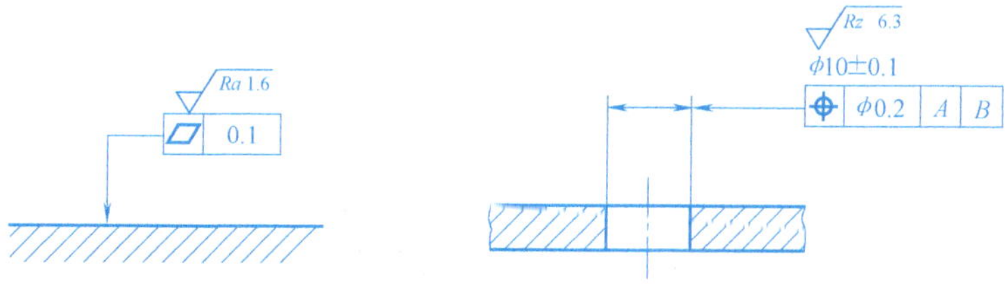

图 2-18　表面结构要求在几何公差框格上的标注

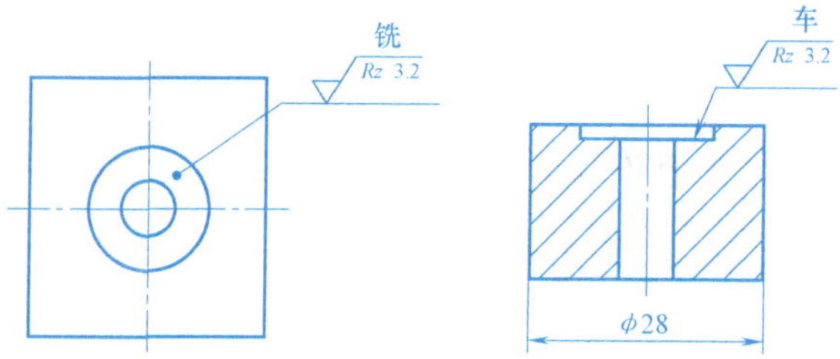

图 2-19　表面结构要求在延长线上的标注

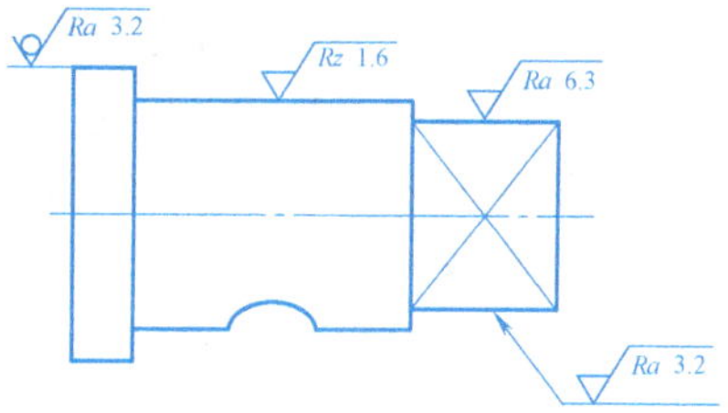

图 2-20　表面结构要求在圆柱和棱柱表面上的标注

十六、表面结构要求的简化注法

（1）有相同表面结构要求的简化注法　如果在零件的多数（包括全部）表面有相同的表面结构要求，则其表面结构要求可统一标注在图样的标题栏附近。此时（除全部表面有相同要求的情况外），表面结构要求的符号后面应该有在圆括号内给出无任何其他标注的基本符号或在圆括号内给出不同的表面结构要求，如图 2-21 所示。

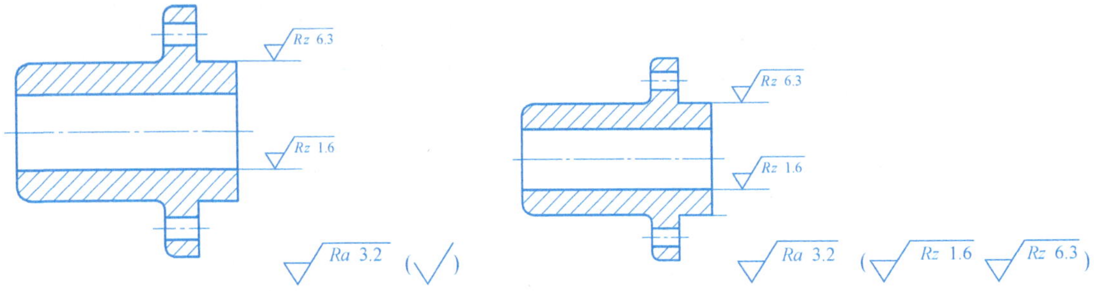

图 2-21　有相同表面结构要求的简化注法

当多个表面具有相同的表面结构要求或图纸空间有限时，可以采用简化标注法。

可用带字母的完整符号，以等式的形式，在图形或标题栏附近，对有相同表面结构要求的表面进行简化标注，如图 2-22 所示。

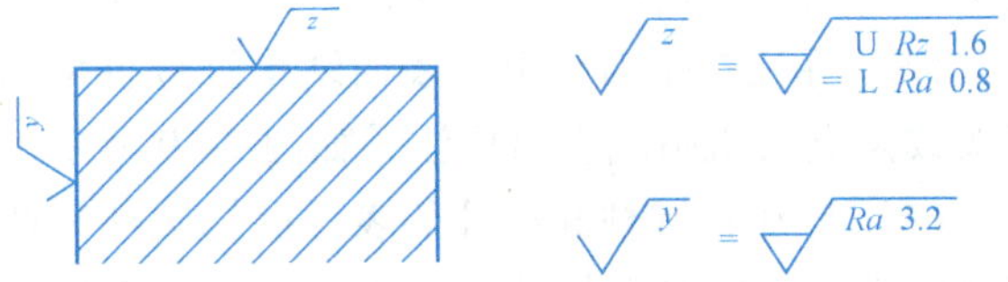

图 2-22　图纸空间有限的简化注法

（2）只用表面结构符号的简化注法　可以利用表面结构符号，以等式的形式给出对多个表面共同的表面结构要求，如图 2-23 所示。

图 2-23　只用表面结构符号的简化注法

（3）工件轮廓各表面的图形符号　当在图样某个视图上构成封闭轮廓的各表面有相同的表面结构要求时，应在完整图形符号上加一圆圈，标注在图样中零件的封闭轮廓线上，如图 2-24 所示。当标注会引起歧义时，各表面应分别标注。图 2-24 所示的表面结构符号是指对图形中封闭轮廓的 6 个面的共同要求（不包括前后面）。

（4）两种或多种工艺获得的同一表面的注法　由几种不同的工艺方法获得的同一表面，当需要明确每种工艺方法的表面结构要求时，可参照图 2-25 进行标注。图 2-25 为同时给出镀覆前后的表面结构要求的注法。

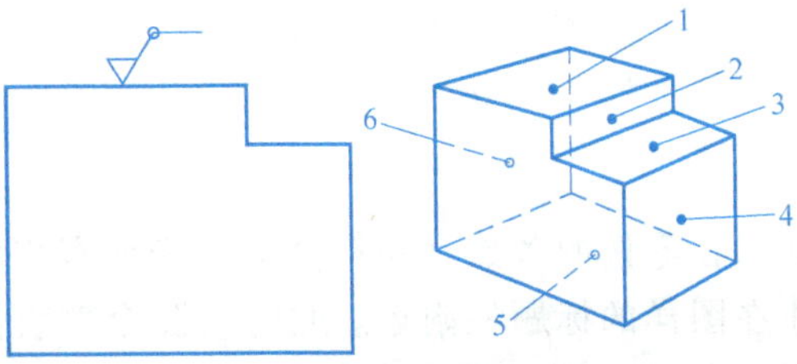

图 2-24　对周边各面有相同的表面结构要求的简化注法

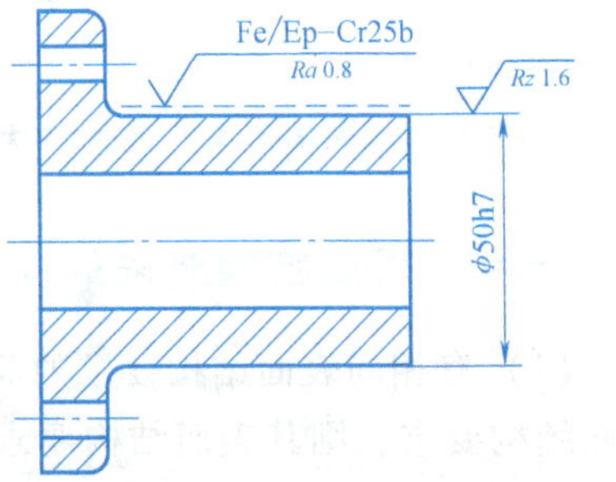

图 2-25　两种或多种工艺获得的同一表面结构的注法

任务实施

根据小轴零件图，可以看出该零件的尺寸有径向尺寸、轴向尺寸和倒角。除了径向尺寸 ϕ16mm 标注了公差带代号，其余尺寸只标注了公称尺寸。

根据功能要求，直径为 ϕ16mm 的外圆柱面要与杠杆、箱体上的支承孔配合，这样的表面称为配合表面，也属于重要表面，尺寸精度要求比较高，所以在零件图上应标注出其公差。其余尺寸则为自由表面，尺寸精度要求相对比较低。

1）尺寸 ϕ16g8 各部分的含义是什么？画出公差带图。

ϕ16g8 表示该段轴径的公称尺寸为 ϕ16mm，g 表示轴的基本偏差代号，8 表示标准公差等级为 IT8。可以通过查阅标准公差数值表和轴的基本偏差数值表，计算出该轴直径的极限尺寸。

根据公称尺寸 ϕ16mm，标准公差等级 IT8，查表 2-1 得到标准公差值 T_d 为 0.027mm；根据公称尺寸 ϕ16mm 和基本偏差代号 g，查表 2-2 得到上极限偏差 es = -0.006mm。根据公式 T_d = es - ei 计算得到下极限偏差 ei = -0.033mm。进一步可以计算出上极限尺寸 $d_{max} = d +$ es = 15.994mm，下极限尺寸 $d_{min} = d +$ ei = 15.967mm。最终加工的成品实际尺寸在该极限尺寸范围内则视为合格，否则为不合格。

公差带图如图 2-26 所示。

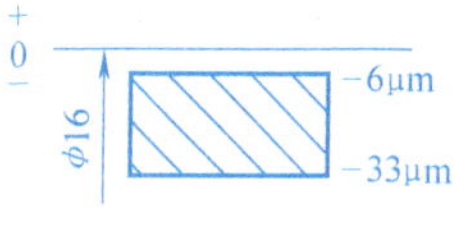

图 2-26　小轴的公差带图

2）代号√、√Ra 6.3 对零件哪些方面的精度进行了限制？为什么要进行这些代号的标注？

这些代号属于表面结构代号，对零件的表面粗糙度进行了限制。零件表面粗糙不仅影响美观，而且对运动面的摩擦与磨损、贴合面的密封性等都有影响，另外还会影响疲劳强度、配合性质、耐蚀性等。所以为了满足零件功能要求，有必要控制表面粗糙度。

3）代号√磨 Ra 1.6的含义是什么？

表面结构代号√磨 Ra 1.6标注在 ϕ16mm 圆柱面的轮廓线上，表明 ϕ16mm 圆柱面最后一道工序要用磨削加工，单向上限值为 Ra = 1.6μm。

拓展知识

一、表面缺陷

表面缺陷是零件在加工、运输、储存或使用期间，非故意或偶然生成的无一定规则的单元体。

表面缺陷与表面瑕疵意义不同，它们有本质上的区别。瑕疵是指有缺点、毛病，表面有瑕疵的零件是不能使用的，理应鉴定为废品。实际上，表面存在缺陷并不能说该零件就是废品，也不表示该表面不可用。缺陷的接受性取决于表面的用途或功能，并应由适当的项目来确定，即长度、宽度、深度、高度、单位面积上的缺陷数等。常见的表面缺陷类型有以下几种。

1）凹缺陷：向内的缺陷，如毛孔、砂眼、裂纹和缩孔等。

2）凸缺陷：向外的缺陷，如飞边、氧化皮、缝脊、夹杂物、附着物等。

3）混合缺陷：即部分向外部分向内的缺陷，如划痕、切屑残余等。

4）区域和外观缺陷：散布在最外层表面上，一般没有尖锐的轮廓，且通常没有实际可测量的深度或高度，如腐蚀、麻点、斑点、褪色等。

对于表面缺陷的检验与评定，可用经验法目测，需进一步判断、分析其原因时，则用各种仪器测定。控制产品质量时，由适当的项目确定该表面是否可用，应单独规定要求。

二、轮廓滤波器

它是把表面轮廓分成长波和短波成分的滤波器。在测量表面粗糙度、波纹度和原始轮廓的仪器中使用以下 3 种滤波器：

1）λs 轮廓滤波器。是确定存在于表面上的粗糙度与比它更短的波的成分之间相交界限的滤波器。

2）λc 轮廓滤波器。是确定表面粗糙度与波纹度成分之间相交界限的滤波器。

3）λf 轮廓滤波器。是确定存在于表面上的波纹度与比它更长的波的成分之间相交界限的滤波器。

表面轮廓分为以下 3 种：

1）原始轮廓。表面轮廓经由短波滤波器 λs 后的总轮廓，它是评定原始轮廓参数的基础。

2）粗糙度轮廓。对原始轮廓采用 λc 轮廓滤波器抑制长波成分以后形成的轮廓叫作粗糙度轮廓，它是评定粗糙度轮廓参数的基础。

3）波纹度轮廓。它是对原始轮廓连续应用 λf 和 λc 两个轮廓滤波器以后形成的轮廓，它是评定波纹度轮廓参数的基础。

自检自查

1. 查表确定下列尺寸的极限偏差、极限尺寸，并画出公差带图。

$$\phi30\text{n}6;\ \phi45\text{f}7;\ \phi90\text{js}8;\ \phi90\text{js}7$$

2. 查表确定下列轴径尺寸的公差带代号。

$$\phi35_{-0.016}^{\ 0};\ \phi100_{+0.124}^{+0.146};\ \phi60_{-0.056}^{-0.010}$$

3. 用表面结构代号将下列各个技术要求标注在图 2-27 中。

（1）用任何方法加工圆柱面 $\phi d3$，Ra 单项上限值为 3.2μm。

（2）用去除材料的方法获得孔 $\phi d1$，Rz 单项上限最大值为 0.4μm。

（3）用去除材料的方法获得表面 a，Ra 单项上限最大值为 3.2μm，下限值为 0.8μm。

（4）其余用去除材料的方法获得表面，要求 Rz 单项上限值均为 25μm。

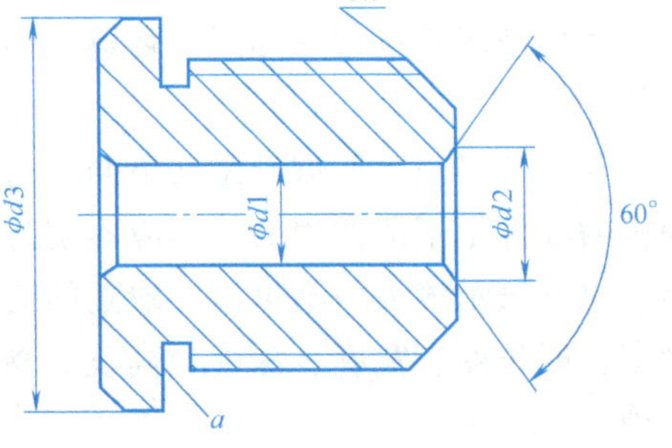

图 2-27　标注练习

4. 说出图 2-28 中表面结构标注的含义。

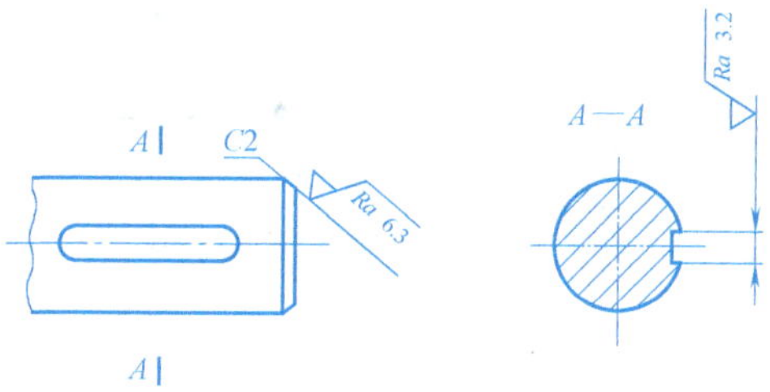

图 2-28 标注含义练习

任务二 用外径千分尺测轴径

任务导入

对图 2-1 所示的小轴各个尺寸进行测量，判断该零件尺寸是否合格。

请思考：

1）外径千分尺和游标卡尺相比，哪个测量精度高？

2）如何使用外径千分尺测量长度？

基本知识

导入问题 1：外径千分尺和游标卡尺相比，哪个测量精度高？

一、外径千分尺简介

应用螺旋测微原理制成的量具，称为螺旋测微量具。螺旋测微量具主要有：外径千分尺、内径千分尺、数显外径千分尺、深度千分尺等。本任务主要介绍外径千分尺。

外径千分尺用于测量零件的外径、长度和厚度等尺寸，其主要优点是有测力装置，保证了测量力大小的稳定，因此它的测量精度比游标卡尺高，当加工精度要求较高时多被应用。

外径千分尺由尺架、测微读数装置和测力装置等组成，其测量范围有 0~25mm、25~50mm、50~75mm 等，每一种测量范围的规格，均以 25mm 递增，直至递增到 500mm。大于 500mm 以上的千分尺，有的是递增 25mm，也有的是更换测砧来实现大尺寸测量要求。

外径千分尺的结构如图 2-29 所示。大尺寸外径千分尺的外形结构如图 2-30 所示。

导入问题 2：如何使用外径千分尺测量长度？

外径千分尺是应用螺旋转动原理，将回转的螺旋角位移变为测杆的直线移动。微分筒上有 50 等分的刻度线，微分筒旋转一周，测杆前进或后退 0.5mm，转两周测杆移动 1mm。也就是说微分筒每转一格，测杆沿轴线移动 0.01mm。

二、外径千分尺的操作步骤

1）测量前将外径千分尺和被测物擦干净。

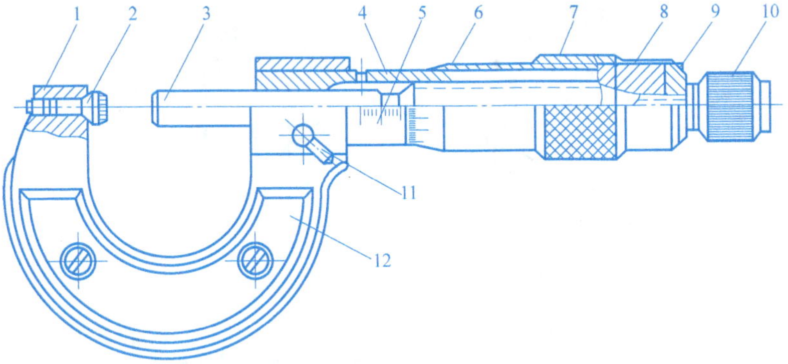

图 2-29 外径千分尺的结构

1—尺架 2—测砧 3—测杆 4—固定轴套 5—毫米套筒 6—微分筒 7—调节螺母 8—锥孔接头 9—垫圈 10—测力装置 11—止动器 12—隔热板

05 外径千分尺的使用

2）松开外径千分尺的锁紧装置，校对外径千分尺的零位。

3）转动微分筒，使测砧与测杆之间的距离略大于被测物体，如图 2-31 所示。一只手拿千分尺的尺架，将待测物置于测砧与测杆的端面之间，另一只手转动微分筒，当测杆要接近物体时，改旋测力装置，直至听到“喀喀”声。注意：绝对不允许用力旋转微分筒来增加测量压力，使测微螺杆过分压紧零件表面，致使精密螺纹因受力过大而发生变形，损坏千分尺的精度。

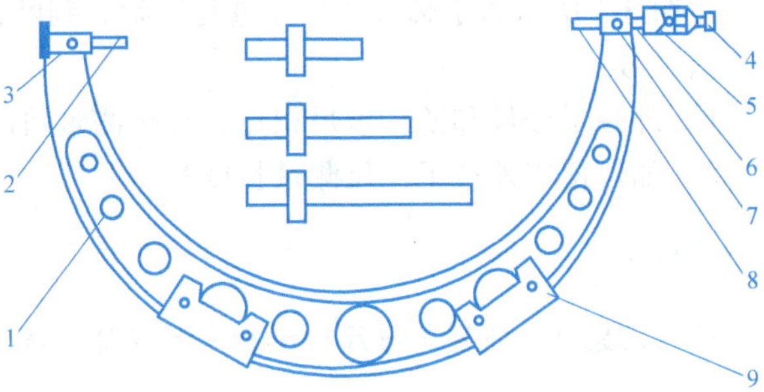

图 2-30 大尺寸外径千分尺的外形结构

1—尺架 2—可换测砧 3—紧固螺钉 4—测力装置 5—微分筒 6—固定套管 7—止动器 8—测杆 9—隔热板

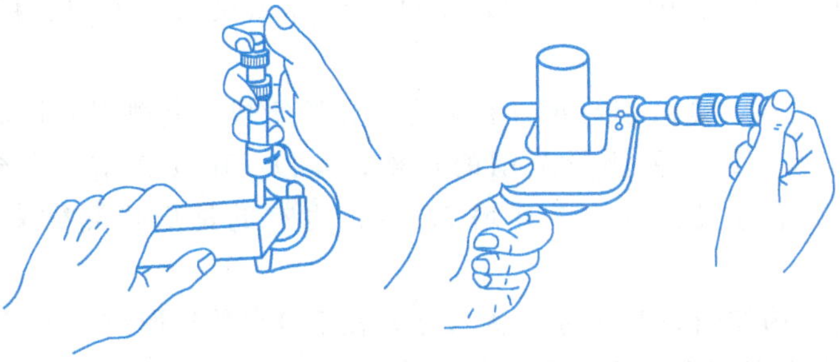

图 2-31 外径千分尺的使用方法

4）旋紧锁紧装置（防止移动千分尺时螺杆转动），即可读数。

外径千分尺的具体读数方法可分为 3 步：

① 读出固定套筒上露出的刻线尺寸，一定要注意不能遗漏应读出的 0.5mm 的刻线值。

② 读出微分筒上的尺寸，要看清微分筒圆周上哪一格与固定套筒的中线基准对齐，可估读一位，将格数乘 0.01mm，就是微分筒上的尺寸。

③ 将上面两个数相加，即为千分尺测得的尺寸。

5）记录被测数据。

任务实施

小轴零件图上只有直径尺寸 $\phi16g8$ 精度要求较高，可以使用外径千分尺测量，其余尺寸均为未注尺寸公差，可以使用游标卡尺测量。使用外径千分尺测量尺寸 $\phi16g8$ 时，选择在 3 个不同截面上测量，每个截面在相互垂直的两个方向上各测量 1 次。其余尺寸各测两个数值。

拓展知识

立式光学计

立式光学计又称立式光学比较仪，如图 2-32 所示，它由底座 1、立柱 7、横臂 5、光学计管 12 和工作台 15 等部分组成。立式光学计的测量范围是 0~180mm，分度值为 0.001mm。立式光学计操作步骤如下：

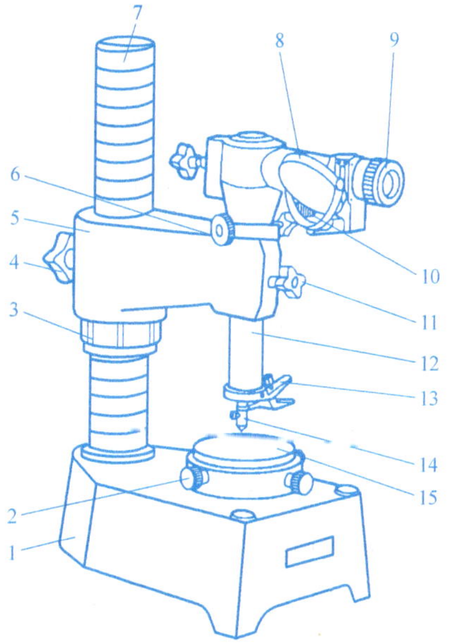

图 2-32 立式光学计外形

1—底座 2—工作台调节螺钉 3—调节螺母 4、11—紧固螺钉 5—横臂 6—调节凸轮 7—立柱 8—进光反射镜 9—目镜 10—旋钮 12—光学计管 13—测头提升器 14—测头 15—工作台

1）选择测头。测头有球形、平面形和刀口形 3 种，根据被测零件表面的几何形状来选择，使测头表面尽量满足点接触。因此，测量平面零件时，选用球形测头；测量球面零件时，选用平面形测头；测量小于 10mm 的圆柱面零件时，选用刀口形测头。

2）按被测零件的公称尺寸组合量块。

3）调整仪器零位。

① 将量块组合好后，置于工作台 15 的中央，并使测头 14 对准上测量面中心。

② 粗调节。松开横臂紧固螺钉 4，转动调节螺母 3，使横臂 5 缓慢下降，直到测头与量块上测量面轻微接触，当在视场中看到刻度尺的像时，将紧固螺钉 4 锁紧。

③ 细调节。松开紧固螺钉 11，转动调节凸轮 6，直至在目镜中观察到刻度尺零线与 u 指示线接近为止（图 2-33），然后拧紧螺钉 11。

④ 微调节。转动刻度尺微调旋钮 10，使刻度尺的零线影像与 u 指示线重合（图 2-33），然后压下测头提升器 13 数次，使零位稳定。若零线影像不超过 1/10 格，则表示光学计的示值稳定可用。

4）测量零件。按规定的部位进行测量。测量时，使零件在测头下慢慢滚过，读出刻线偏离 u 指示线的最大值（估读 1/10 格），即为零件的实际偏差。

5）根据零件图标注，判断零件的合格性。

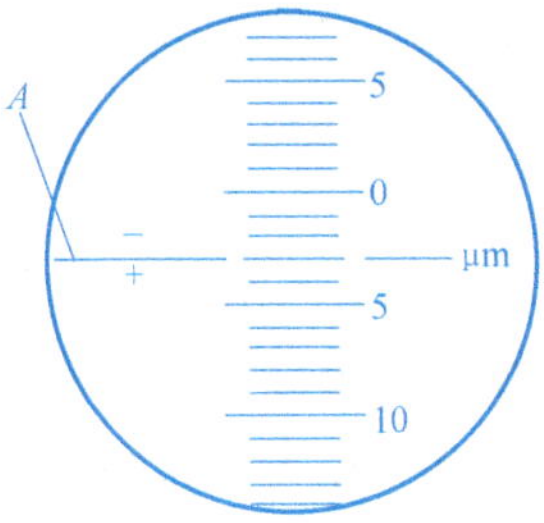

a) 细调节后

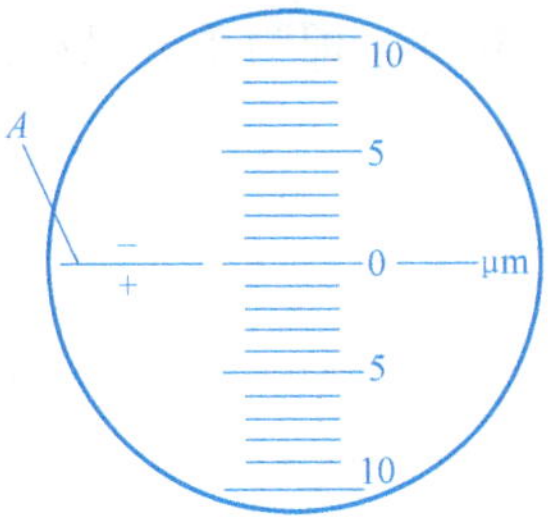

b) 微调节后

图 2-33 立式光学计的零位调节

A—u 指示线

任务三 表面粗糙度的检测

任务导入

分析图 2-1 所示小轴的表面结构要求，用表面粗糙度比较样块检验其各个表面质量。

请思考：表面粗糙度的检测方法有哪些？

基本知识

导入问题：表面粗糙度的检测方法有哪些？

检测表面粗糙度的方法有很多，主要有比较法、针描法、光切法和干涉法等几种。

一、比较法

比较法是指将被测零件表面与表面粗糙度标准样块（图 2-34）进行触觉、视觉比较，来判断被测表面的表面粗糙度是否合格的检测方法。这种方法简单易行，但检测精度不高，常用于车间生产现场。

图 2-34 表面粗糙度标准样块

二、针描法

针描法是指利用金刚石触针在被测表面上移动，被测表面的微观不平使触针在垂直于表面轮廓方向产生上下移动，将这种上下移动转换为电信号并加以处理，可得到被测表面轮廓图形或直接从仪器上获得参数值。

采用针描法原理制成的表面粗糙度量仪称为电动轮廓仪（图 2-35），它可以直接指示 *Ra* 值，也可以经过放大器记录出图形，作为 *Ra*、*Rz* 等多种参数的评定依据，其常用测量范围为 *Ra*(0.01~6.3)μm。

三、光切法

光切法是指利用光切原理测量零件表面粗糙度的方法，属于非接触测量方法。采用光切原理制成的表面粗糙度量仪称为光切显微镜（或称双管显微镜，如图 2-36 所示），其常用测量范围为 Rz(0.8~80)μm。

四、干涉法

干涉法是指利用光波干涉原理测量表面粗糙度的方法，属于非接触测量方法，常用的仪器是干涉显微镜（图 2-37），其常用测量范围为 Rz(0.03~1.0)μm。

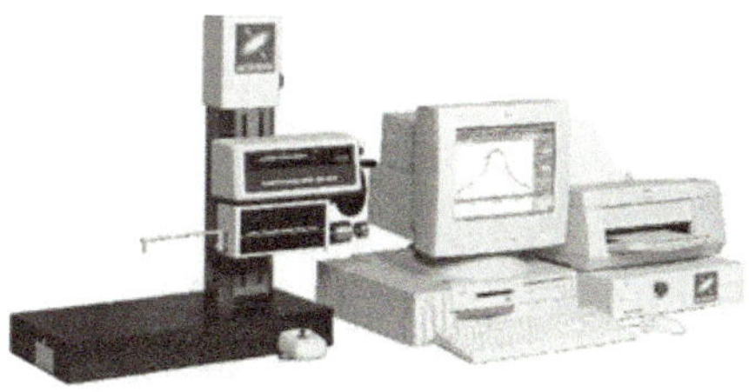

图 2-35　电动轮廓仪

图 2-36　光切显微镜

图 2-37　干涉显微镜

任务实施

在使用表面粗糙度标准样块检测零件表面粗糙度时，应根据被测零件的材质、形状、表面加工方法选择样块，即样块的材料、形状（圆柱面、平面）和加工方法（车、铣、刨、磨）等与被测零件应尽可能相同，以提高判断的准确性。

1. 检测 ϕ 16mm 圆柱面的表面粗糙度

图 2-1 所示 ϕ16mm 圆柱面的表面结构代号为"$\sqrt{Ra\ 1.6}$ 磨"，表示该表面最后一道工序要用磨削加工获得。选取外磨表面粗糙度样块，将 ϕ16mm 圆柱面与样块对比。可用肉眼判断，借助放大镜或比较显微镜判断，也可用手摸感觉判断（用手指甲分别在实际被测表面上和表面粗糙度标准样块上沿垂直于加工纹理的方向划一下）。

通过比较，若 ϕ16mm 圆柱表面的加工痕迹与外磨 Ra1.6μm 的样块接近或者高于 Ra1.6μm 的样块，则该表面质量为合格。

2. 检测 ϕ 18mm、ϕ 15mm 圆柱面

ϕ18mm 和 ϕ15mm 圆柱面都是车削加工方法获得的，因此选用车削表面粗糙度样块进行比较，判断这些表面是否达到 Ra12.5μm。

3. 检测 ϕ 18mm 圆柱左端面、右端面和 ϕ 16mm 圆柱右端面

零件的端面虽然都是车削加工获得的，但由于这些表面的纹理与立铣纹理相似，所以选用立铣表面粗糙度样块进行比较。通过对比判断 ϕ18mm 圆柱右端面是否达到 Ra6.3μm，其余两个端面是否达到 Ra12.5μm。

拓展知识

一、光切显微镜

光切显微镜又称双管显微镜，如图 2-38 所示，它是利用光切原理测量表面粗糙度的量

仪，适于测量 Rz 值为 0.8~80μm 的平面和外圆柱面。

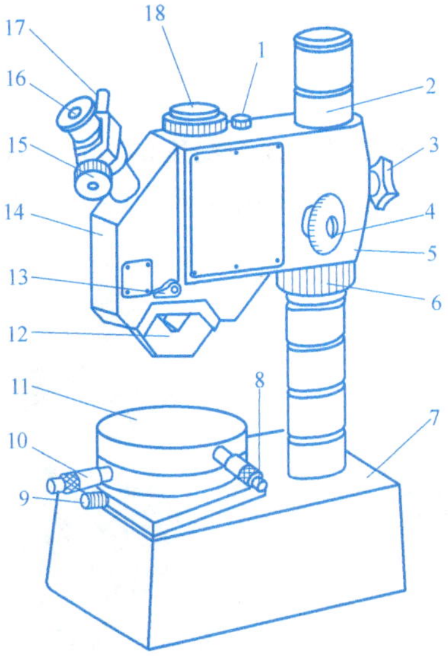

图 2-38　光切显微镜结构

1—光源　2—立柱　3—锁紧螺钉　4—微调手轮　5—横臂　6—升降螺母　7—底座　8—工作台纵向移动千分尺　9—工作台固定螺钉　10—工作台横向移动千分尺　11—工作台　12—物镜组　13—手柄　14—壳体　15—测微鼓轮　16—测微目镜　17—紧固螺钉　18—照相机插座

06 光切显微镜测量表面粗糙度

光切显微镜的操作步骤如下：

1）根据被测零件表面粗糙度的要求，按表 2-10 选择合适的物镜组，将其安装在量仪上，按表 2-3 确定取样长度和评定长度。

表 2-10　物镜放大倍数与可测 Rz 的关系

物镜放大倍数	量仪的总放大倍数	分度值 i/(μm/格)	目镜视场直径/mm	可测范围 Rz/μm
7	60	1.28	2.5	20~80
14	120	0.63	1.3	6.3~20
30	260	0.29	0.6	1.6~6.3
60	510	0.16	0.3	0.8~1.6

2）接通变压器电源，使光源 1 照亮。把被测零件放置到工作台 11 上。松开锁紧螺钉 3，旋转升降螺母 6，使横臂 5 沿立柱下降（注意防止物镜与零件表面相碰，以免损坏物镜），进行粗调焦，直至目镜视场中出现绿色光带为止。转动工作台 11，使被测表面的加工痕迹与光带垂直，然后锁紧螺钉 3 和 9。

3）细调焦。通过测微目镜 16 观察光带，旋转微调手轮 4 进行细调焦，使目镜视场中出现最窄且有一边缘较清晰的光带。

4）对线。松开紧固螺钉 17，转动目镜架，使视场中十字线的横线与光带方向大致平行（若十字线不清楚，可调节测微目镜 16，如图 2-39 所示），此时刻度尺对光带方向倾斜 45°，然后拧紧紧固螺钉 17，使测微目镜 16 固定。

5）测量。转动目镜测微鼓轮 15，在取样长度范围内，使十字线中的横线分别与视场范围内所有轮廓中的最高峰和所有轮廓中的最低谷相切，如图 2-40 所示。

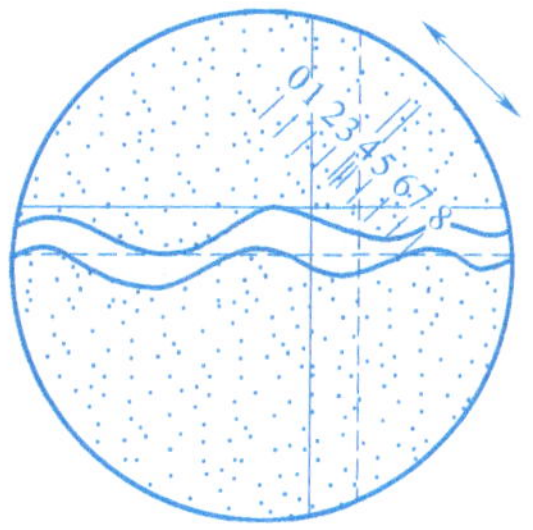

图 2-39　测微目镜头对线

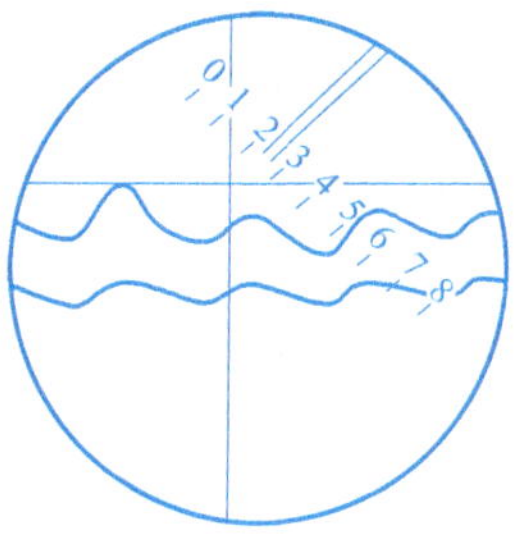

图 2-40　轮廓峰高和轮廓谷深的测量

从目镜测微鼓轮 15 上分别读出最高点 Rp 值和最低点 Rv 值。按下式计算 Rz 值：

$$Rz=\frac{Rp-Rv}{2N}\times 0.01$$

应当注意，这只是一次取样，应转动工作台纵向移动千分尺 8，使工作台移动一个取样长度，再重复本步骤上述内容进行计算，这样反复操作 5 次才达到一个评定长度。

6）由于被测表面各部分的表面粗糙度不一定均匀一致，为了充分反映整个表面的粗糙度特性，需取评定长度范围内的几个 Rz 值的平均值作为测量结果。

7）按图样规定，确定实际零件表面粗糙度的合格性。

二、TR200 型便携式粗糙度仪

TR200 型便携式粗糙度仪适合于生产现场，可测量多种机加工零件的表面粗糙度，根据选定的测量条件自动计算相应的参数，在液晶显示器上清晰地显示出全部测量参数和轮廓图形，如图 2-41 所示。

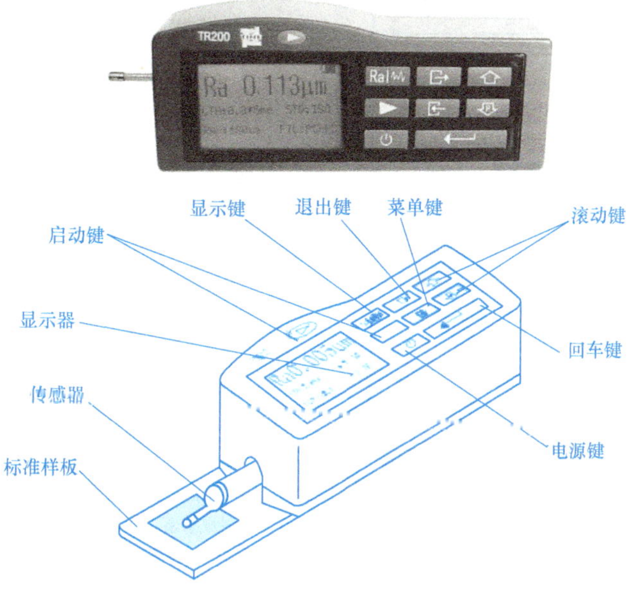

图 2-41　TR200 型便携式粗糙度仪

1. 测量前的准备

1）安装传感器。用手拿住传感器的主体部分，将传感器插入仪器底部的传感器连接套中，然后轻推到底。

2）开机检查电池电压是否正常。

3）擦净零件被测表面。

4）将仪器正确、平稳、可靠地放置在零件被测表面上，传感器的滑行轨迹必须垂直于零件被测表面的加工纹理方向，如图 2-42 所示。

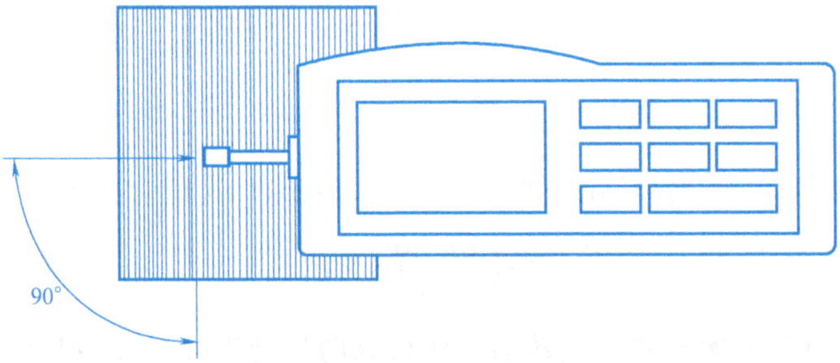

图 2-42　测量方向

2. 基本测量

1）按下电源键⏻，仪器开机后进入基本测量状态。

2）按启动键▷，开始测量，如图 2-43 所示。

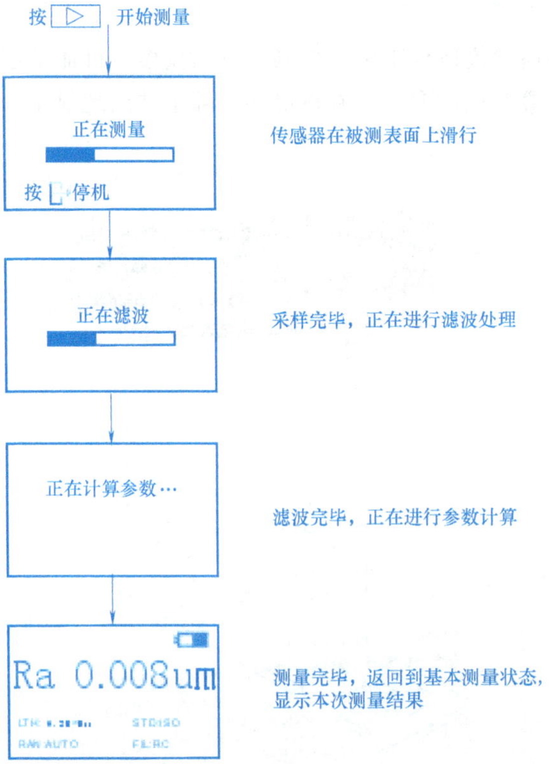

图 2-43　测量过程

3）按菜单键[⇤]进入菜单操作状态，再按滚动键[⇧][⇩]选取测量条件设置功能，然后按回车键进入测量条件设置状态。在测量条件设置状态下，可修改全部测量条件，如图 2-44 所示。

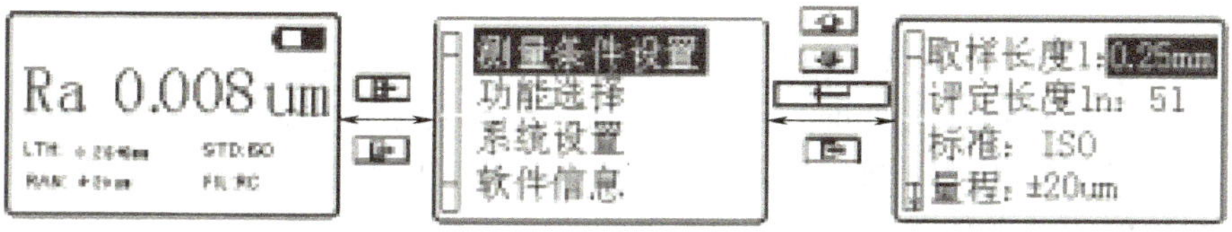

图 2-44　测量条件设置状态

3. 显示测量参数值

第 1 次按参数键[Ra]，显示本次测量的全部参数值，按滚动键[⇧][⇩]，滚动翻页；第 2 次按参数键[Ra]，显示本次测量的轮廓曲线，按滚动键[⇧][⇩]，滚动显示其他取样长度上的轮廓曲线；第 3 次按参数键[Ra]显示本次测量的 *tP* 曲线和 *tP* 值；再按参数键将重复前述内容。在每个状态下按退出键[⇥]都返回到基本测量状态。

习　题

一、填空题

1. 标准公差是指________。标准公差的数值取决于孔或轴的________和________。

2. 公差带有________和________两要素，其中公差带的大小取决于________，位置取决于________。

3. 轴的基本偏差有________种，用________的字母表示。

4. 某轴图样尺寸为 $\phi50^{+0.027}_{+0.002}$mm，实测得到的尺寸为 $\phi50.023$mm，该轴基本偏差是________ mm，实际偏差是________ mm，公差是________ mm。

5. a~g 的基本偏差皆为________，数值为________；h 的基本偏差为________，数值为________。

6. $\phi45js7$ 的轴，已知 IT7 = 0.025mm，它的上极限偏差为________，下极限偏差为________。

7. 评定表面粗糙度轮廓时，应把测量限制在一段足够短的长度上，以限制或减弱________、排除________对表面粗糙度轮廓测量的影响，这段长度称为取样长度。

8. 表面结构包括在有限区域上的________、________、________、________和________。

9. 表面粗糙度是提取组成要素几何形状误差的________特性，而________则是宏观的，表面波纹度介于两者之间。

10. 表面粗糙度评定参数中，幅度参数有________和________。

11. 表面缺陷类型有________、________、________、________ 4 种。

12. 有缺陷并不能说该零件就是废品，缺陷的接受性取决于表面的________，并应由适当的________来确定。

13. 测量直径为 ϕ33mm 的轴径所用外径千分尺的测量范围是________ mm。

14. 测量表面粗糙度参数时，当图样上没有指定测量方向时，则应在________方向上测量，即垂直于表面主要________的方向。

二、选择题

1. 下列论述中正确的有（　　）。

A. 已知零件公称尺寸为 20mm，测得一批零件的实际尺寸最大为 20.01mm，最小为 19.98mm，则可知该零件的上极限偏差是+0.01mm，下极限偏差是-0.02mm

B. 对于轴的基本偏差，从 a~h 为上极限偏差 es，且为负值或零

C. js 基本偏差一定相对于零线对称

D. 基本偏差的数值只取决于公称尺寸和基本偏差代号，与标准公差无关

2. 下列论述正确的有（　　）。

A. 表面粗糙度属于表面微观性质的形状误差

B. 表面粗糙度属于表面宏观性质的形状误差

C. 表面粗糙度属于表面波纹度误差

D. 介于表面宏观形状误差与微观形状误差之间的是波纹度误差

三、综合题

1. 表面粗糙度的常用测量方法有哪几种？电动轮廓仪、光切显微镜和干涉显微镜各适于测量哪些参数？

2. 国家标准规定的表面粗糙度评定参数有哪些？哪些是基本参数？哪些是附加参数？

3. 图 2-45 中标注的表面粗糙度符号为旧标准，将其改正为现行表面粗糙度符号。

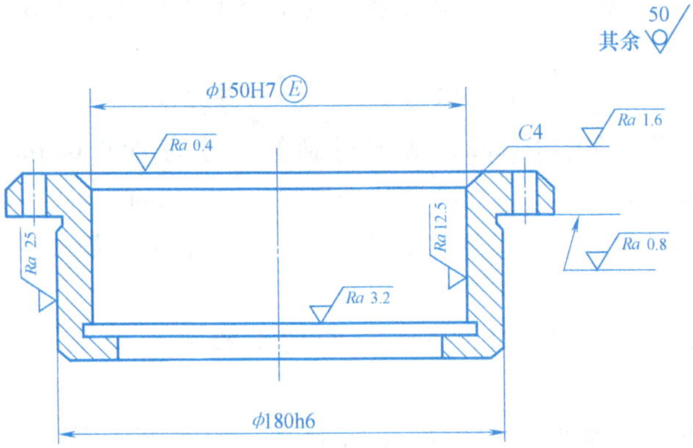

图 2-45　表面粗糙度的标注

项目三 轴套的精度分析及检测

任务一 轴套的精度分析

任务导入

轴套是套在转轴上的筒状机械零件，工作时一般与轴之间有相对运动，与箱体孔之间无相对运动。某减速器传动轴上所用轴套如图 3-1 所示，读图并思考：

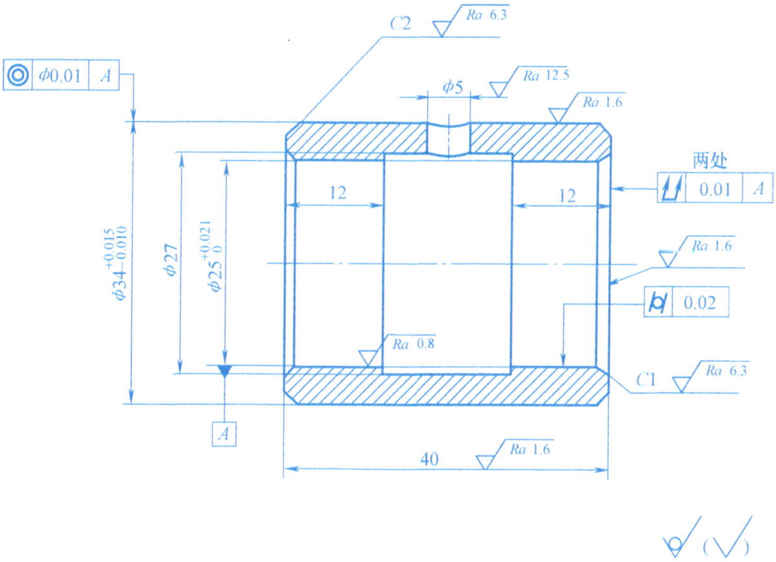

图 3-1 轴套

1）写出轴颈 $\phi34^{+0.015}_{-0.010}$mm、孔径 $\phi25^{+0.021}_{0}$mm 的公差带代号。

2）已知 $\phi25^{+0.021}_{0}$mm 的孔与 $\phi25^{-0.020}_{-0.033}$mm 的轴配合，在装配图上如何标注？

3）为什么要进行几何公差的标注？它的研究对象是什么？

4）[⌭ | 0.02] 这个公差框格的含义是什么？

5）[◎ | φ0.01 | A] 这个公差框格的含义是什么？

6）[⌰ | 0.01 | A] 这个公差框格的含义是什么？

基本知识

导入问题 1：写出轴颈$\phi\ 34^{+0.015}_{-0.010}$mm、孔径$\phi\ 25^{+0.021}_{0}$mm 的公差带代号。

一、孔的基本偏差系列

孔的基本偏差与轴一样，也有 28 种，基本偏差代号用大写英文字母表示。

1. 孔基本偏差的分布规律

孔基本偏差系列如图 3-2 所示。这些基本偏差的主要特点如下：

1）代号为 A~G 的基本偏差皆为下极限偏差 EI（正值），按从 A 到 G 的顺序，基本偏差的数值依次逐渐减小。

2）代号为 H 的基本偏差是下极限偏差 EI=0。

3）代号为 J~ZC 的基本偏差皆为上极限偏差 ES，按从 K~ZC 的顺序，基本偏差的绝对值依次逐渐增大。

4）代号为 JS 的孔公差带相对于零线对称分布，基本偏差可取为上极限偏差 ES=+IT/2，也可取为下极限偏差 EI=-IT/2。其中 IT 为标准公差数值。

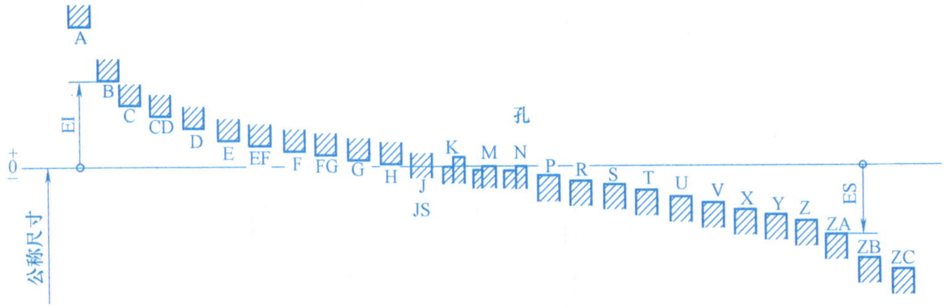

图 3-2　孔基本偏差系列

2. 孔基本偏差数值表

孔基本偏差数值见表 3-1。

例 3-1　利用标准公差数值表（表 2-1）和孔的基本偏差数值表（表 3-1），确定 ϕ60M7 孔的极限偏差数值。

解： 由表 2-1 查得公称尺寸为 60mm 的标准公差数值 IT7=30μm。根据公称尺寸 60mm，标准公差等级 7 级，由表 3-1 查得 M 的基本偏差为上极限偏差 ES=-11+Δ，Δ=11μm，计算得出 ES=-11+11=0。孔的另一极限偏差为下极限偏差 EI=ES-IT7=(0-30)μm=-30μm。孔的极限偏差在图样上的标注为 $\phi60^{0}_{-0.030}$mm。

导入问题 2：已知$\phi\ 25^{+0.021}_{0}$mm 的孔与$\phi\ 25^{-0.020}_{-0.033}$mm 的轴配合，在装配图上如何标注？

二、有关配合的术语及定义

1. 配合

配合是指公称尺寸相同的，相互结合的孔和轴公差带之间的关系。

表 3-1 孔的基本偏差数值（摘自 GB/T 1800.1—2020） （单位：μm）

公称尺寸/mm		孔的基本偏差数值(下极限偏差 EI) 所有标准公差等级											
大于	至	A	B	C	CD	D	E	EF	F	FG	G	H	JS
—	3	+270	+140	+60	+34	+20	+14	+10	+6	+4	+2	0	偏差 = $\pm\frac{IT_n}{2}$ 式中 n 是标准公差等级数
3	6	+270	+140	+70	+46	+30	+20	+14	+10	+6	+4	0	
6	10	+280	+150	+80	+56	+40	+25	+18	+13	+8	+5	0	
10	14	+290	+150	+95	+70	+50	+32	+23	+16	+10	+6	0	
14	18												
18	24	+300	+160	+110	+85	+65	+40	+28	+20	+12	+7	0	
24	30												
30	40	+310	+170	+120	+100	+80	+50	+35	+25	+15	+9	0	
40	50	+320	+180	+130									
50	65	+340	+190	+140		+100	+60		+30		+10	0	
65	80	+360	+200	+150									
80	100	+380	+220	+170		+120	+72		+36		+12	0	
100	120	+410	+240	+180									
120	140	+460	+266	+200		+145	+85		+43		+14	0	
140	160	+520	+280	+210									
160	180	+580	+310	+230									
180	200	+660	+340	+240		+170	+100		+50		+15	0	
200	225	+740	+380	+260									
225	250	+820	+420	+280									
250	280	+920	+480	+300		+190	+110		+56		+17	0	
280	315	+1050	+540	+330									
315	355	+1200	+600	+360		+210	+125		+62		+18	0	
355	400	+1350	+680	+400									
400	450	+1500	+760	+440		+230	+135		+68		+20	0	
450	500	+1650	+840	+480									
500	560					+260	+145		+76		+22	0	
560	630												
630	710					+290	+160		+80		+24	0	
710	800												
800	900					+320	+170		+86		+26	0	
900	1000												
1000	1120					+350	+195		+98		+28	0	
1120	1250												
1250	1400					+390	+220		+110		+30	0	
1400	1600												
1600	1800					+430	+240		+120		+32	0	
1800	2000												
2000	2240					+480	+260		+130		+34	0	
2240	2500												
2500	2800					+520	+290		+145		+38	0	
2800	3150												

（续）

公称尺寸/mm		孔的基本偏差数值(上极限偏差 ES)									
		IT6	IT7	IT8	≤IT8	>IT8	≤IT8	>IT8	≤IT8	>IT8	≤IT7
大于	至	J			K		M		N		P 至 ZC
—	3	+2	+4	+6	0	0	-2	-2	-4	-4	在大于 IT7 的相应数值上增加一个 Δ 值
3	6	+5	+6	+10	-1+Δ		-4+Δ	-4	-8+Δ	0	
6	10	+5	+8	+12	-1+Δ		-6+Δ	-6	-10+Δ	0	
10	14	+6	+10	+15	-1+Δ		-7+Δ	-7	-12+Δ	0	
14	18										
18	24	+8	+12	+20	-2+Δ		-8+Δ	-8	-15+Δ	0	
24	30										
30	40	+10	+14	+24	-2+Δ		-9+Δ	-9	-17+Δ	0	
40	50										
50	65	+13	+18	+28	-2+Δ		-11+Δ	-11	-20+Δ	0	
65	80										
80	100	+16	+22	+34	-3+Δ		-13+Δ	-13	-23+Δ	0	
100	120										
120	140	+18	+26	+41	-3+Δ		-15+Δ	-15	-27+Δ	0	
140	160										
160	180										
180	200	+22	+30	+47	-4+Δ		-17+Δ	-17	-31+Δ	0	
200	225										
225	250										
250	280	+25	+36	+55	-4+Δ		-20+Δ	-20	-34+Δ	0	
280	315										
315	355	+29	+39	+60	-4+Δ		-21+Δ	-21	-37+Δ	0	
355	400										
400	450	+33	+43	+66	-5+Δ		-23+Δ	-23	-40+Δ	0	
450	500										
500	560				0		-26		-44		
560	630										
630	710				0		-30		-50		
710	800										
800	900				0		-34		-56		
900	1000										
1000	1120				0		-40		-66		
1120	1250										
1250	1400				0		-48		-78		
1400	1600										
1600	1800				0		-58		-92		
1800	2000										
2000	2240				0		-68		-110		
2240	2500										
2500	2800				0		-76		-135		
2800	3150										

（续）

公称尺寸/mm		孔的基本偏差数值(上极限偏差 ES) 标准公差等级大于 IT7						Δ 值 标准公差等级					
大于	至	P	R	S	T	U	V	IT3	IT4	IT5	IT6	IT7	IT8
—	3	-6	-10	-14		-18		0	0	0	0	0	0
3	6	-12	-15	-19		-23		1	1.5	1	3	4	6
6	10	-15	-19	-23		-28		1	1.5	2	3	6	7
10	14	-18	-23	-28		-33		1	2	3	3	7	9
14	18						-39						
18	24	-22	-28	-35		-41	-47	1.5	2	3	4	8	12
24	30				-41	-48	-55						
30	40	-26	-34	-43	-48	-60	-68	1.5	3	4	5	9	14
40	50				-54	-70	-81						
50	65	-32	-41	-53	-66	-87	-102	2	3	5	6	11	16
65	80		-43	-59	-75	-102	-120						
80	100	-37	-51	-71	-91	-124	-146	2	4	5	7	13	19
100	120		-54	-79	-104	-14	-172						
120	140	-43	-63	-92	-122	-170	-202	3	4	6	7	15	23
140	160		-65	-100	-134	-190	-228						
160	180		-68	-108	-146	-210	-252						
180	200	-50	-77	-122	-166	-236	-284	3	4	6	9	17	26
200	225		-80	-130	-180	-258	-310						
225	250		-84	-140	-196	-284	-340						
250	280	-56	-94	-158	-218	-315	-385	4	4	7	9	20	29
280	315		-98	-170	-240	-350	-425						
315	355	-62	-108	-190	-268	-390	-475	4	5	7	11	21	32
355	400		-114	-208	-294	-435	-530						
400	450	-68	-126	-232	-330	-490	-595	5	5	7	13	23	34
450	500		-132	-252	-360	-540	-660						
500	560	-78	-150	-280	-400	-600							
560	630		-155	-310	-450	-660							
630	710	-88	-175	-340	-500	-740							
710	800		-185	-380	-560	-840							
800	900	-100	-210	-430	-620	-940							
900	1000		-220	-470	-680	-1050							
1000	1120	-120	-250	-520	-780	-1150							
1120	1250		-260	-580	-840	-1300							
1250	1400	-140	-300	-640	-960	-1450							
1400	1600		-330	720	-1050	-1600							
1600	1800	-170	-370	-820	-1200	-1850							
1800	2000		-400	-920	-1350	-2000							
2000	2240	-195	-440	-1000	-1500	-2300							
2240	2500		-460	-1100	-1650	-2500							
2500	2800	-240	-550	-1250	-1900	-2900							
2800	3150		-580	-1400	-2100	-3200							

（续）

公称尺寸/mm		孔的基本偏差数值(上极限偏差 ES)						Δ 值					
		标准公差等级大于 IT7						标准公差等级					
大于	至	X	Y	Z	ZA	ZB	ZC	IT3	IT4	IT5	IT6	IT7	IT8
—	3	-20		-26	-32	-40	-60	0	0	0	0	0	0
3	6	-28		-35	-42	-50	-80	1	1.5	1	3	4	6
6	10	-34		-42	-52	-67	-97	1	1.5	2	3	6	7
10	14	-40		-50	-64	-90	-130	1	2	3	3	7	9
14	18	-45		-60	-77	-108	-150						
18	24	-54	-63	-73	-98	-136	-188	1.5	2	3	4	8	12
24	30	-64	-75	-88	-118	-160	-218						
30	40	-80	-94	-112	-148	-200	-274	1.5	3	4	5	9	14
40	50	-97	-114	-136	-180	-242	-325						
50	65	-122	-144	-172	-226	-300	-405	2	3	5	6	11	16
65	80	-146	-174	-210	-274	-360	-480						
80	100	-178	-214	-258	-335	-445	-585	2	4	5	7	13	19
100	120	-210	-254	-310	-400	-525	-690						
120	140	-248	-300	-365	-470	-620	-800	3	4	6	7	15	23
140	160	-280	-340	-415	-535	-700	-900						
160	180	-310	-380	-465	-600	-780	-1000						
180	200	-350	-425	-520	-670	-880	-1150	3	4	6	9	17	26
200	225	-385	-470	-575	-740	-960	-1250						
225	250	-425	-520	-640	-820	-1050	-1350						
250	280	-475	-580	-710	-920	-1200	-1550	4	4	7	9	20	29
280	315	-525	-650	-790	-1000	-1300	-1700						
315	355	-590	-730	-900	-1150	-1500	-1900	4	5	7	11	21	32
355	400	-660	-820	-1000	-1300	-1650	-2100						
400	450	-740	-920	-1100	-1450	-1850	-2400	5	5	7	13	23	34
450	500	-820	-1000	-1250	-1600	-2100	-2600						
500	560												
560	630												
630	710												
710	800												
800	900												
900	1000												
1000	1120												
1120	1250												
1250	1400												
1400	1600												
1600	1800												
1800	2000												
2000	2240												
2240	2500												
2500	2800												
2800	3150												

注：1. 公称尺寸小于或等于 1mm 时，基本偏差 A 和 B 及大于 IT8 的 N 均不采用。

2. 对小于或等于 IT8 的 K、M、N 和小于或等于 IT7 的 P～ZC，所需 Δ 值从表内右侧选取。例如 30～40mm 尺寸段的 R7，Δ=9μm，所以 ES=－34μm+9μm=－25μm。特殊情况：250～315mm 尺寸段的 M6，ES 等于－9μm（不等于－11μm）。

2. 间隙与过盈

孔尺寸减去相配合的轴的尺寸所得的代数差，此值为正值时，称为间隙，用“X”表示；此值为负值时，称为过盈，用“Y”表示。

间隙数值前必须标“+”表示，过盈数值前必须标“-”表示。

3. 配合的分类

根据相互结合的孔、轴公差带不同的相对位置关系，配合可以分为下列 3 类。

（1）间隙配合　间隙配合是指具有间隙（包括最小间隙等于零）的配合。此时，孔公差带在轴公差带的上方，如图 3-3 所示。

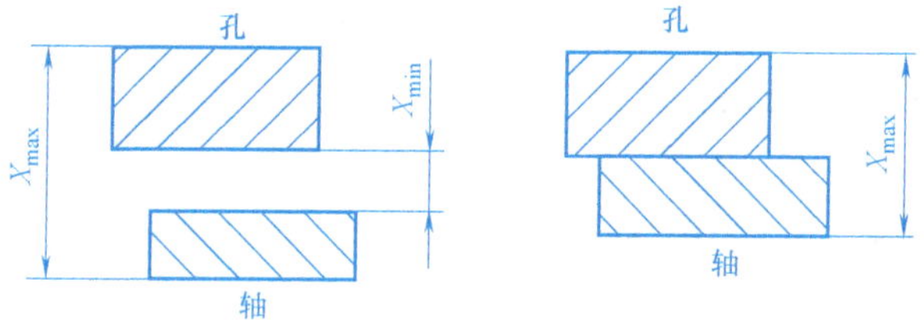

图 3-3　间隙配合

配合反映的是一批孔、轴的装配关系。由于制造误差的存在，加工出来的孔和轴实际尺寸各有不同，这将导致一批孔、轴装配后实际间隙有所不同。其中孔的上极限尺寸（或上极限偏差）减去轴的下极限尺寸（或下极限偏差）所得的代数差称为最大间隙，用 X_{max} 表示。孔的下极限尺寸（或下极限偏差）减去轴的上极限尺寸（或上极限偏差）所得的代数差称为最小间隙，用 X_{min} 表示。

最大间隙：$X_{max}=D_{max}-d_{min}=ES-ei$

最小间隙：$X_{min}=D_{min}-d_{max}=EI-es$

（2）过盈配合　过盈配合是指具有过盈（包括最小过盈等于零）的配合。此时，孔公差带在轴公差带的下方，如图 3-4 所示。

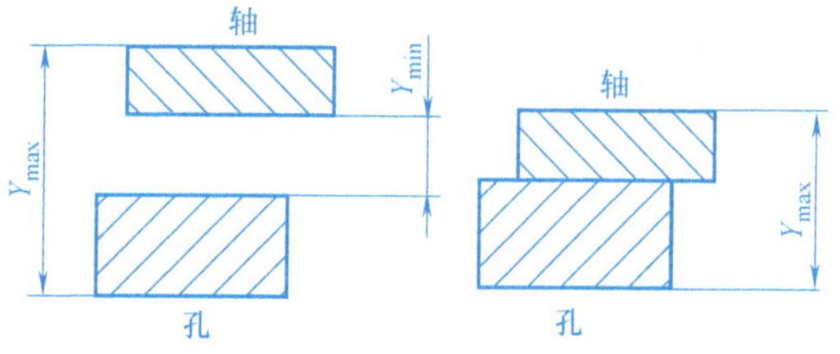

图 3-4　过盈配合

07 配合种类及选用

当孔为下极限尺寸，而轴为上极限尺寸时，存在最大的过盈量。所以孔的下极限尺寸（或下极限偏差）减去轴的上极限尺寸（或上极限偏差）所得的代数差称为最大过盈，用 Y_{max} 表示。同理，孔的上极限尺寸（或上极限偏差）减去轴的下极限尺寸（或下极限偏差）所得的代数差称为最小过盈，用 Y_{min} 表示。

最大过盈：$Y_{max}=D_{min}-d_{max}=EI-es$

最小过盈：$Y_{min}=D_{max}-d_{min}=ES-ei$

（3）过渡配合　过渡配合是指可能具有间隙或过盈的配合。此时，孔公差带与轴公差带相互交叠，如图 3-5 所示。

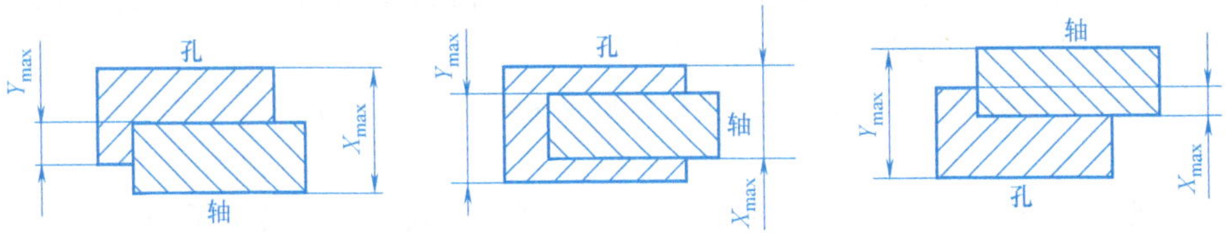

图 3-5　过渡配合

过渡配合中，最大间隙为孔的上极限尺寸（或上极限偏差）减去轴的下极限尺寸（或下极限偏差）所得的代数差。最大过盈为孔的下极限尺寸（或下极限偏差）减去轴的上极限尺寸（或上极限偏差）所得的代数差。

最大间隙：$X_{max}=D_{max}-d_{min}=ES-ei$

最大过盈：$Y_{max}=D_{min}-d_{max}=EI-es$

4. 配合公差

配合公差是指允许间隙或过盈的变动量，用 T_f 表示，它表明配合松紧程度的变化范围。

间隙配合　$T_f=X_{max}-X_{min}=(D_{max}-d_{min})-(D_{min}-d_{max})=T_D+T_d$

过渡配合　$T_f=X_{max}-Y_{max}=(D_{max}-d_{min})-(D_{min}-d_{max})=T_D+T_d$

过盈配合　$T_f=Y_{min}-Y_{max}=(D_{max}-d_{min})-(D_{min}-d_{max})=T_D+T_d$

对于各类配合，其配合公差等于相互配合的孔公差和轴公差之和，即 $T_f=T_D+T_d$，说明配合精度与零件的加工精度有关，若要配合精度高，则应减小零件的公差，即提高零件本身的加工精度。

注意：配合公差反映配合精度，配合种类反映配合性质。

三、基准制

国家标准规定了两种配合制：基孔制配合和基轴制配合。

（1）基孔制配合　基本偏差为一定的孔的公差带与不同基本偏差的轴的公差带形成各种配合的一种制度，如图 3-6 所示。

标准规定：基孔制配合中的孔是基准件，称为基准孔。基准孔的基本偏差为下极限偏差，其数值为零，用 H 表示。

基孔制配合中，基本偏差代号为 a~h 的轴与基准孔形成间隙配合，基本偏差代号为 js、j、k、m、n 的轴与基准孔形成过渡配合，基本偏差代号为 p~zc 的轴与基准孔形成过盈配合。

（2）基轴制配合　基本偏差为一定的轴的公差带与基本偏差不同的孔的公差带形成各种配合的一种制度，如图 3-7 所示。

标准规定：基准轴配合中的轴是基准件，称为基准轴。基准轴的基本偏差为上极限偏差，其数值为零，用 h 表示。

基轴制配合中，基本偏差代号为 A~H 的孔与基准轴形成间隙配合，基本偏差代号为 JS、J、K、M、N 的孔与基准轴形成过渡配合，基本偏差代号为 P~ZC 的孔与基准轴形成过

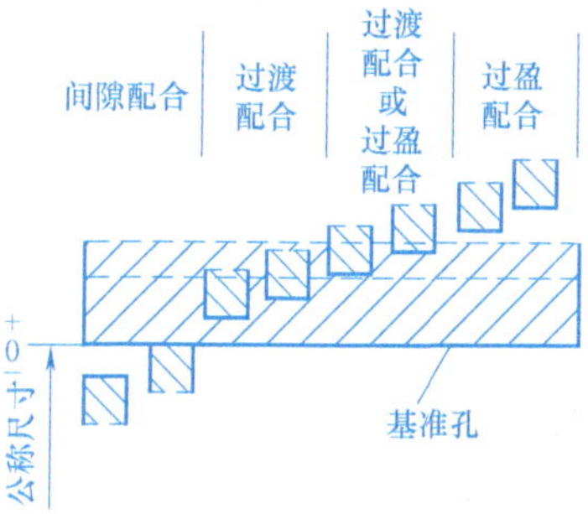

图 3-6　基孔制配合

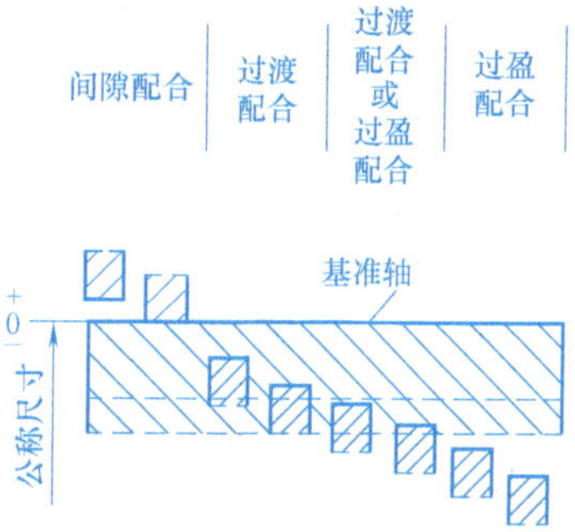

图 3-7　基轴制配合

盈配合。

四、孔、轴配合的表示方法

把孔和轴的公差带组合就构成孔、轴的配合代号。它用分数形式表示，分子为孔公差带，分母为轴公差带。例如：基孔制配合代号 $\phi50\,\frac{H7}{f6}$ 或 $\phi50H7/f6$；基轴制配合代号 $\phi50\,\frac{M7}{h6}$ 或 $\phi50M7/h6$。配合代号在装配图上有 3 种表示形式，如图 3-8 所示。

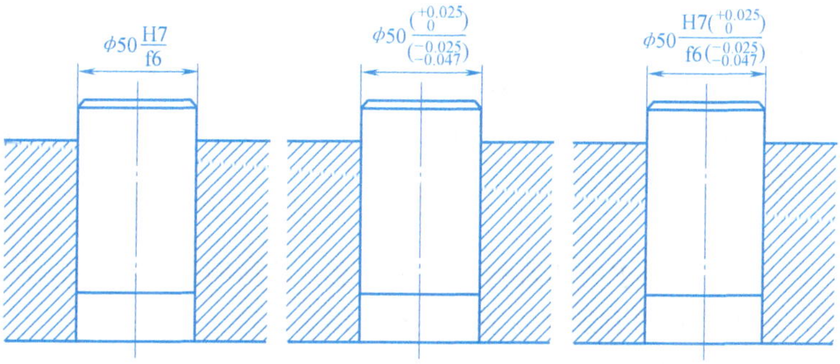

图 3-8　配合代号在装配图上的标注

例 3-2　已知相配合的孔尺寸为 $\phi50^{+0.039}_{0}$mm，轴尺寸为 $\phi50^{+0.034}_{+0.009}$mm，画出公差带图，判断配合性质，并求极限盈隙及配合公差。

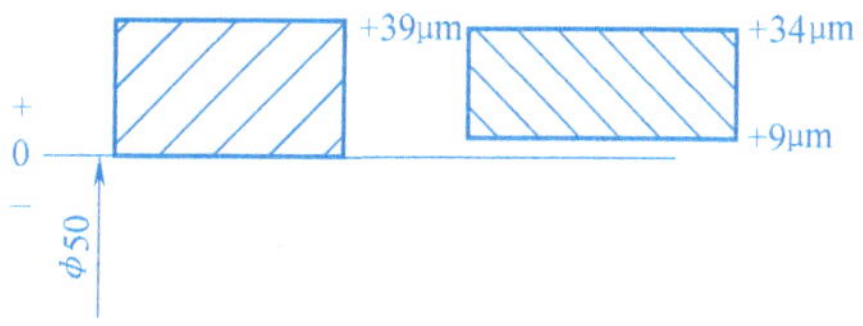

图 3-9　例 3-2 公差带图

解： 根据孔轴公称尺寸和极限偏差画出公差带图，如图 3-9 所示。孔轴公差带相交叠，可以判断它们属于过渡配合。过渡配合的极限盈隙是最大间隙和最大过盈。

最大间隙 $X_{max}=ES-ei=+0.039mm-0.009mm=+0.030mm$

最大过盈 $Y_{max}=EI-es=0mm-0.034mm=-0.034mm$

配合公差 $T_f=X_{max}-Y_{max}=+0.030mm-(-0.034)mm=0.064mm$

导入问题 3：为什么要进行几何公差的标注？它的研究对象是什么？

在加工过程中，由于存在受力变形、热变形、振动和磨损等因素的影响，使被加工零件不可避免地产生误差，其中除了尺寸误差外，还有几何误差。几何误差也影响着整个机械产品的配合性质、使用功能、整体寿命等。

为了保证机械产品的质量，保证机械零件的互换性，就应该在零件图上给出几何公差，用以限制几何误差。

五、零件的几何要素

构成零件几何特征的点、线、面称为几何要素，简称要素，如图 3-10 所示。几何公差的研究对象就是这些几何要素。零件的几何要素可以从不同的角度来分类。

1. 按结构特征分类

构成零件外形的点、线、面各要素称为组成要素，如图 3-10 所示零件上的球面、圆锥面、圆柱面和圆锥面、圆柱面的素线等。组成要素对称中心所表示的点、线、面各要素称为导出要素，如图 3-10 所示零件上圆柱面的轴线、球面的球心等。

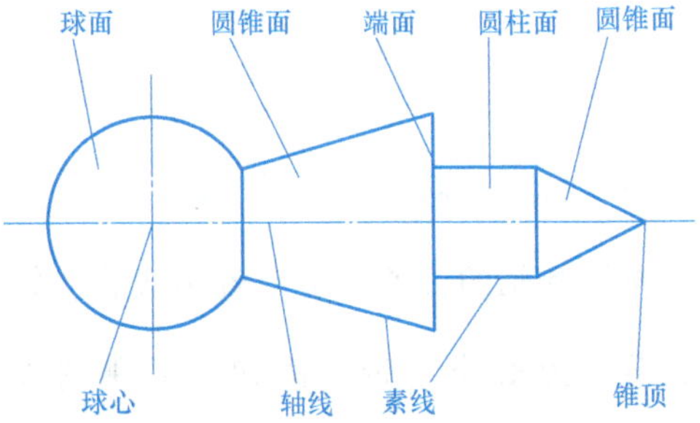

图 3-10 零件的几何要素

应当指出，导出要素依存于对应的组成要素；离开了组成要素，便不存在导出要素，例如没有球面，就没有球心；没有圆柱面，就没有轴线。

2. 按存在状态分类

零件上实际存在的要素称为实际要素，测量时由提取要素代替。具有几何学意义的要素称为公称要素，即几何的点、线、面，它们不存在任何误差。设计图样上表示的要素（如组成要素和导出要素）均为公称要素。

3. 按检测关系分类

图样上给出了几何公差要求的要素称为被测要素，是检测的对象。图样上用来确定被测要素方向或（和）位置关系的要素称为基准要素，简称基准。

4. 按要素的功能关系分类

仅对其本身给出形状公差要求，或仅涉及其形状公差要求时的要素称为单一要素。相对其他要素有功能关系而给出方向、位置和跳动公差的要素称为关联要素。

六、几何公差的特征项目及其符号

08 几何公差项目及公差

国家标准规定的几何公差的特征项目分为形状公差、方向公差、位置公差和跳动公差 4 大类，共有 19 个，它们的名称和符号见表 3-2。

表 3-2 几何公差的特征、名称、分类和相应符号

公差类型	形状公差					
几何特征	直线度	平面度	圆度	圆柱度	线轮廓度	面轮廓度
符号	—	▱	○	⌭	⌒	⌓
基准	无	无	无	无	无	无

（续）

公差类型	方向公差					
几何特征	平行度	垂直度	倾斜度	—	线轮廓度	面轮廓度
符号	//	⊥	∠	—	⌒	⌓
基准	有	有	有	—	有	有
公差类型	位置公差					
几何特征	位置度	同心度 （用于中心点）	同轴度 （用于轴线）	对称度	线轮廓度	面轮廓度
符号	⌖	◎	◎	⌯	⌒	⌓
基准	有或无	有	有	有	有	有
公差类型	跳动公差					
几何特征	圆跳动	全跳动	—	—	—	—
符号	↗	⌰	—	—	—	—
基准	有	有	—	—	—	—

七、几何公差带的特性

几何公差是图样中对要素的形状和位置的最大允许变动量。实际要素均应位于相应的几何公差带之内。几何公差带是指由一个或几个理想的几何线或面所限定的、由线性公差值表示其大小的区域（以理想要素为边界的平面或空间区域）。只要实际要素能全部落在给定的几何公差带内，就表明该要素合格。除非另有要求，实际要素在公差带内可以具有任何形状和方向。

几何公差带有形状、大小、方向和位置 4 个方面的特征。

（1）几何公差带的形状　几何公差带的形状主要有 9 种，见表 3-3。

（2）几何公差带的大小　几何公差带的大小是指公差带的宽度 t 或直径 ϕt，见表 3-3，t 即公差值。

（3）几何公差带的方向和位置　对有基准要求的公差带，被测要素应与基准保持图样上设计给定的几何关系。对于形状公差带，设计不做规定，其方位是浮动的。

表 3-3　几何公差带的形状

特征描述	公差带形状	特征描述	公差带形状
圆内的区域	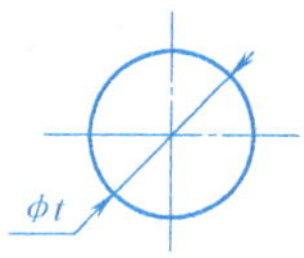	两平行平面之间的区域	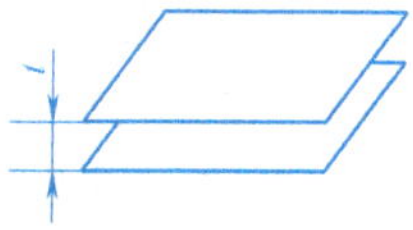

（续）

特征描述	公差带形状	特征描述	公差带形状
两个同心圆之间的区域	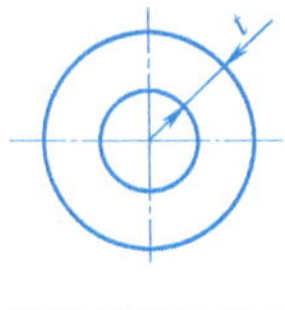	两个等距面之间的区域	
两个同轴圆柱面之间的区域	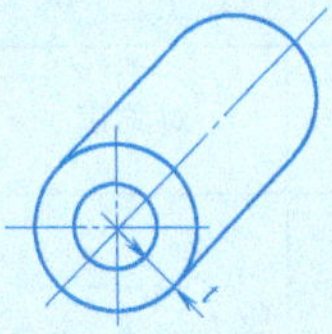	球面内的区域	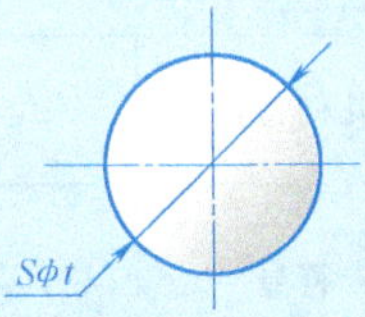
两平行直线之间的区域	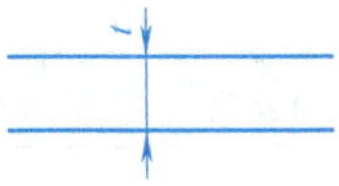	圆柱面内的区域	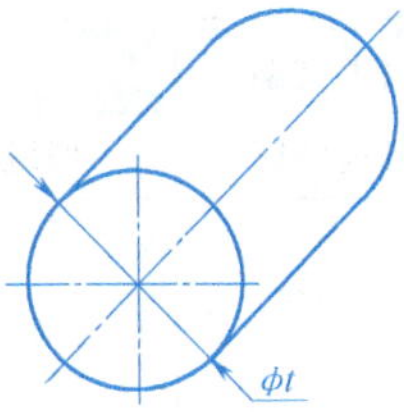
两等距线之间的区域	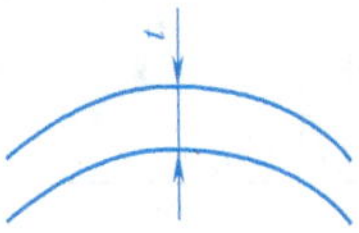		

导入问题 4：⌭ 0.02 这个公差框格的含义是什么？几何公差在图样上如何标注？

八、几何公差的标注

在技术图样上，几何公差应采用代号标注。只有在无法采用代号标注或者采用代号标注过于复杂时，才允许在技术要求中使用文字说明几何公差要求。

1. 几何公差代号

几何公差代号包括：有关项目的几何特征符号、公差框格和指引线、公差值和其他有关符号以及基准符号，如图 3-11 所示。

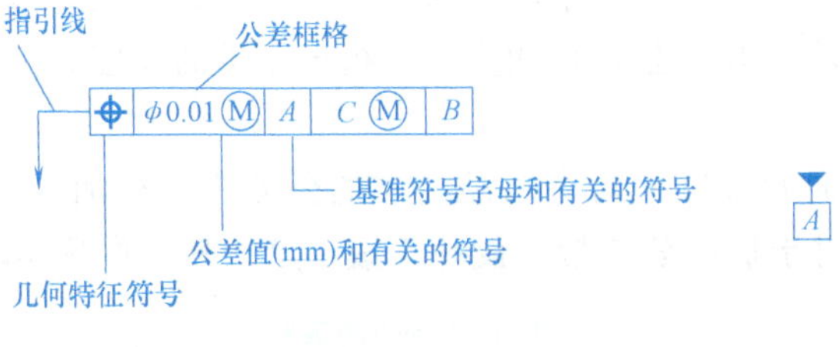

a) 水平放置　　b) 基准符号

图 3-11　几何公差代号

几何公差框格有两格或多格，一般水平绘制，框格中的内容从左到右写。框格内容依次为公差项目几何特征符号、公差值和基准符号。如果公差带为圆形或圆柱形，公差值前应加注符号“ϕ”；如果公差带为圆球形，公差值前应加注符号“$S\phi$”。

带箭头的指引线必须垂直于该框格引出，用它的箭头与被测要素相连。它引向被测要素时，允许弯折，通常只弯折一次。

基准用一个大写字母表示，字母标注在基准的方形框格内，与一个涂黑的或空白的三角形相连以表示基准；表示基准的字母还应标注在相应的几何公差框格内。涂黑的和空白的基准三角形含义相同。

09 几何公差的标注

2. 几何公差的标注示例

被测要素的标注见表 3-4。

表 3-4　被测要素的标注

序号	解　　释	图　　例
1	当被测要素是组成要素时，指引线的箭头应指向该要素的轮廓线上或其延长线上，必须明显地与尺寸线错开	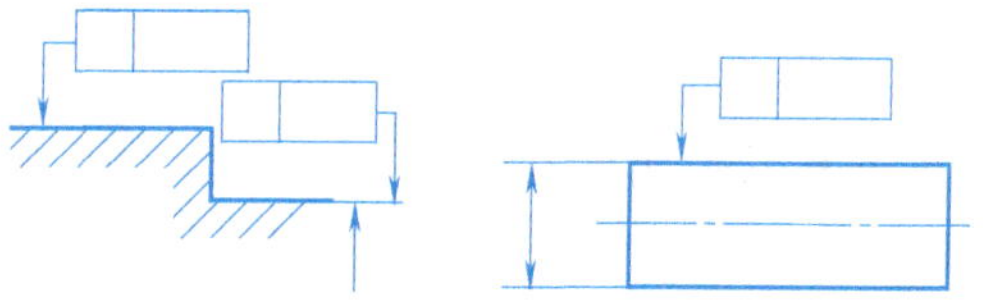
2	当被测要素是导出要素时，指引线的箭头应位于相应尺寸线的延长线上，与该要素的尺寸线箭头对齐	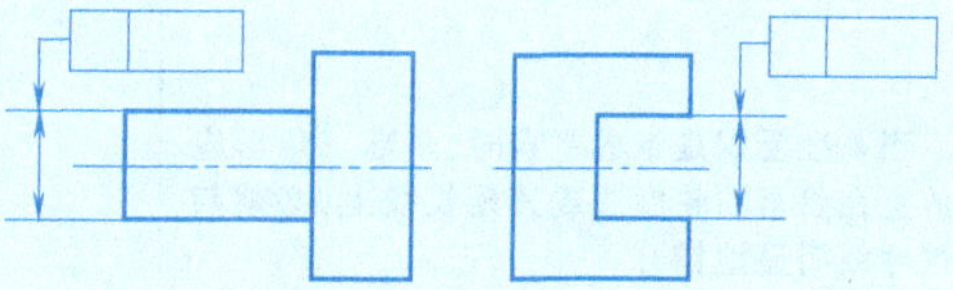
3	受图形空间限制，需表示图样中某要素的几何公差时，可由黑点引出参考线，指引线的箭头指向参考线的水平线	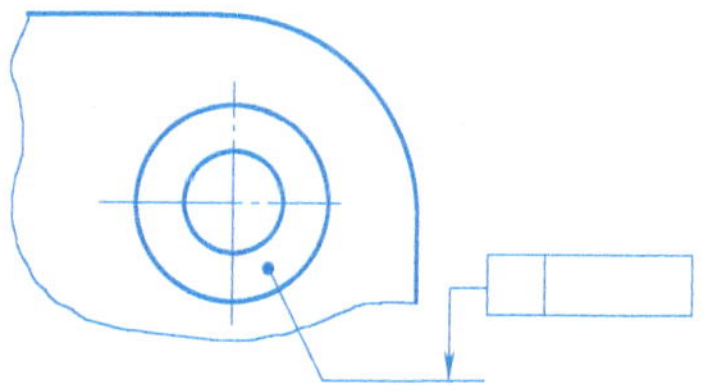
4	被测要素为圆锥体的轴线时，指引线箭头应与圆锥体的大端或小端直径尺寸线对齐。若直径尺寸线不能明显地区别圆锥体或圆柱体，箭头也可以与圆锥体上任一部位的空白尺寸线对齐。如果锥体是使用角度尺寸标注的，则指引线的箭头应对着角度尺寸线	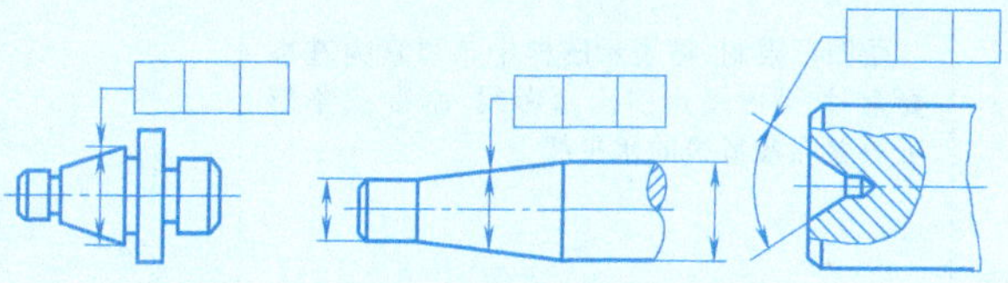
5	如果给出的公差仅适用于要素的某一指定局部，应采用粗点画线表示出该局部的范围，并标注该范围的大小	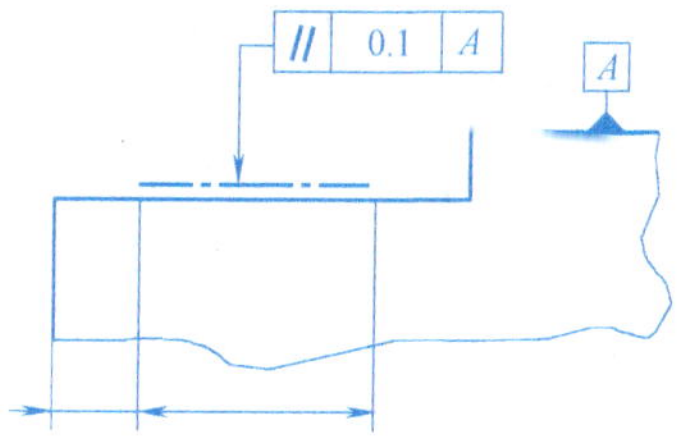

（续）

序号	解　释	图　例
6	当被测要素是线而不是面时，应在公差框格附近注明，如线素符号“LE”	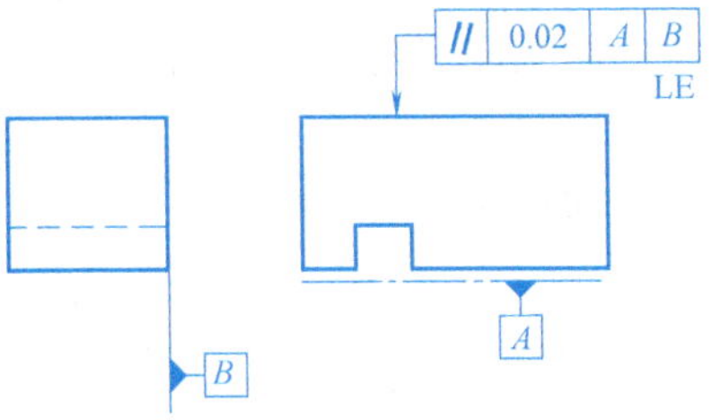

3. 基准要素的标注

基准要素的标注见表 3-5。

表 3-5　基准要素的标注

序号	解　释	图　例
1	当基准要素是组成要素时，基准三角形应放置在要素的轮廓线或其延长线上，必须与尺寸线明显地错开	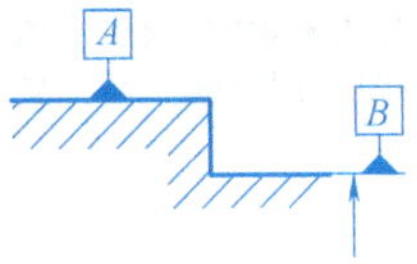
2	当基准是导出要素时，基准三角形应放置在该尺寸线的延长线上。如果没有足够的位置标注基准要素的两个尺寸箭头，则其中一个箭头可用基准三角形代替	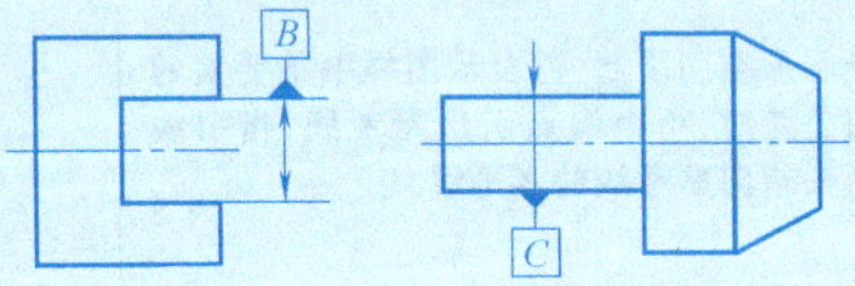
3	受图形限制，需表示图样中某要素为基准要素时，可由黑点引出参考线，基准三角形可放置在参考线的水平线上	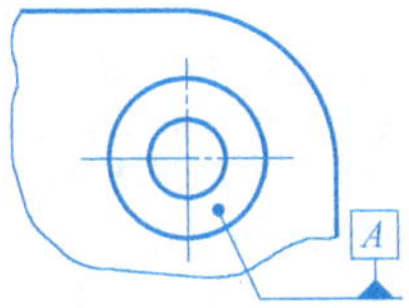
4	如果只以要素的某一局部作为基准，应用粗点画线表示出该部分，并以尺寸标注出范围	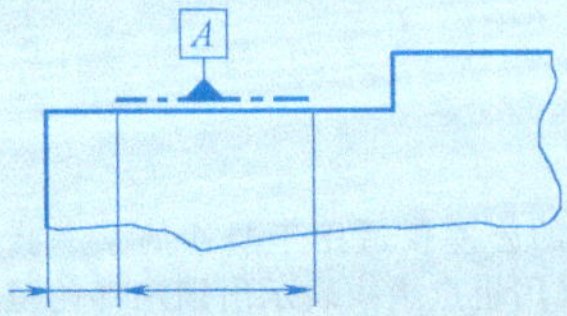

4. 几何公差的特殊标注

几何公差的特殊标注见表 3-6。

表 3-6　几何公差的特殊标注

序号	解　释	示　例
1	一个公差框格可以用于具有相同几何特征和公差值的若干个分离要素;若干个分离要素给出单一公差带时,在公差框格内公差值的后面加注公共公差带的符号 CZ	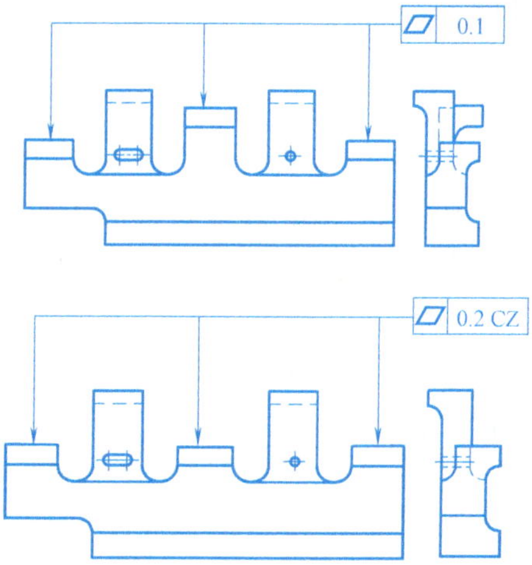
2	如果轮廓度特征适用于横截面的整周轮廓或由该轮廓所示的整周表面时,应采用"全周"符号表示。右图分别是外轮廓线的全周同一要求;外轮廓面的全周同一要求。图中端平面 a 和端平面 b 都不在要求的范围内	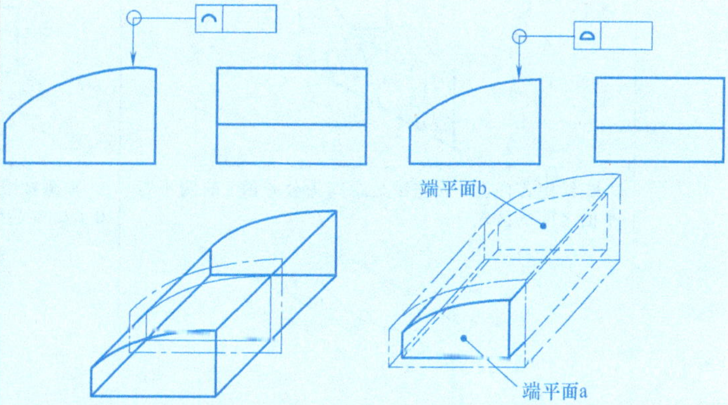
3	在整个被测要素上任意限定范围内标注同样几何特征的公差时,可在公差值后面加注限定范围的线性尺寸值,并用斜线隔开	
4	以螺纹轴线为被测要素或基准要素时,默认为螺纹中径圆柱的轴线,否则应另有说明,例如用"MD"表示大径,用"LD"表示小径	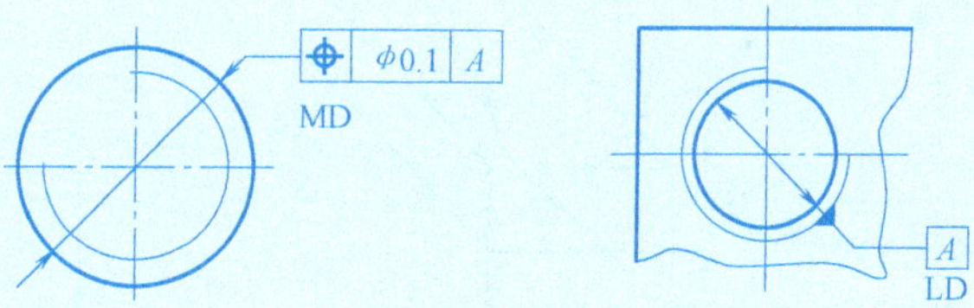
5	以齿轮或花键的轴线为被测要素或基准要素时,分度圆轴线用"PD"表示,大径用"MD"表示,小径用"LD"表示	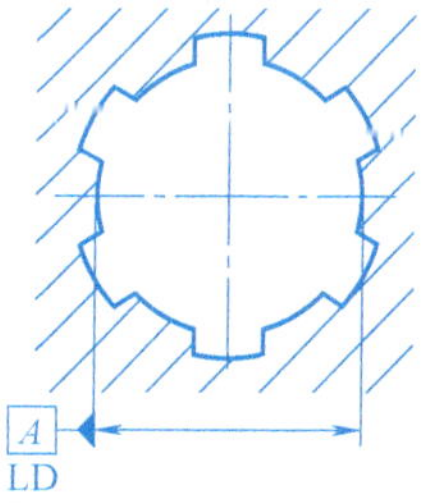

学习几何公差最重要的是理解其含义，只有理解了含义，才能在设计中正确采用或正确地理解设计并为之制定正确的机械加工工艺以及合理的检测方案，最终才能有效地实现该零件或产品的功能。

九、形状公差

形状公差是指单一实际要素的形状相对其理想要素所允许的最大变动量，包括直线度、圆度、圆柱度、平面度、线轮廓度和面轮廓度6个项目。形状公差带是限制实际被测要素变动的一个区域。形状公差没有基准要求，所以公差带是浮动的。形状公差带的定义及标注示例见表3-7。

表3-7　直线度、圆度、圆柱度和平面度公差带的定义和标注示例

符号	公差带定义	标注示例和解释
直线度公差 —	在给定平面内，公差带是距离为公差值 t 的两平行直线之间的区域 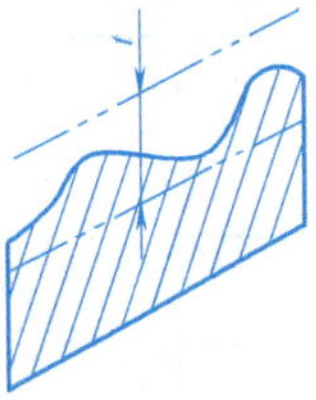	被测表面的素线必须位于平行于图样所示投影面上且距离为公差值0.1mm的两平行直线内 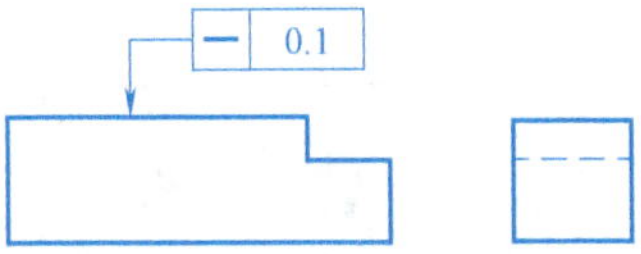
	在给定方向上，公差带是距离为公差值 t 的两平行平面之间的区域 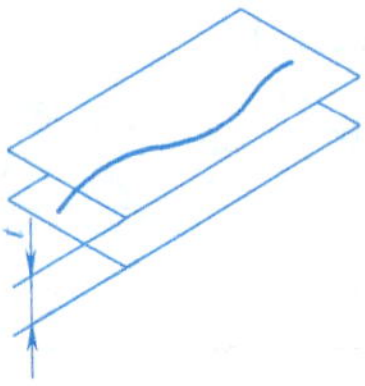	被测棱线必须位于箭头所示方向且距离为公差值0.02mm的两平行平面内 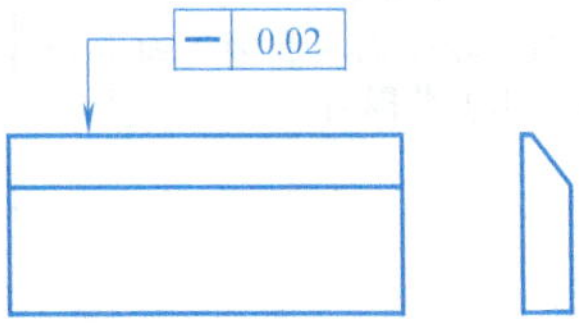
	在给定两个方向上，其公差带是正截面为 $t_1 \times t_2$ 的四棱柱内的区域 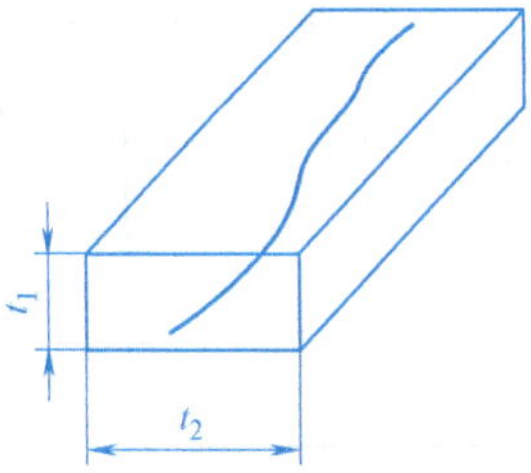	被测棱线必须位于由水平和垂直方向公差值分别为0.20mm和0.10mm的四棱柱内 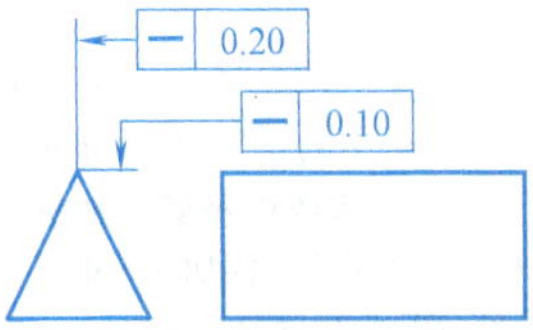
	在任意方向上，公差带是直径为公差值 ϕt 的圆柱面内的区域 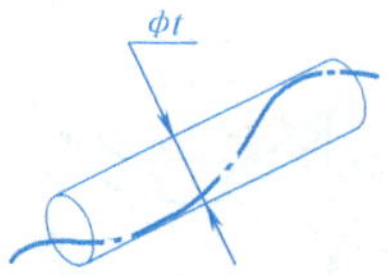	被测圆柱体轴线必须位于直径为 $\phi 0.04$mm的圆柱面内 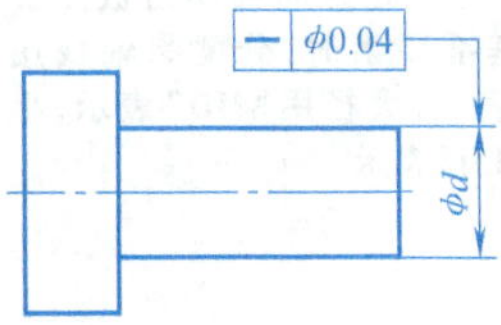

（续）

符号	公差带定义	标注示例和解释
圆度公差 ○	公差带是垂直于轴线的任意正截面上，半径差为公差值 t 的两同心圆之间的区域 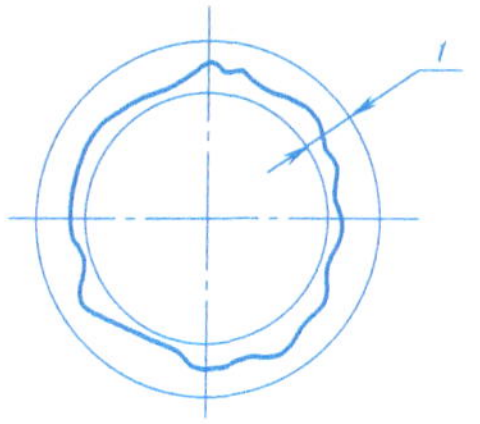	被测圆柱面（圆锥面）任一正截面内，圆周必须位于半径差为公差值 0.02mm 的两同心圆之间 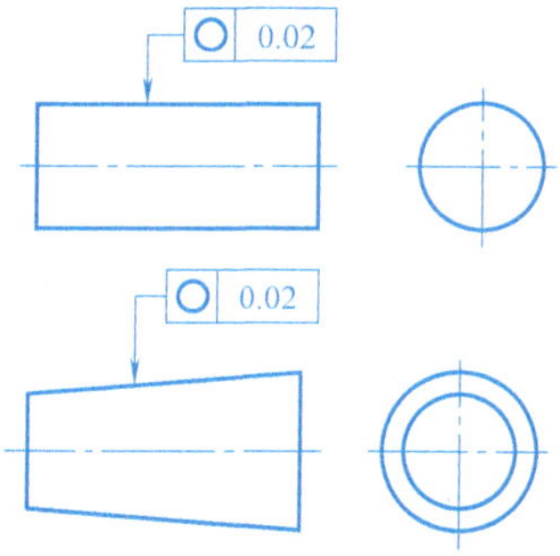
圆柱度 ⌭	公差带是半径差为公差值 t 的两同轴圆柱面之间的区域 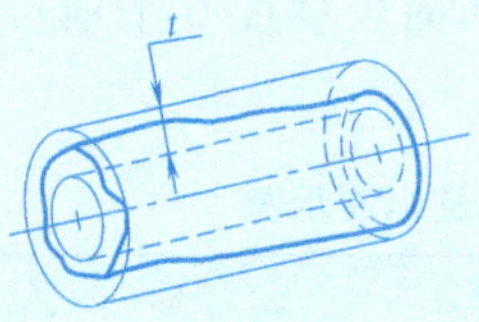	被测圆柱面必须位于半径差为公差值 0.02mm 的两同轴圆柱面之间 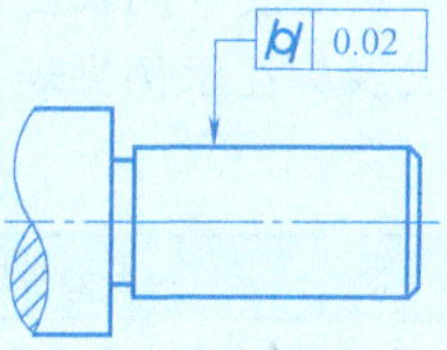
平面度 ▱	公差带是距离为公差值 t 的两平行平面之间的区域 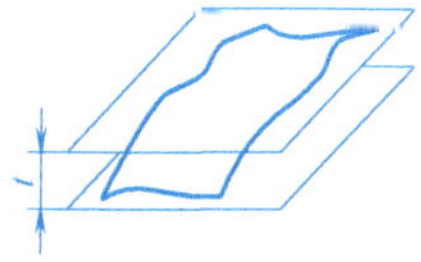	被测表面必须位于距离为公差值 0.1mm 的两平行平面内 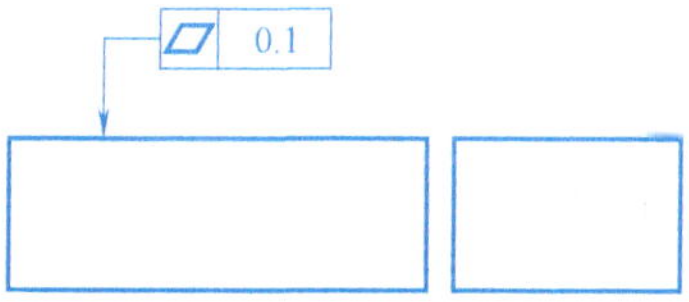

导入问题 5：[◎ | φ0.01 | A] 这个公差框格的含义是什么？

十、基准

除形状公差外，其余公差都会涉及基准。与被测要素有关且用来确定其几何位置关系的要素（如轴线、直线、平面等）被称为基准。根据关联被测要素所需基准的个数及构成某基准的要素的个数，图样上标出的基准可以归纳为 3 种：

（1）单一基准　由单个要素构成、单独作为某被测要素的基准，称为单一基准，如图 3-12a 所示。

（2）组合基准（公共基准）　由两个或两个以上要素（理想情况下这些要素共线或者共面）构成、起单一基准作用的基准，称为组合基准，如图 3-12b 所示。在公差框格中标注时，将各个基准字母用短横线相连并写在同一格内，以表示作为单一基准使用。

（3）基准体系　若某被测要素需由两个或三个相互间具有确定关系的基准共同确定，这种基准则称为基准体系，如图 3-12c 所示。基准体系中的各个基准，可以由单个要素构成，也可由多个要素构成。填在框格第三格的称作第一基准，填在其后各框格的依次称作第二、第三基准。应用基准体系时，要特别注意基准的顺序。

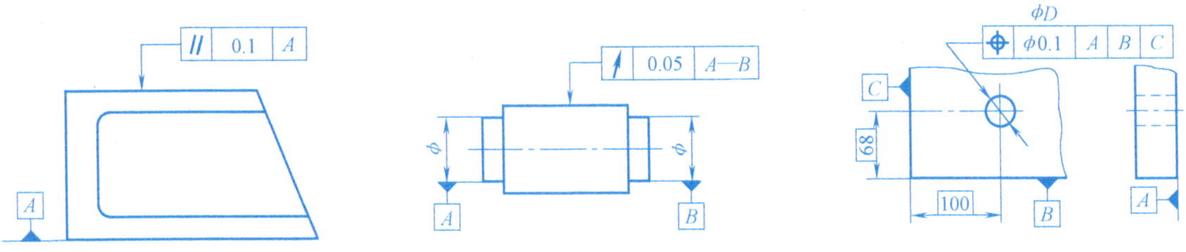

图 3-12　基准的分类

十一、位置公差

位置公差是指关联实际要素对其具有确定位置的理想要素的允许变动量，包括位置度、同心度、同轴度、对称度、线轮廓度和面轮廓度 6 个项目。位置公差带的定义及标注示例见表 3-8。

10 识读位置公差

表 3-8　位置公差带的定义及标注示例

符号	公差带定义	标注示例和解释
位置度 ⌖	公差带为直径等于公差值 $S\phi t$ 的球面所限定的区域。该球面中心的理论正确位置由基准 A、B、C 和理论正确尺寸确定 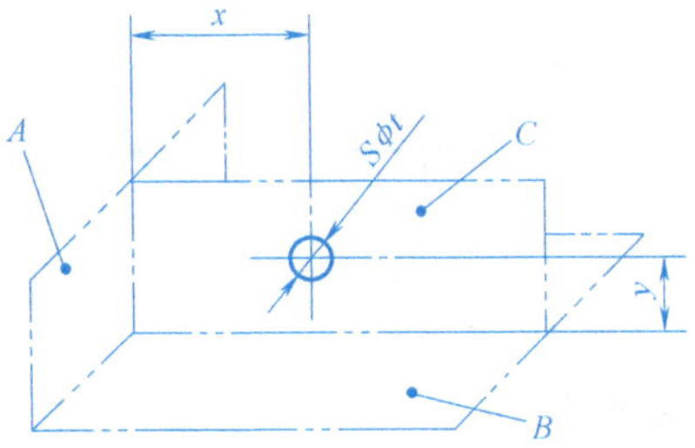	球心应限定在直径等于 $S\phi0.3$mm 的球面内。该球面的中心由基准平面 A、基准平面 B、基准中心平面 C 和理论正确尺寸 30、25 确定 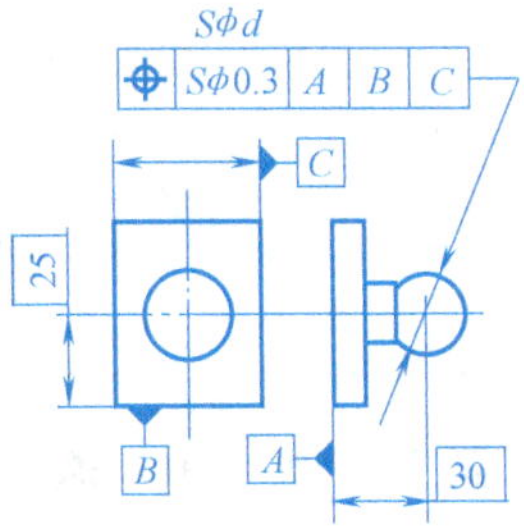
	公差带为直径等于公差值 ϕt 的圆柱面所限定的区域。该圆柱面的轴线位置由基准平面 C、A 及 B 和理论正确尺寸确定 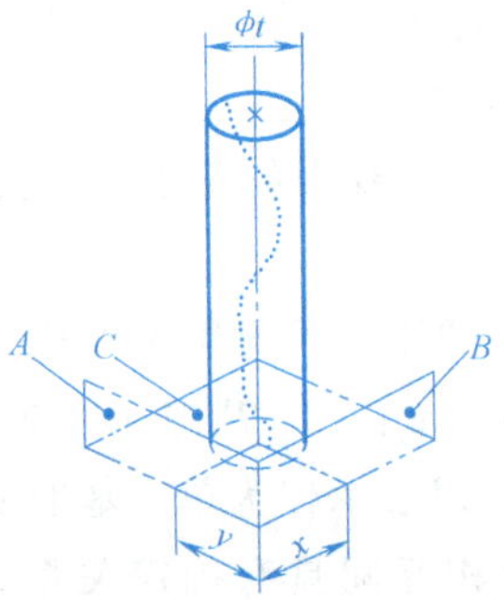	ϕD 孔轴线应限定在直径等于 $\phi0.08$mm 的圆柱面内。该圆柱面轴线处于由基准平面 C、A、B 和理论正确尺寸 100、68 确定的理论正确位置上 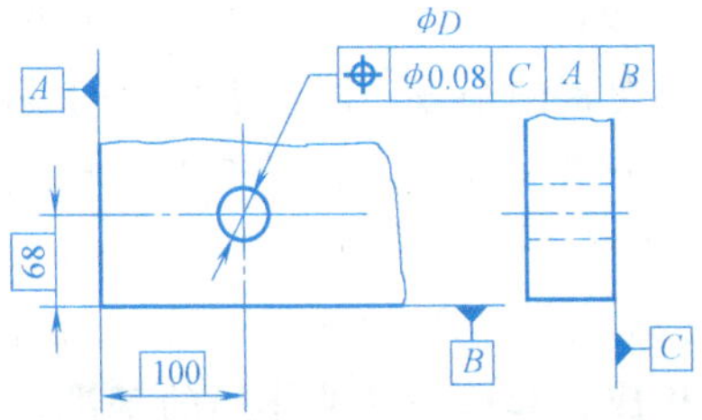

（续）

符号	公差带定义	标注示例和解释
位置度 ⌖	公差带为间距等于公差值 t 且对称于被测面理论正确位置的两平行平面所限定的区域。面的理论正确位置由基准平面、基准轴线和理论正确尺寸确定 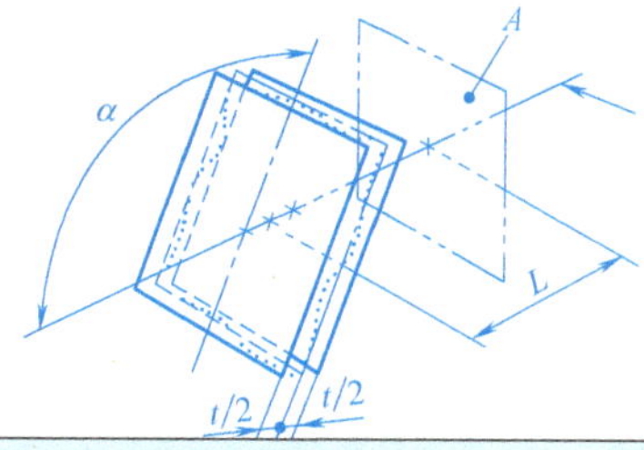	斜面应限定在间距等于 0.05mm 的两平行平面之间。该两平行平面对称于由基准平面 A、基准轴线 B 和理论正确尺寸 15、105°确定的被测面的理论正确位置 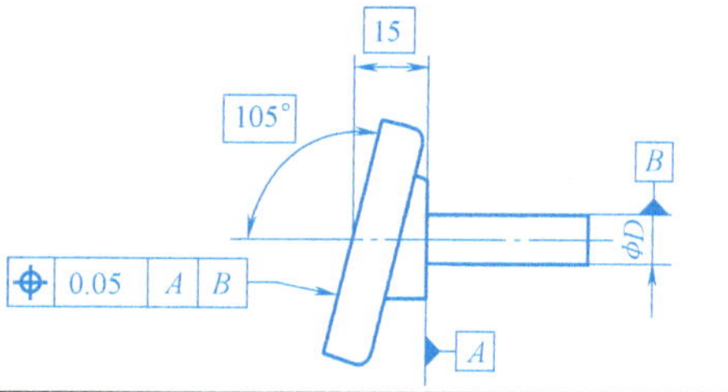
同轴度公差 ◎	公差带为直径等于公差值 ϕt 的圆柱面所限定的区域，该圆柱面的轴线与基准轴线重合 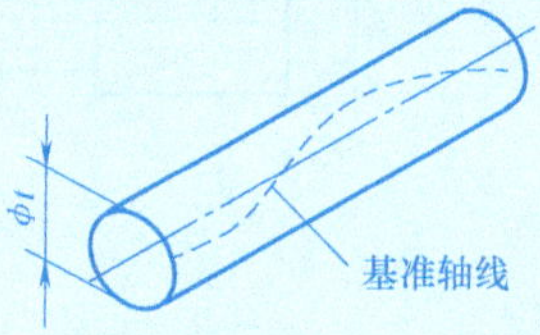	ϕD 轴线应限定在直径等于 ϕ0.01mm、以公共基准轴线 $A—B$ 为轴线的圆柱面内 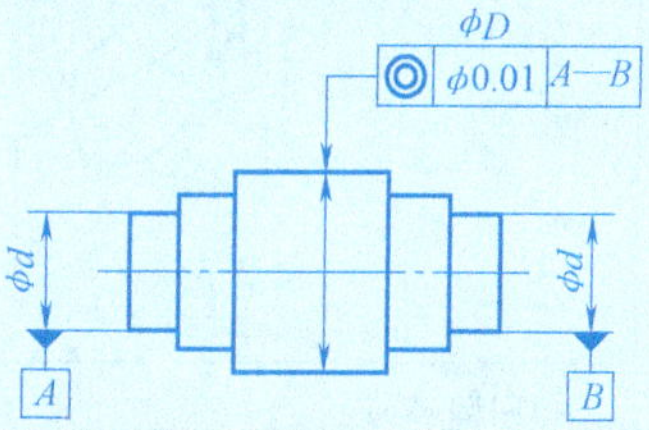
同心度公差 ◎	公差带为直径等于公差值 ϕt 的圆周所限定的区域，该圆周的圆心与基准点重合 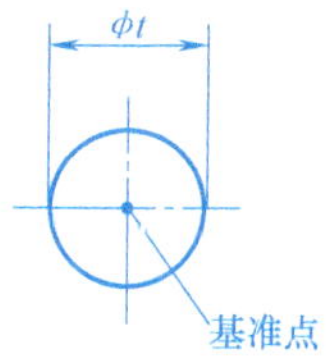	在任意横截面内，内圆的圆心应限定在直径等于 ϕ0.1mm，以基准点 A（外圆圆心）为圆心的圆周内 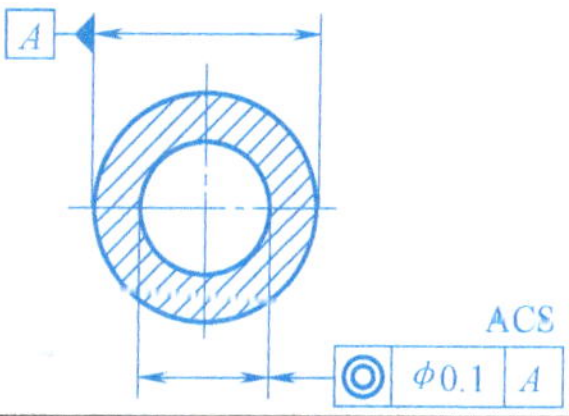
对称度 ⌯	公差带为间距等于公差值 t，对称于基准中心平面的两平行平面所限定的区域 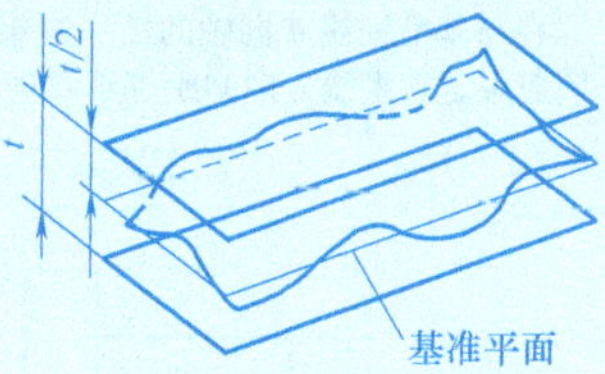	槽的中心平面应限定在间距等于 0.05mm、对称于基准中心平面 A 的两平行平面之间 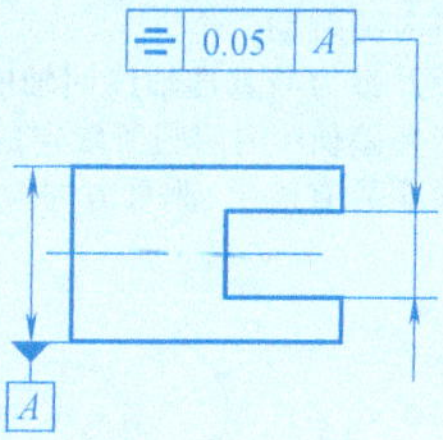

导入问题 6： ⌰ 0.01 A **这个公差框格的含义是什么？**

十二、跳动公差

跳动公差是针对特定的检测方式而定义的几何公差项目。跳动公差分为圆跳动公差和全跳动公差。

圆跳动公差是指被测（实际）要素在某种测量截面内相对于基准轴线的最大允许变动量。根据测量截面的不同，圆跳动分为径向圆跳动（测量截面为垂直于轴线的正截面）、轴向圆跳动（也称端面圆跳动，测量截面为与基准同轴的圆柱面）和斜向圆跳动（测量截面为素线与被测锥面的素线垂直或成一指定角度、轴线与基准轴线重合的圆锥面）3 种。

全跳动公差是指整个被测实际表面相对于基准轴线的最大允许变动量。被测表面为圆柱面的全跳动称为径向全跳动，被测表面为平面的全跳动称为轴向全跳动。

跳动公差带的定义及标注示例见表 3-9。

表 3-9　跳动公差带的定义及标注示例

符号	公差带定义	标注示例和解释
圆跳动 ↗	径向圆跳动 公差带为任一垂直于基准轴线的横截面内、半径差等于公差值 t、圆心在基准轴线上的两同心圆所限定的区域 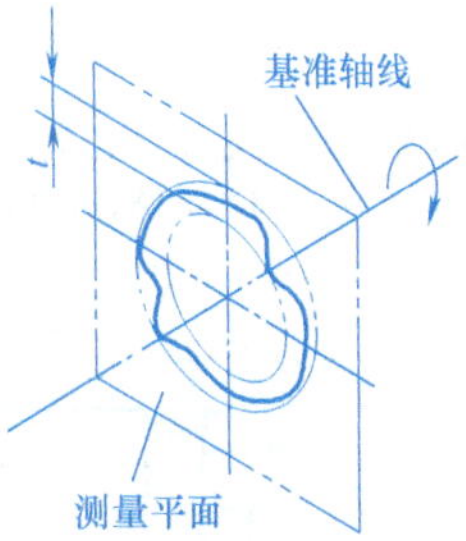 	在任一垂直于基准轴线 A 的横截面内，提取（实际）圆应限定在半径差等于 0.01mm，圆心在基准轴线 A 上的两同心圆之间 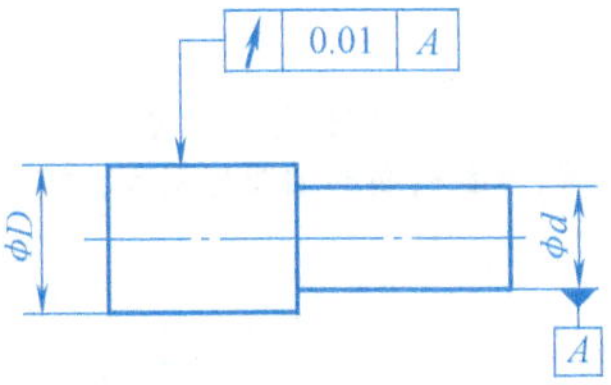
	轴向圆跳动 公差带为与基准轴线同轴的任一半径的圆柱截面上、间距等于公差值 t 的两圆所限定的圆柱面区域 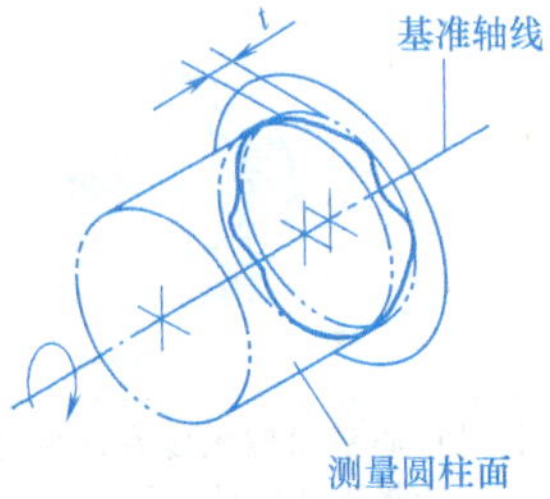 	在与基准轴线 D 同轴的任一圆柱形截面上，提取（实际）圆应限定在轴向距离等于 0.1mm 的两个等圆之间 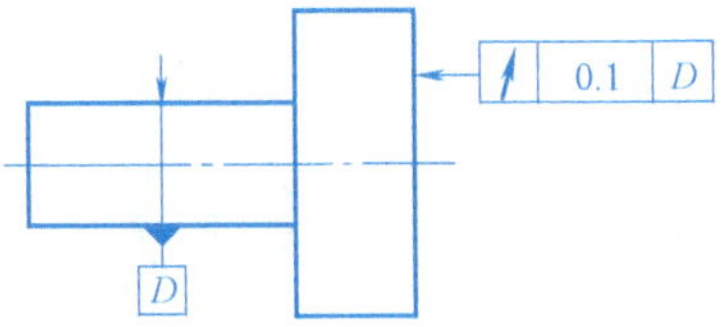
	斜向圆跳动 公差带为与基准轴线同轴的某一圆锥截面上、间距等于公差值 t 的两圆所限定的圆锥面区域 除非另有规定，测量方向应沿被测表面的法向 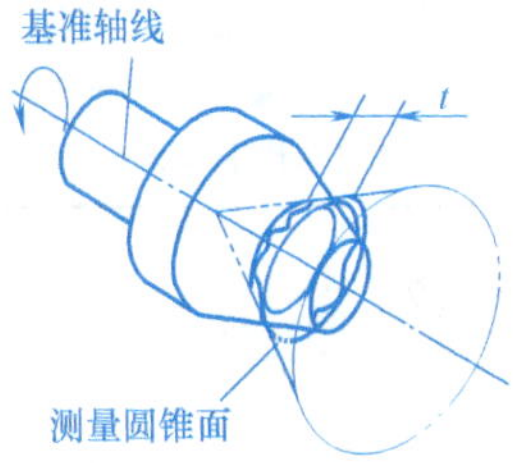 	在与基准轴线 A 同轴的任一圆锥截面上，提取（实际）圆应限定在素线方向间距等于 0.05mm 两不等圆之间 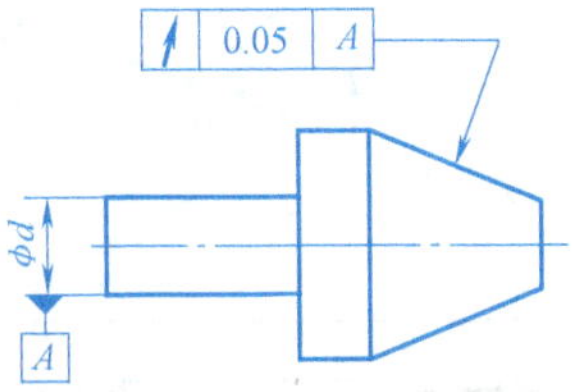 在与基准轴线 C 同轴，且具有给定角度 60° 的任一圆锥截面上，提取（实际）圆应限定在素线方向间距等于 0.1mm 的两不等圆之间 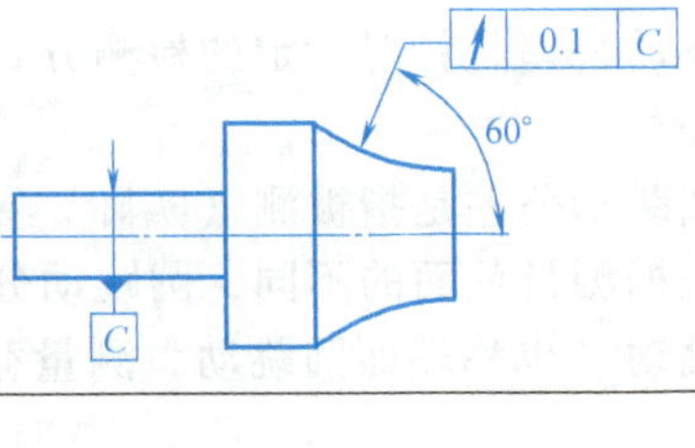

（续）

符号	公差带定义	标注示例和解释
全跳动 ⌰	径向全跳动 公差带为半径差等于公差值 t、与基准轴线同轴的两圆柱面所限定的区域 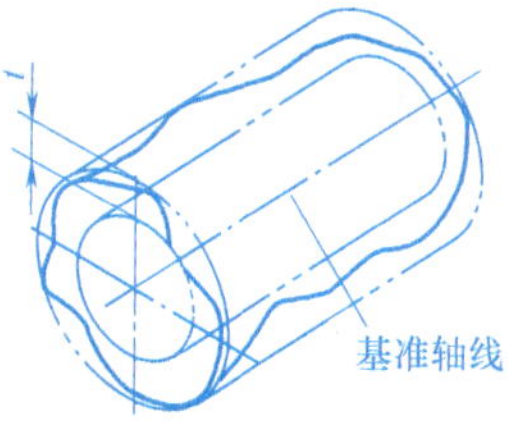	提取（实际）表面应限定在半径差等于 0.2mm，与公共基准轴线 $A—B$ 同轴的两圆柱面之间 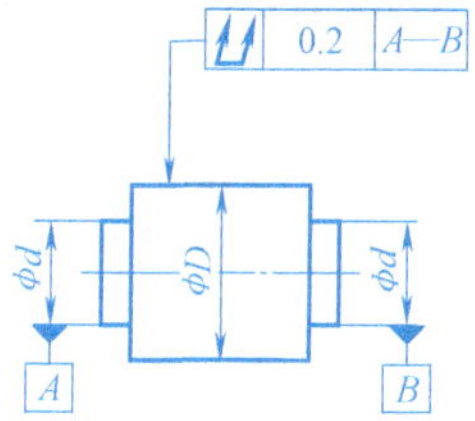
	轴向全跳动 公差带为间距等于公差值 t、垂直于基准轴线的两平行平面所限定的区域 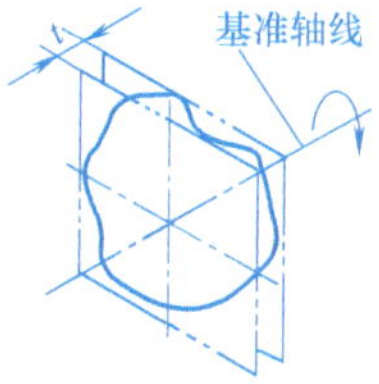	提取（实际）表面应限定在间距等于 0.05mm、垂直于基准轴线 A 的两平行平面之间 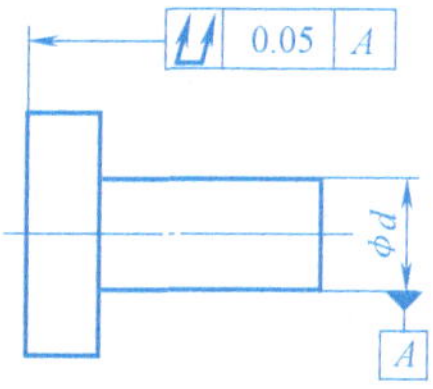

任务实施

1）写出轴颈 $\phi34^{+0.015}_{-0.010}$mm、孔径 $\phi25^{+0.021}_{0}$mm 的公差带代号。

$\phi34^{+0.015}_{-0.010}$mm 的公称尺寸为 $\phi34$mm，计算得 $T_d=0.025$mm，查标准公差数值表 2-1，IT7 = 0.025mm；基本偏差 ei = −0.010mm，查轴的基本偏差数值表 2-2，得出基本偏差代号为 j。$\phi34^{+0.015}_{-0.010}$mm 的公差带代号为 j7。

$\phi25^{+0.021}_{0}$mm 的公称尺寸为 $\phi25$mm，计算得 $T_D=0.021$mm，查标准公差数值表 2-1，IT7 = 0.021mm；基本偏差 EI = 0，查孔的基本偏差数值表 3-1，得出基本偏差代号为 H。$\phi25^{+0.021}_{0}$mm 的公差带代号为 H7。

2）已知 $\phi25^{+0.021}_{0}$mm 的孔与 $\phi25^{-0.020}_{-0.033}$mm 的轴配合，在装配图上如何标注？

装配图上要标注配合代号，把孔和轴的公差带以分数形式组合在一起就构成了孔、轴的配合代号。查标准公差数值表和基本偏差数值表可以确定孔和轴的公差带代号分别为 H7 和 f6。孔和轴的配合可以标注为 $\phi25\dfrac{H7}{f6}$。

3）为什么要进行几何公差的标注？它的研究对象是什么？

几何误差与尺寸误差、表面粗糙度都会对零件的使用性能、配合性质、整体寿命等造成影响。为了保证零件的互换性，就应该在零件图上给出几何公差，用以限制几何误差。它的研究对象是零件的几何要素。

4）[⌭ | 0.02] 这个公差框格的含义是什么？

公差框格 [⌭|0.02] 的指引线指向 ϕ25mm 孔的轮廓线，表示 ϕ25mm 圆柱面的圆柱度公差为 0.02mm。该圆柱面应限定在半径差为 0.02mm 的两个同轴圆柱面之间。

5）[◎|ϕ0.01|A] 这个公差框格的含义是什么？

公差框格 [◎|ϕ0.01|A] 的指引线与 ϕ34mm 的尺寸线对齐，基准 A 与 ϕ25mm 的尺寸线对齐，表示被测要素和基准要素都是导出要素。被测要素 ϕ34mm 的轴线相对于 ϕ25mm 的基准轴线同轴度公差为 0.01mm。ϕ34mm 的轴线应限定在直径等于 0.01mm 且与 ϕ25mm 的基准轴线同轴的圆柱面内。

6）[⌰|0.01|A] 这个公差框格的含义是什么？

从图 3-1 可以看出被测要素为轴套两端平面，基准为 ϕ25mm 的轴线。这个标注表示轴套两端的平面相对于 ϕ25mm 的基准轴线的轴向全跳动公差均为 0.01mm。该两端面应限定在与基准轴线垂直，距离为 0.01mm 的两平行平面之间。

拓展知识

一、孔基本偏差数值的确定

公称尺寸≤500mm 的孔的基本偏差数值是由相同字母代号轴的基本偏差数值换算而得出的。换算的前提是：基孔制配合变成同名的基轴制配合（例如 H8/f8 变成 F8/h8，H6/f5 变成 F6/h5），它们的配合性质必须相同，即两种配合制配合的极限间隙或过盈必须相同。在实际生产中考虑到孔比轴难加工，故在孔、轴的标准公差等级较高时，孔通常与高一级的轴配合。而孔、轴的标准公差等级不高时，则孔与轴采用同级配合。

根据上述前提，孔的基本偏差数值有两种规则进行换算。

1. 通用规则

同一字母的孔的基本偏差与轴的基本偏差相对于零线是完全对称的。也就是说，同一字母的孔与轴，两者的基本偏差的绝对值相等，而符号相反。

$EI=-es$ （适用于 A～H）

$ES=-ei$ （适用于标准公差>IT8 的 K、M、N 和标准公差>IT7 的 P～ZC）

但有一个例外，公称尺寸>3～500mm、标准公差>IT8 时，代号为 N 的孔的基本偏差（ES）的数值等于零。

2. 特殊规则

（适用于标准公差≤IT8 的 K、M、N 和标准公差≤IT7 的 P～ZC）

同一字母的孔的基本偏差与轴的基本偏差符号相反，绝对值相差一个 Δ 值。

$$ES=-ei+\Delta$$

$$\Delta=ITn-IT(n-1)$$

其中 ITn 为尺寸分段内孔的标准公差数值，IT(n-1) 为高一级轴的标准公差数值。

按以上通用规则和特殊规则计算出孔的基本偏差数值，经化整后编制出孔的基本偏差数值表（表 3-1）。

公称尺寸>500mm 时，由于大尺寸孔的测量精度比轴更容易保证，生产中多采用同级孔与轴相配合。国家标准规定大尺寸孔各种基本偏差数值的换算皆采用通用规则，即同一字母的孔、轴，它们的基本偏差数值相等，符号相反。

二、零件几何要素的相关术语

构成零件几何形状的必要元素有很多，下面依据国家标准 GB/T 18780.1—2002 进行详细介绍。

1. 几何要素存在的 3 个范畴

1）设计的范畴，指设计者对未来零件的设计意图的一些表达。

2）零件的范畴，指物质和实物的范畴。

3）检验的范畴，指通过用计量器具对零件取样进行检验来表示给定的零件。

正确理解 3 个范畴之间的关系是非常重要的。

2. 组成要素

构件上的面或面上的线。组成要素是实有定义的。

3. 导出要素

由一个或几个组成要素得到的中心点、中心线或中心面。例如球心是由球面得到的导出要素，该球面则为组成要素；圆柱的中心线是由圆柱面得到的导出要素，该圆柱面为组成要素。

4. 尺寸要素

由一定大小的线性尺寸或角度尺寸确定的几何形状。它可以是圆柱形、球形、两平行对应面、圆锥形或楔形。

5. 公称组成要素

由技术制图或其他方法确定的理论正确组成要素。

6. 公称导出要素

由一个或几个公称组成要素导出的中心点、轴线或中心平面。

7. 零件实际表面

实际存在并将整个零件与周围介质分隔的一组要素。

8. 实际组成要素

由接近实际组成要素所限定的零件实际表面的组成要素部分。值得注意的是，没有实际导出要素。

9. 提取组成要素

按规定方法，由实际（组成）要素提取有限数目的点所形成的实际组成要素的近似替代。注意，该替代的方法由要素所要求的功能确定，每个实际组成要素可以有几个这种替代。

10. 提取导出要素

由一个或几个提取组成要素得到的中心点、中心线或中心面。注意，为方便起见，提取圆柱面的导出中心线称为提取中心线，两相对提取平面的导出中心面称为提取中心面。

11. 拟合组成要素

按规定的方法由提取组成要素形成的并具有理想形状的组成要素。

12. 拟合导出要素

由一个或几个拟合组成要素导出的中心点、轴线或中心平面。

注意：以上术语“轴线”和“中心平面”用于具有理想形状的导出要素；术语“中心线”和“中心面”用于非理想形状的导出要素。

几何要素定义间的相互关系如图 3-13 所示。

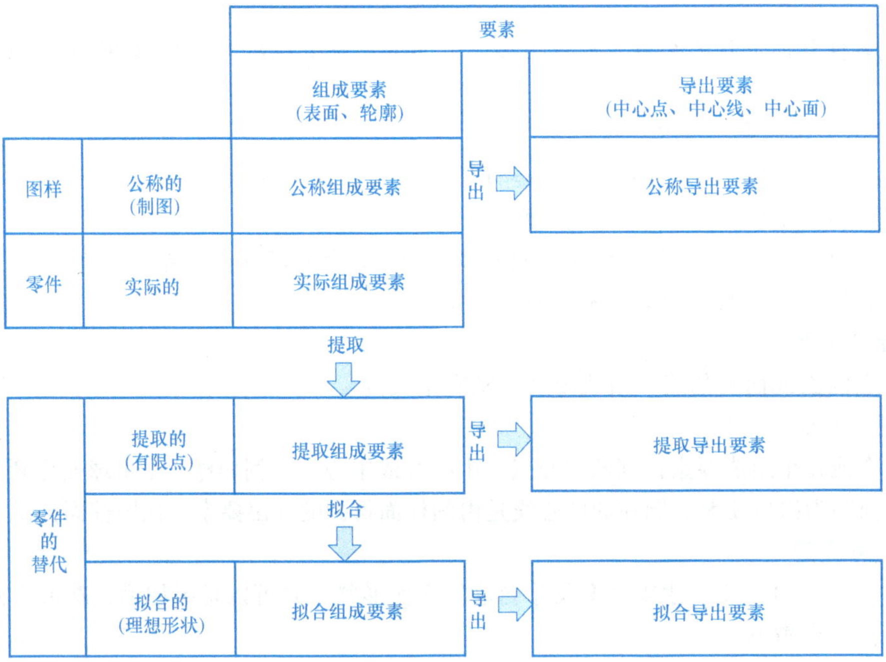

图 3-13　几何要素定义间相互关系的结构框图

自检自查

1. 查表确定下列尺寸的极限偏差、极限尺寸，并画出公差带示意图。

$$\phi30N6;\ \phi45F7;\ \phi90R8;\ \phi90R7$$

2. 查表确定下列孔径尺寸的公差带代号。

$$\phi35^{+0.034}_{+0.009};\ \phi60^{-0.026}_{-0.045};\ \phi60^{-0.032}_{-0.078}$$

3. 将下列技术要求标注在图 3-14 中。

1）圆锥面的圆度公差为 0.01mm，圆锥素线直线度公差为 0.02mm；

2）圆锥轴线对 ϕd_1 和 ϕd_2 两圆柱面公共轴线的同轴度公差为 0.05mm；

3）端面 Ⅰ 对 ϕd_1 和 ϕd_2 两圆柱面公共轴线的轴向圆跳动公差为 0.03mm；

4）ϕd_1 和 ϕd_2 圆柱面的圆柱度公差分别为 0.008mm 和 0.006mm。

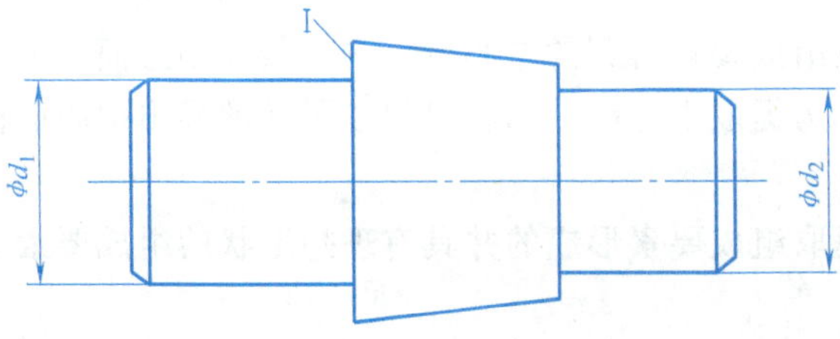

图 3-14　标注

任务二　用内径百分表测内径

任务导入

对图 3-1 所示轴套中 $\phi25^{+0.021}_{0}$mm 孔进行检测，判断该孔是否合格。

请思考：

1）什么情况下适合选用内径百分表测量？

2）如何使用内径百分表测量内径？

基本知识

导入问题 1：什么情况下适合选用内径百分表测量？

内径可用内径千分尺或游标卡尺测量，但对深孔或公差等级较高的孔，常用内径百分表测量。

一、内径百分表简介

内径百分表也叫内径指示表，或内径量表，它是一种用相对法测量中等精度孔径的量仪，尤其适合测量深孔。内径百分表由百分表和装有杠杆系统的测量装置组成，其典型结构如图 3-15 所示。

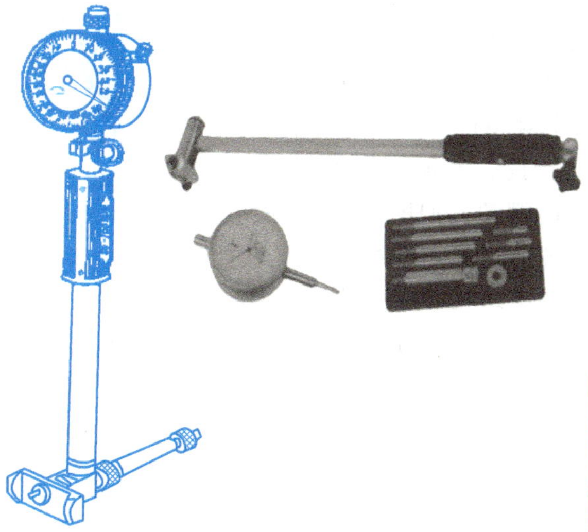

a) 外形

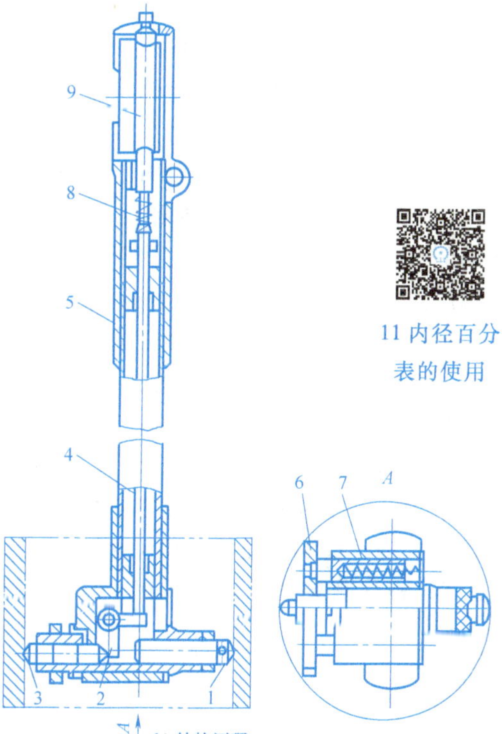

b) 结构原理

11 内径百分表的使用

图 3-15　内径百分表

1—固定测头　2—等臂直角杠杆　3—活动测头　4—顶杆　5—隔热手柄　6—定心板　7、8—弹簧　9—百分表测量时，活动测头 3 和固定测头 1 与孔壁接触，活动测头向内移动，通过等臂直角杠杆 2，推动顶杆 4 向上移动，压缩弹簧 8，并推动百分表 9 的指示针顺时针方向回转。当活动测头移动 1mm 时，推动百分表回转一圈。仪器盒内附有一套长短不同的固定测头（又称可换测头），可根据被测孔径的大小来选择使用。

内径百分表的分度值为 0.01mm，测量范围有 6～10mm、10～18mm、18～35mm、35～50mm、50～160mm 等，百分表的示值范围有 3mm、5mm 和 10mm。

导入问题 2：如何使用内径百分表测量内径？

用内径百分表测量内径，是以量块为基准的。按被测孔的公称尺寸组合量块，将组合好的量块组装在量块夹中，通过卡脚形成内尺寸 L，L 即为被测孔的公称尺寸，再用它来调准内径百分表的指针达到零位，然后用内径百分表测量孔径。从百分表上读出的指针偏移量，即为被测孔径与公称尺寸之差 ΔL，则被测孔径为 $X=L+\Delta L$。

二、内径百分表的操作步骤

1）将百分表装入量杆内，预压缩 1mm 左右（百分表的小指针指在“1”的附近）后锁紧。百分表的装夹要牢固，夹紧力要适当，并检查测杆是否灵活。

2）按被测孔的公称尺寸 L 组合量块，将组合好的量块组置于量块夹中，以便仪器调零。根据被测孔的公称尺寸，选择合适的固定测头，将其拧入内径百分表上相应的螺孔中，随后拧紧螺母。固定测头与活动测头之间的长度须大于被测尺寸 0.8～1mm，以便测量时活动测头能在公称尺寸的正、负一定范围内自由运动。

3）用一只手拿着隔热手柄，另一只手食指和中指轻轻按压定心板，将活动测头压靠在量块夹侧块上，使活动测头内缩，以保证放入固定测头时不与另一侧块摩擦。然后松开定心板和活动测头，使固定测头与侧块接触。摆动内径百分表，在垂直和水平方向找最小值，并相应旋转表盘，使指针指向百分表的零刻度，并校对几次。然后用手指轻压定心板使活动测头内缩，当固定测头脱离接触时，缓慢地将内径百分表从侧块内取出。

4）手握隔热手柄，将内径百分表放入被测孔中，先伸进定心板和活动测头，再伸进固定测头，由于定心板借弹簧力始终与孔壁接触，其接触的连线和被测孔的直径互相垂直，使两个测头位于孔的直径方向上，但测头在被测孔的轴向截面内可能倾斜，因此，当测头达到测量部位时，内径百分表需要在被测孔的轴向截面内摆动，如图 3-16 所示。记下指针回转到转折点时的读数，它就是实际被测孔径对公称尺寸 L 的实际偏差 ΔL（注意正、负号，表针沿顺时针方向未达到零点的读数是正值，表针沿顺时针方向超过零点的读数是负值）。将实际偏差加上量块尺寸，即是被测孔径的实际尺寸。

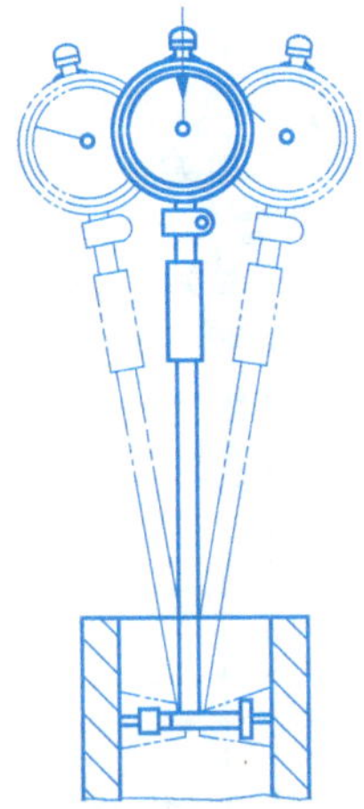

图 3-16　内径百分表测量时的动作

5）根据测量结果和零件图上标注的技术要求，判断被测孔的合格性。

任务实施

轴套零件上的尺寸可以利用游标卡尺、内径千分尺、外径千分尺等测量工具进行测量，这里使用内径百分表来测量孔径。要求每个被测表面至少测量 4 次（在不同截面、不同方向上测量），并填写相应的检测报告。

拓展知识

量块

量块又称块规，是由两个相互平行的测量面之间的距离来确定其工作长度的一种高精密、无刻线的端面量具。量块的外形一般是长方体，也有圆柱体。长方体的量块有两个表面非常光洁、平整的平行平面，称为测量面，如图 3-17 所示。

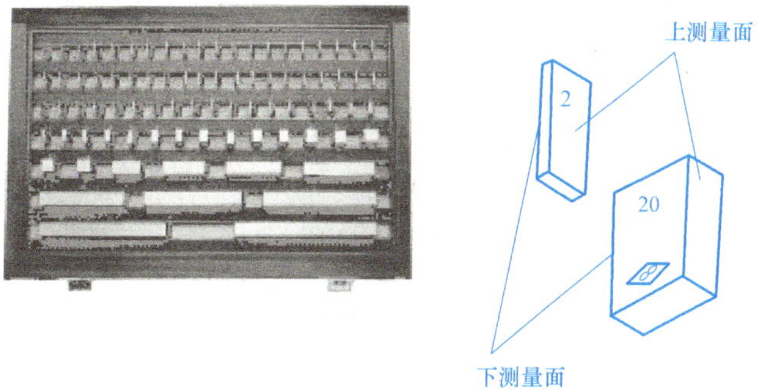

图 3-17　量块

1. 量块的用途

量块可用于尺寸的传递、校准和检定测量器具，相对测量时量仪的调零，精密机床的调整及机械加工中的精密划线等。

2. 量块的精度等级

为了满足不同应用场合的需要，JJG 146—2011《量块》对量块规定了若干精度等级。

（1）量块的分级　量块按制造精度分为 5 级：K、0、1、2、3 级，其中 K 级的精度最高，精度依次降低。

（2）量块的分等使用　量块按检定精度分为 5 等：1、2、3、4、5 等，其中 1 等的精度最高，精度依次降低。

量块生产企业大都按“级”向市场销售量块，用户按“级”使用时，应以量块长度的标称值作为工作尺寸，该尺寸包含了量块的制造误差，会将量块的制造误差带入测量结果。量块按“等”使用时，应以经检定后所给出的量块中心长度的实测值作为工作尺寸，该尺寸排除了量块制造误差的影响，仅包含检定时较小的测量误差。因此，量块按“等”使用的测量精度比量块按“级”使用的测量精度高。但由于按“等”使用比较麻烦，且检定成本高，故在生产现场仍常按“级”使用。

3. 量块的组合使用

量块的特性是线膨胀系数小、性能稳定、耐磨性好，具有良好的研合性。量块的研合性是指量块的一个测量面与另一量块测量面或与另一经精加工的类似量块测量面的表面通过分子力的作用而相互粘合的性能。

一个量块只有一个尺寸，为了满足一定范围的不同要求，可将不同尺寸的量块进行研合而形成所需的工作尺寸。我国生产的成套量块有 91 块、83 块、46 块、38 块等几种规格。表 3-10 列出了国产 83 块一套量块的尺寸构成系列。

表 3-10 83 块一套的量块组成

尺寸/mm	间隔	块数	尺寸/mm	间隔	块数
1.01～1.49	0.01	49	1	—	1
1.5～1.9	0.1	5	0.5	—	1
2.0～9.5	0.5	16	1.005	—	1
10～100	10	10			

组合量块时，为了减少量块组的累积误差，应力求使用最少的块数，一般不超过 4 块。组合量块时，可从消去所需工作尺寸的最小尾数开始，逐一选取。例如，为了组成尺寸 62.815mm，从 83 块一套的量块中可分别选取 1.005mm、1.31mm、0.5mm、60mm 四块量块。

12 量块的组合

	62.815mm	所需的尺寸
−)	1.005mm	第一块量块
	61.810mm	
−)	1.31mm	第二块量块
	60.5mm	
−)	0.5mm	第三块量块
	60.000mm	第四块量块

习　题

一、填空题

1. 配合是指________相同的，相互结合的孔和轴________之间的关系。

2. 标准规定，基孔制配合中，基准孔以____偏差为基本偏差，其数值等于____，其基本偏差代号为____。

3. 零件上实际存在的要素称为________，机械图样上所表示的要素均为________。

4. 某圆柱面的圆柱度公差为 0.03mm，则该圆柱面对轴线的径向全跳动公差______0.03mm。

5. 对称度是限制被测________偏离基准________的一项指标。

6. 圆度的公差带形状是________，圆柱度的公差带形状是________，采用直线度来限制圆柱体的轴线时，其公差带形状是________。

7. 跳动分为________和________。

8. 对于深孔和精度较高的孔类零件，适合用__________检测其尺寸精度。

9. 内径百分表测量属于__________测量法。

10. 国家标准规定了几何误差的 5 个检测原则，分别是________、________和________、________、________。

二、判断题

1. 径向圆跳动公差带与圆度公差带的区别是两者形状不同。(　　)

2. 某零件的对称度公差要求是 0.04mm，若测得实际对称面与公称中心面的差值为 0.03mm，则该项指标合格。(　　)

3. 轴向圆跳动公差和端面对轴线垂直度公差的作用完全一致。(　　)

三、综合题

1. ϕ90N7/h6，已知 IT7 = 0.035mm，IT6 = 0.022mm，ES = -0.010mm。求此配合的最大和最小间隙（或过盈）、配合公差，指出基准制、配合性质，画出该孔、轴配合的公差带示意图。

2. 改正图 3-18 和图 3-19 所示的各项几何公差标注上的错误（不得改变几何公差项目）。

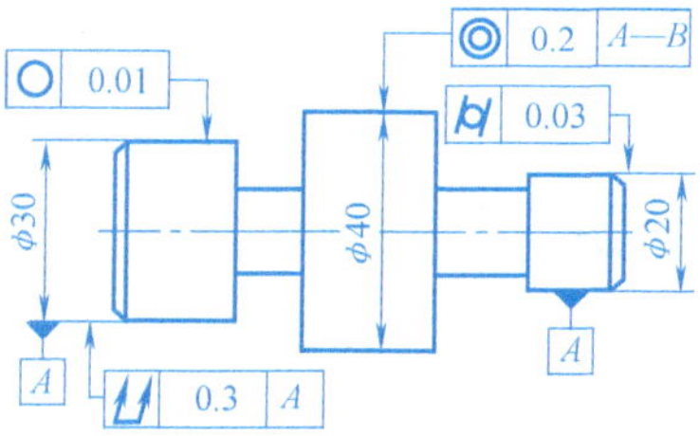

图 3-18　标注改错 1

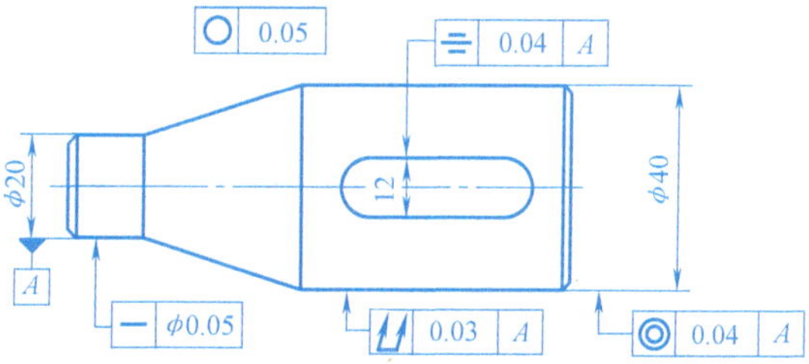

图 3-19　标注改错 2

3. 如图 3-20 所示，它们标注的几何公差不同，描述所控制的位置误差有何区别。

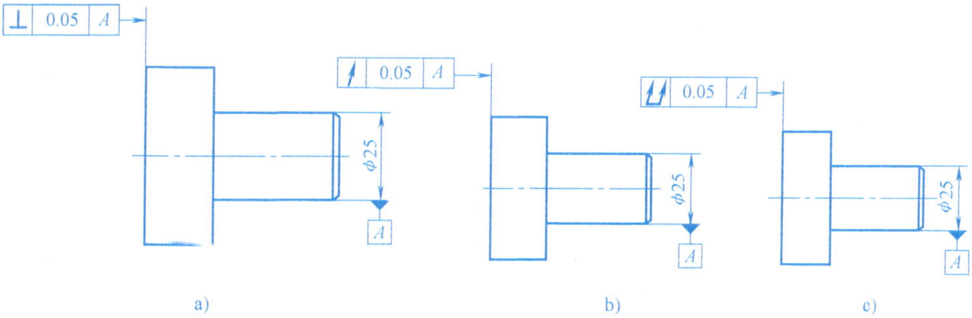

图 3-20　几何公差

项目四

箱体的精度分析及检测

任务一　箱体的精度分析

任务导入

箱体是各类机器的基本支承件，它把机器中的轴、套、轴承和齿轮等有关零件连成一个整体，使之保持正确的相对位置关系。图 4-1 所示是某企业待检测的减速器箱体零件简图。

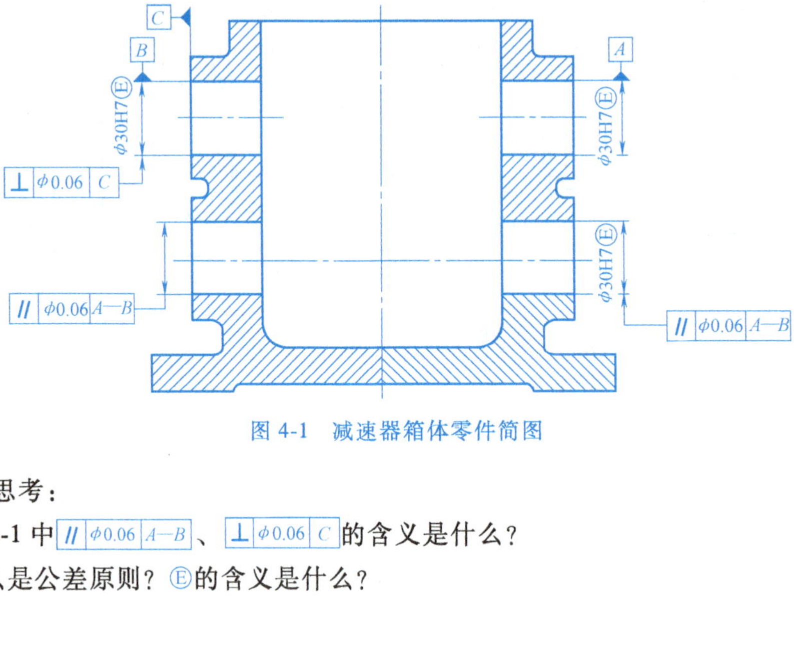

图 4-1　减速器箱体零件简图

读图并思考：

1）图 4-1 中 [// | ϕ0.06 | A—B]、[⊥ | ϕ0.06 | C] 的含义是什么？

2）什么是公差原则？Ⓔ的含义是什么？

基本知识

导入问题 1：图 4-1 中 [// | ϕ0.06 | A—B]、[⊥ | ϕ0.06 | C] 的含义是什么？

一、方向公差

方向公差是关联实际要素对具有确定方向的理想要素允许的变动量。理想要素的方向由基准及理论正确尺寸（角度）确定。方向公差有平行度、垂直度、倾斜度、线轮廓度和面轮廓度 5 个项目。根据被测要素和基准要素可为直线或平面，可有“线对线”“线对面”“面对线”和“面对面”4 种形式。方向公差带的定义及标注示例见表 4-1。

表 4-1　方向公差带的定义及标注示例

符号	公差带定义	标注示例和解释
平行度公差 //	线对基准线的平行度公差 若公差值前加注符号 ϕ，公差带为平行于基准轴线，直径等于公差值 ϕt 的圆柱面所限定的区域 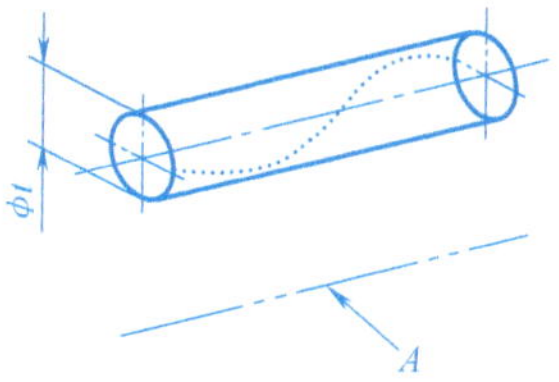	提取（实际）中心线应限定在平行于基准轴线 A，直径等于 ϕ0.1mm 的圆柱面内 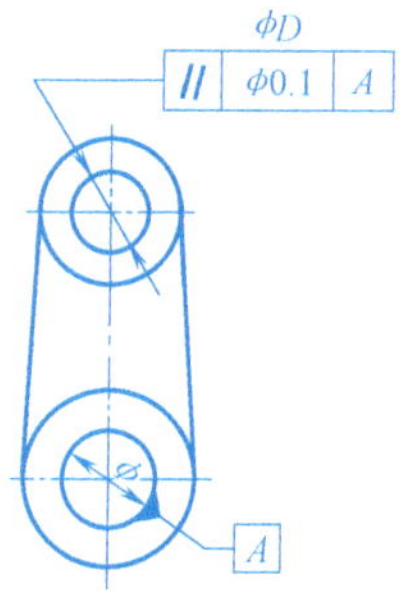
	线对基准面的平行度公差 公差带为平行于基准平面，间距等于公差值 t 的两平行平面所限定的区域 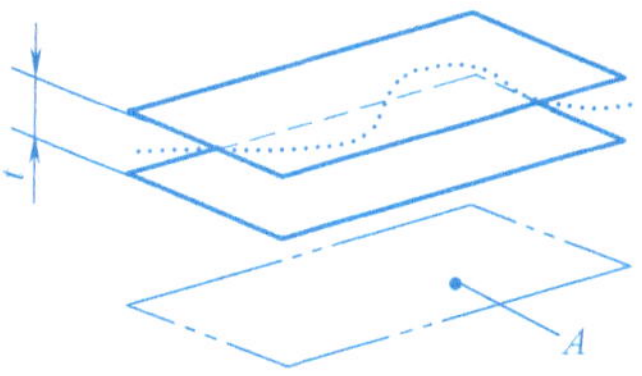	提取（实际）中心线应限定在平行于基准平面 B、间距等于 0.01mm 的两平行平面之间 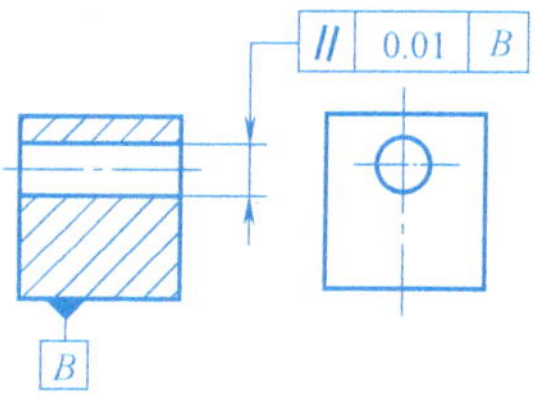
	面对基准线的平行度公差 公差带为间距等于公差值 t、平行于基准轴线的两平行平面所限定的区域 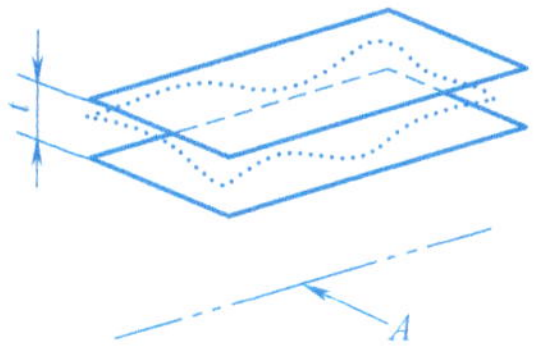	提取（实际）表面应限定在间距等于 0.1mm、平行于基准轴线 C 的两平行平面之间 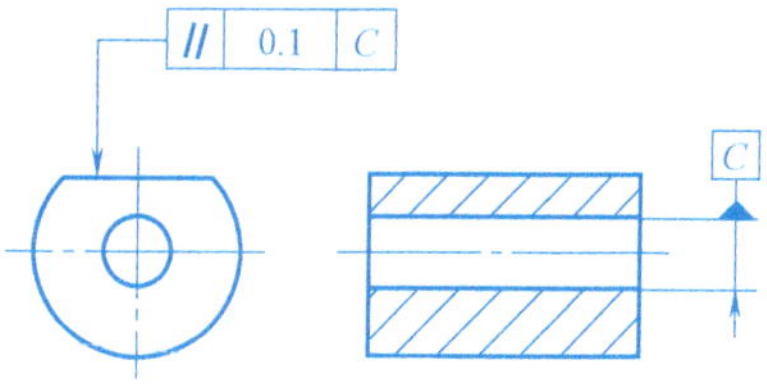
	面对基准面的平行度公差 公差带为间距等于公差值 t、平行于基准面的两平行平面所限定的区域 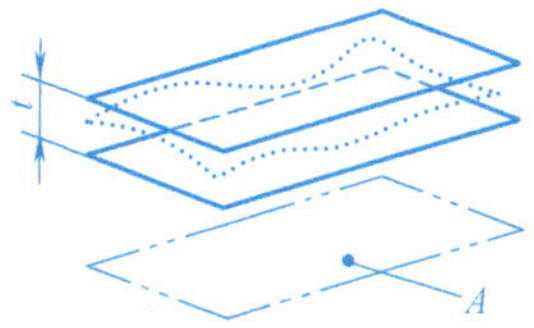	提取（实际）表面应限定在间距等于 0.01mm、平行于基准面 D 的两平行平面之间 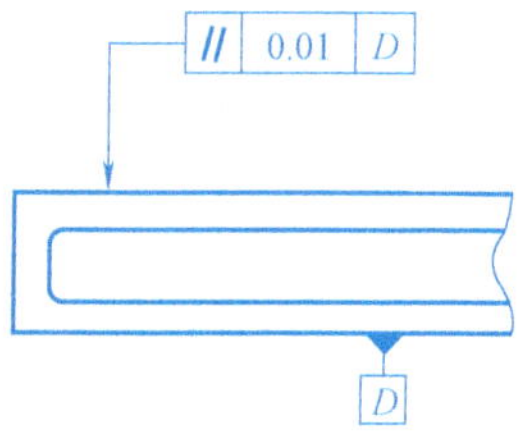

（续）

符号	公差带定义	标注示例和解释
垂直度公差 ⊥	线对基准线的垂直度公差 公差带为间距等于公差值 t、垂直于基准线的两平行平面所限定的区域 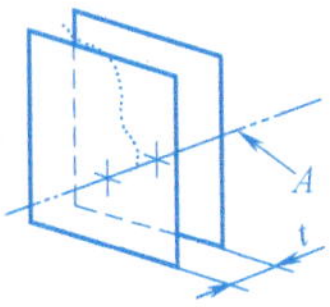 	提取（实际）中心线应限定在间距等于 0.06mm、垂直于基准轴线 A 的两平行平面之间 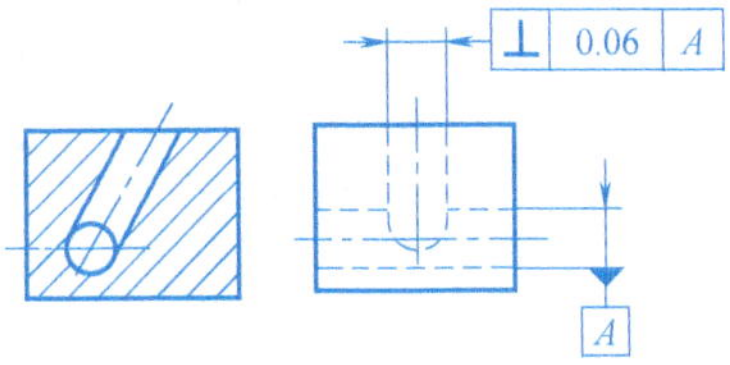
	线对基准面的垂直度公差 若公差带前加注符号 ϕ，公差带为直径等于公差值 ϕt、轴线垂直于基准平面的圆柱面所限定的区域 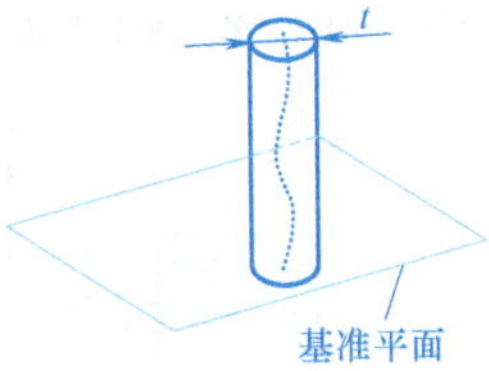 	圆柱面的提取（实际）中心线应限定在直径等于 ϕ0.01mm 且垂直于基准平面 A 的圆柱面内 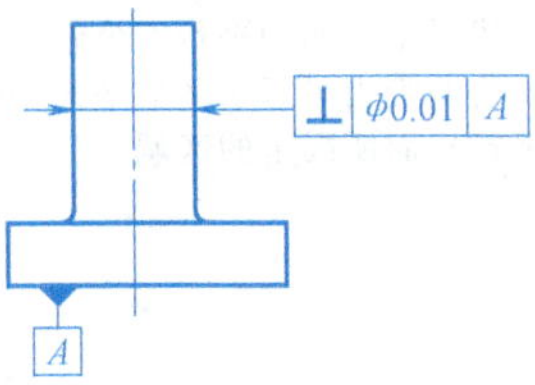
	面对基准线的垂直度公差 公差带为间距等于公差值 t 且垂直于基准轴线的两平行平面所限定的区域 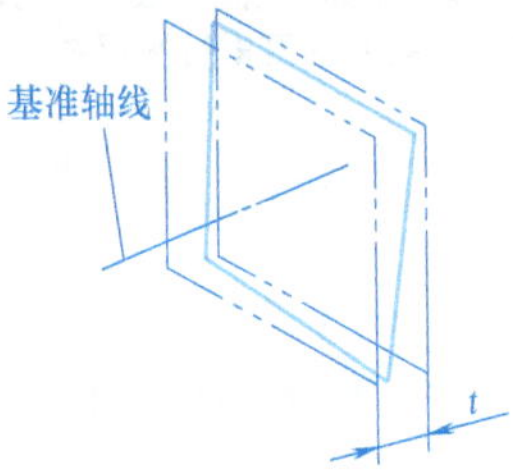 	提取（实际）表面应限定在间距等于 0.08mm 的两平行平面之间。该两平行平面垂直于基准轴线 A 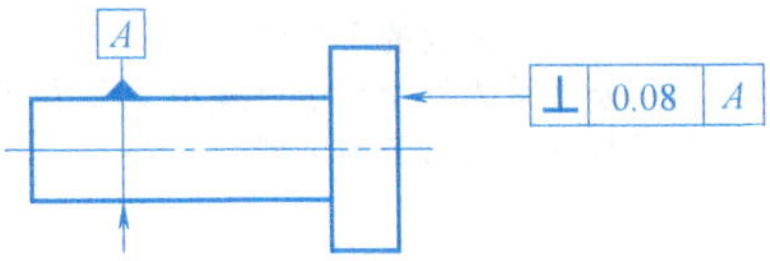
	面对基准面的垂直度公差 公差带为间距等于公差值 t、垂直于基准平面的两平行平面所限定的区域 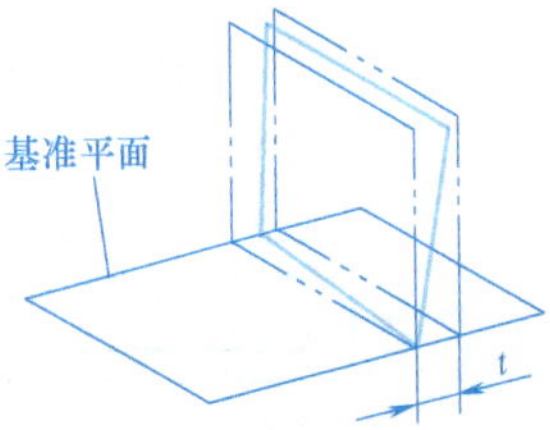 	提取（实际）表面应限定在间距等于 0.08mm，且垂直于基准面 A 的两平行平面之间 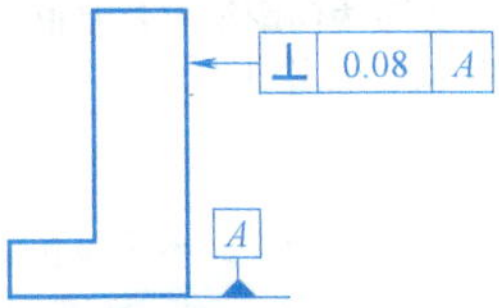

（续）

符号	公差带定义	标注示例和解释
垂直度公差 ⊥	线对基准体系的垂直度公差 公差带为间距等于公差值 t 的两平行平面所限定的区域。该两平行平面垂直于基准平面 A，且平行于基准平面 B 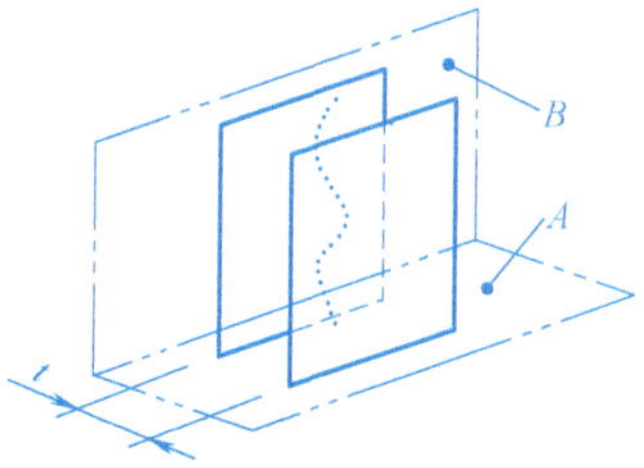	圆柱面的提取（实际）中心线应限定在间距等于 0.1mm 的两平行平面之间。该两平行平面垂直于基准平面 A，且平行于基准平面 B 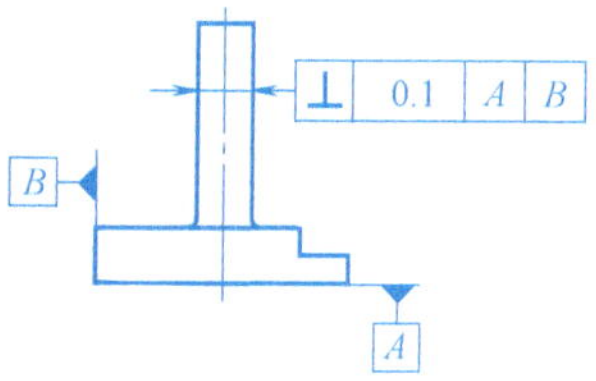
倾斜度 ∠	线对基准线的倾斜度公差 公差带为间距等于公差值 t 的两平行平面所限定的区域。该两平行平面按给定的理论正确角度倾斜于基准轴线 A 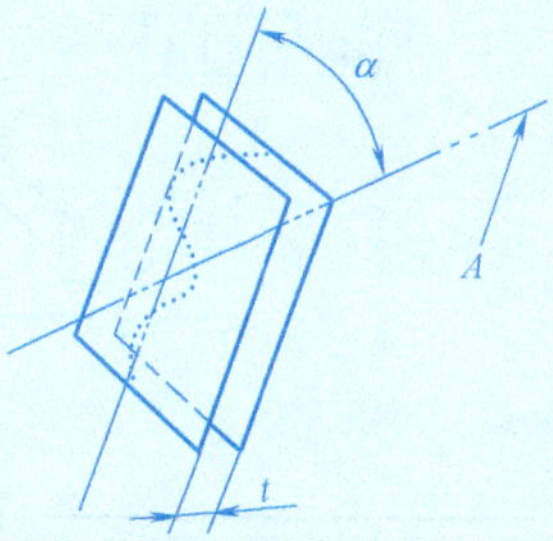	提取（实际）中心线应限定在间距等于 0.08mm 的两平行平面之间。该两平行平面按理论正确角度 60°倾斜于公共基准轴线 $A—B$ 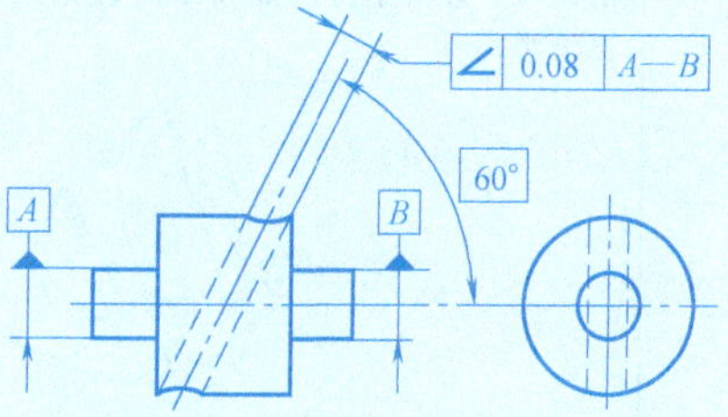
	线对基准面的倾斜度公差 如果公差值前加注符号 ϕ，则公差带为直径等于公差值 ϕt 的圆柱面所限定的区域。该圆柱公差带的轴线按给定理论正确角度倾斜于基准平面 A 且平行于基准平面 B 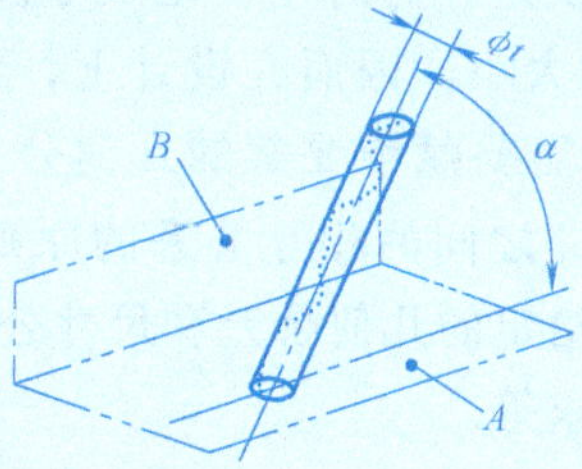 如果公差值前没有 ϕ，则公差带为间距等于公差值 t 的两平行平面所限定的区域。该两平行平面按给定理论正确角度倾斜于基准平面 A 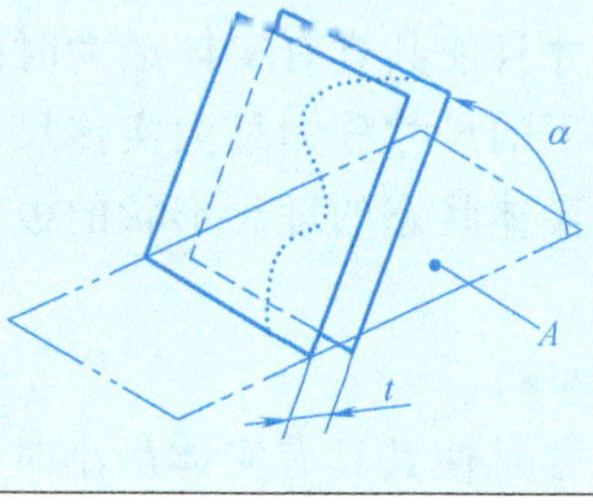	提取（实际）中心线应限定在直径等于 ϕ0.1mm 的圆柱面内。该圆柱面的中心线按理论正确角度 60°倾斜于基准平面 A 且平行于基准面 B 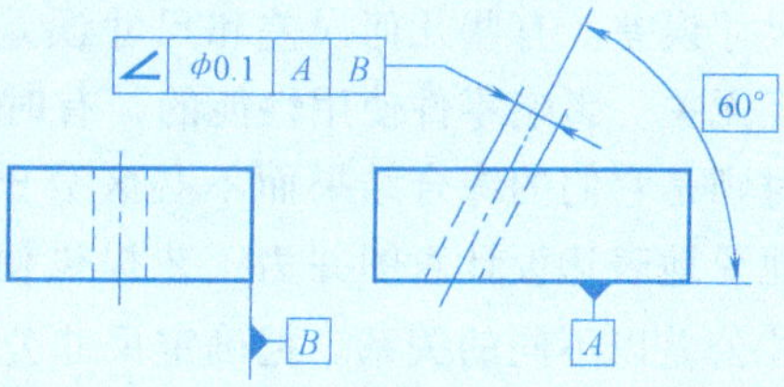 提取（实际）中心线应限定在间距等于 0.08mm 的两平行平面之间。该两平行平面按理论正确角度 60°倾斜于公共基准平面 A 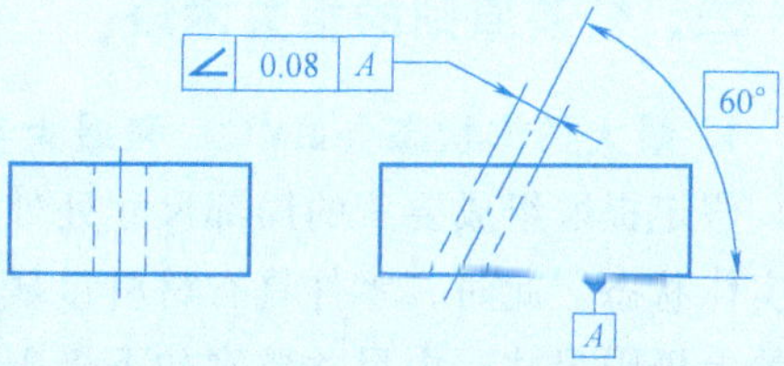

（续）

符号	公差带定义	标注示例和解释
倾斜度 ∠	面对基准线的倾斜度公差 公差带为间距等于公差值 t 的两平行平面所限定的区域。该两平行平面按给定理论正确角度倾斜于基准直线 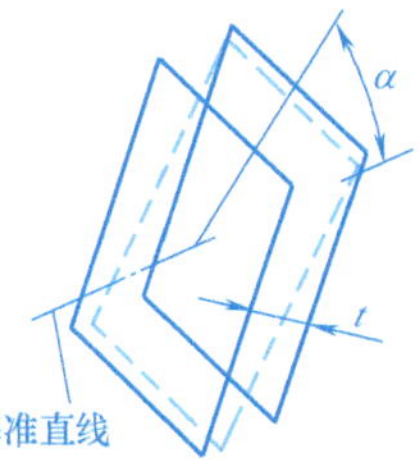	提取（实际）表面应限定在间距等于 0.1mm 的两平行平面之间。该两平行平面按理论正确角度 75°倾斜于基准轴线 A 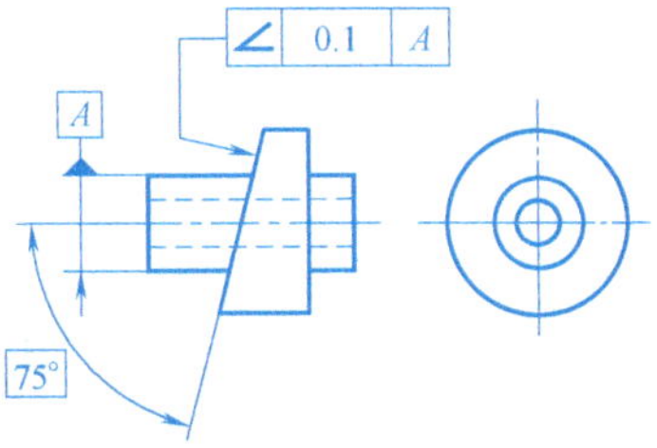
	面对基准面的倾斜度公差 公差带为间距等于公差值 t 的两平行平面所限定的区域。该两平行平面按给定理论正确角度倾斜于基准平面 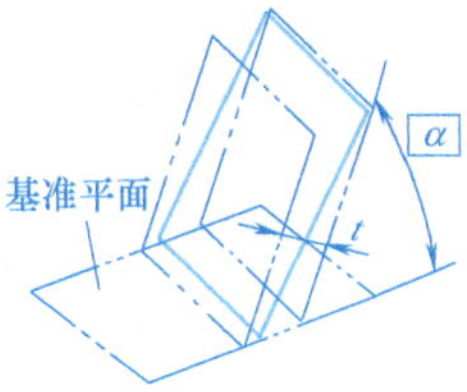	提取（实际）表面应限定在间距等于 0.08mm 的两平行平面之间。该两平行平面按理论正确角度 40°倾斜于基准平面 A 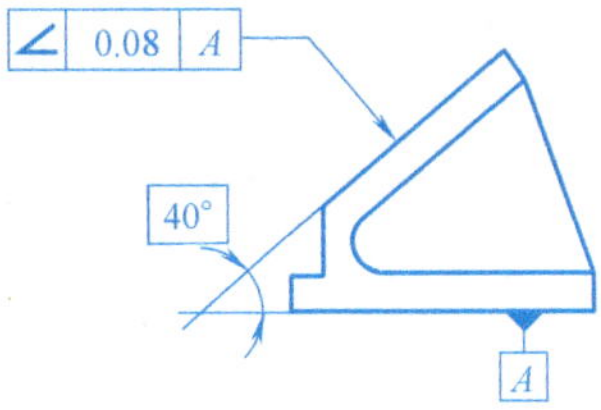

导入问题 2：什么是公差原则？Ⓔ的含义是什么？

任何提取要素都同时存在几何误差（被测提取要素对其拟合要素的变动量）和尺寸误差。有些几何误差和尺寸误差密切相关，有些几何误差和尺寸误差又相互无关。影响零件使用性能的，有时主要是几何误差，有时主要是尺寸误差，有时则是它们的综合结果而不必区分出它们各自的大小。因而在设计上，为简明扼要地表达设计意图并为工艺提供便利，应根据需要赋予要素的几何公差和尺寸公差以不同的关系。把确定尺寸公差和几何公差之间的相互关系的原则称为公差原则，它包括独立原则和相关要求。相关要求是指图样上给定的几何公差和尺寸公差相互有关的公差要求，含包容要求和最大实体要求、最小实体要求等。

13 识读方向公差

二、公差原则的相关术语

1. 最大实体状态（MMC）和最大实体尺寸（MMS）

假定提取组成要素的局部尺寸处处位于极限尺寸且使其具有实体最大时的状态，称为最大实体状态。此时，零件具有材料量最多。该状态下的尺寸称为最大实体尺寸，即外尺寸要素的上极限尺寸，内尺寸要素的下极限尺寸。最大实体状态的理想形状的极限包容面称为最大实体边界（MMB）。

2. 最小实体状态（LMC）和最小实体尺寸（LMS）

假定提取组成要素的局部尺寸处处位于极限尺寸且使其具有实体最小时的状态，称为最小实体状态。此时，零件具有材料量最少。该状态下的尺寸称为最小实体尺寸，即外尺寸要素的下极限尺寸，内尺寸要素的上极限尺寸。最小实体状态的理想形状的极限包容面称为最小实体边界（LMB）。

3. 最大实体实效状态（MMVC）和最大实体实效尺寸（MMVS）

在给定长度上，实际要素处于最大实体状态且其导出要素的几何误差等于图样上几何公差的假设综合极限状态，称为最大实体实效状态。尺寸要素的最大实体尺寸与其导出要素的几何公差共同作用产生的尺寸称为最大实体实效尺寸。

对外尺寸要素，MMVS=MMS+几何公差；

对内尺寸要素，MMVS=MMS-几何公差。

最大实体实效状态对应的极限包容面称为最大实体实效边界（MMVB）。当几何公差是方向公差时，最大实体实效状态和最大实体实效边界受其方向所约束；当几何公差为位置公差时，最大实体实效状态和最大实体实效边界受其位置所约束。

与以上对应的术语还有：最小实体实效状态、最小实体实效尺寸，请查阅相关标准自行学习，这里就不赘述了。

三、独立原则

1. 独立原则的标注

凡是对给出的尺寸公差和几何公差未用特定符号或文字说明它们有联系者，就表示它们遵循独立原则。

由于图样上所有公差中的绝大多数遵循独立原则，故独立原则是尺寸公差与几何公差相互关系遵循的基本原则。

2. 独立原则的含义

独立原则是指图样上给定的每一个尺寸和几何要求均是独立的，应分别满足要求。如图 4-2 所示轴的局部实际尺寸应在上、下极限尺寸之间，轴的圆度误差应控制在给定公差 0.006mm 之内。

被测要素采用独立原则时，其实际尺寸用两点法测量，其几何误差使用普通计量器具来测量。

3. 独立原则的应用

独立原则主要应用于以下场合。

1）影响要素使用性能的主要是几何误差或尺寸误差，这时采用独立原则能经济合理地满足要求。如图 4-3 所示，印刷机滚筒要求印刷效果清晰，影响印刷质量的主要是滚筒的圆

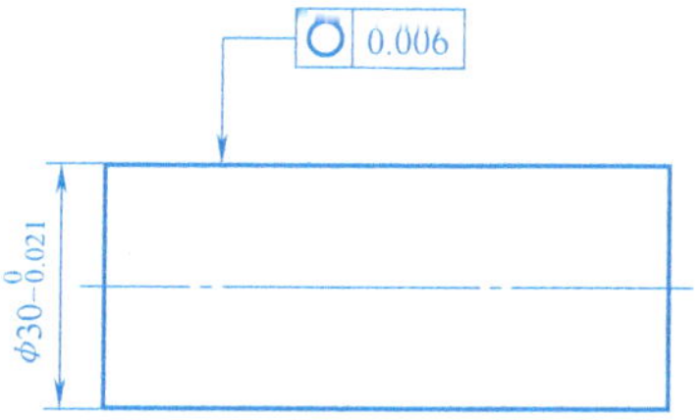

图 4-2　独立原则的标注示例

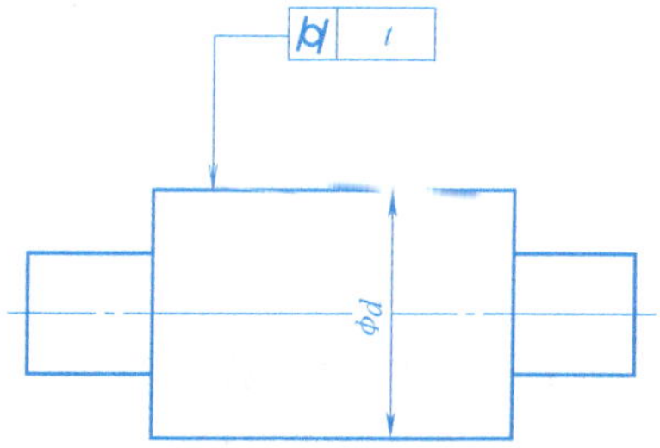

图 4-3　印刷机滚筒

柱度误差。又如机床导轨为保证运动精度，提出直线度要求，与尺寸精度无关。

2）要素的尺寸公差和其某方面的几何公差直接满足的功能不同，需要分别满足要求。例如，齿轮箱上孔的尺寸公差（满足与轴承的配合要求）和相对其他孔的位置公差（满足齿轮的啮合要求）就应遵循独立原则。

3）在制造过程中需要对要素的尺寸作精确度量以进行选配或分组装配时，要素的尺寸公差和几何公差之间应遵循独立原则。

4）零件上的未注几何公差一律遵循独立原则。

四、包容要求

1. 包容要求的标注

采用包容要求的尺寸要素应在其尺寸极限偏差或公差带代号之后加注符号Ⓔ，如 $\phi40^{+0.018}_{+0.002}$ Ⓔ、ϕ100H7 Ⓔ、ϕ40k6 Ⓔ、100H7（$^{+0.035}_{0}$）Ⓔ。

2. 包容要求的含义

包容要求适用于圆柱表面或两平行对应面，它表示提取组成要素不得超越其最大实体边界（MMB），其局部尺寸不得超出最小实体尺寸（LMS）。

图 4-4a 的标注说明：提取圆柱面应在其最大实体边界（边界尺寸为 ϕ150mm）之内，其局部尺寸不得小于 ϕ149.96mm，如图 4-4b 所示。

按照此要求，如果提取组成要素达到最大实体状态，由于轴受到最大实体边界的限制，就不得有任何几何误差；只有在提取组成要素偏离最大实体状态时，才允许存在与偏离量相关的几何误差，如图 4-4c、d 所示。

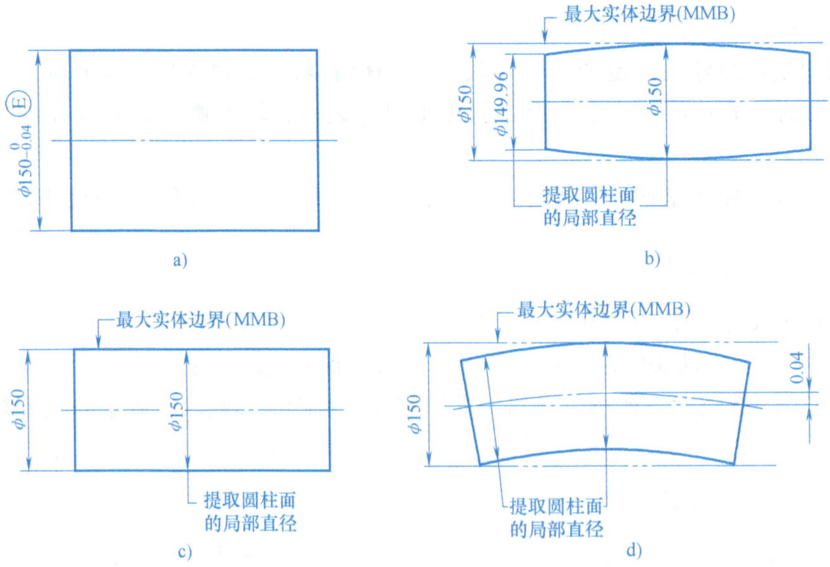

图 4-4　包容要求的标注示例及说明

单一要素孔、轴采用包容要求时，应该用光滑极限量规检验。量规的通规模拟体现孔、轴的最大实体边界，用来检验该孔、轴的实际轮廓是否在最大实体边界范围内；止规则体现两点法测量，用来判断该孔、轴的实际尺寸是否超出最小实体尺寸。

3. 包容要求的应用

包容要求常常用于有配合要求的场合。例如 $\phi20H7(^{+0.021}_{0})$ Ⓔ孔与 $\phi20h6(^{0}_{-0.013})$ Ⓔ轴的间隙配合中，所需要的间隙是通过孔和轴各自遵守最大实体边界来保证的，这样才不会因孔和轴的形状误差在装配时产生过盈。

五、最大实体要求

最大实体要求只用于尺寸要素的尺寸及其导出要素的几何公差的综合要求。它可用于被测要素（注有公差的要素），也可用于基准要素。

1. 最大实体要求应用于被测要素

（1）最大实体要求的标注　最大实体要求在图样上用符号Ⓜ标注在导出要素的几何公差值之后，如图 4-5a 所示。

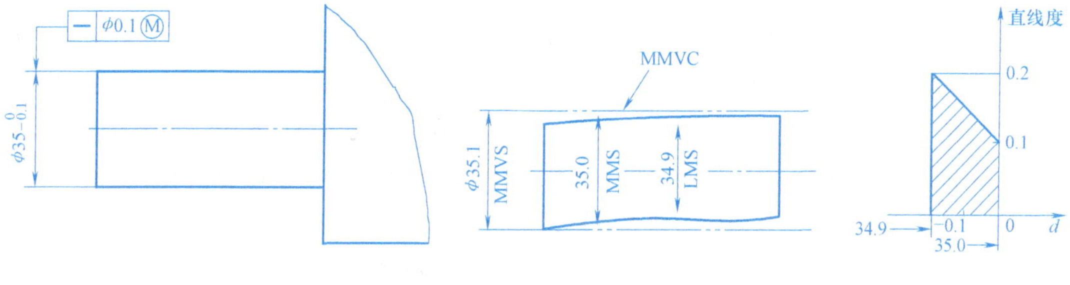

a) 图样标注　　b) 解释　　c) 动态公差图

图 4-5　最大实体要求的标注示例及说明

（2）最大实体要求的含义　注有公差的要素的提取组成要素不得超越其最大实体实效边界（MMVB），其局部尺寸不得超出最大、最小实体尺寸。

图 4-5a 的标注说明：提取圆柱面应在其最大实体实效边界（边界尺寸为 $\phi35.1$mm）之内，其局部尺寸应小于等于最大实体尺寸，大于等于最小实体尺寸（$34.9\text{mm} \leqslant d \leqslant 35.1\text{mm}$），如图 4-5b 所示。可见，轴线的直线度公差（$\phi0.1$mm）是该轴为其最大实体状态（MMC）时给定的；若该轴为其最小实体状态（LMC），其轴线直线度误差允许达到的最大值为给定的轴线直线度公差（$\phi0.1$mm）与该轴的尺寸公差（0.1mm）之和 $\phi0.2$mm；若该轴处于最大实体状态（MMC）与最小实体状态（LMC）之间，其轴线直线度公差在 $\phi0.1$～$\phi0.2$mm 之间变化，如图 4-5c 所示。

图 4-6 所示为关联要素采用最大实体要求并限制最大几何误差值的示例。图 4-6a 的标注表示：上公差框格按最大实体要求标注孔的轴线垂直度公差值 0.08mm；下公差框格规定孔的轴线垂直度误差允许值应不大于 0.12mm。因此，无论孔的实际尺寸偏离其最大实体尺寸到什么程度，即使孔处于最小实体状态，其轴线垂直度误差值也不得大于 0.12mm。图 4-6b 给出了轴线垂直度误差允许值 t 随孔的实际尺寸 D_a 变化的规律的动态公差图。

图 4-7 所示为最大实体要求的零几何公差示例。最大实体要求应用于关联要素而给出的最大实体状态下的几何公差值为零，则在几何公差框格第二格中的位置公差值用“0 Ⓜ”的形式注出，称为最大实体要求的零几何公差，如图 4-7a 所示。在这种情况下，被测要素的最大实体实效边界就是最大实体边界，其最大实体实效尺寸等于最大实体尺寸。

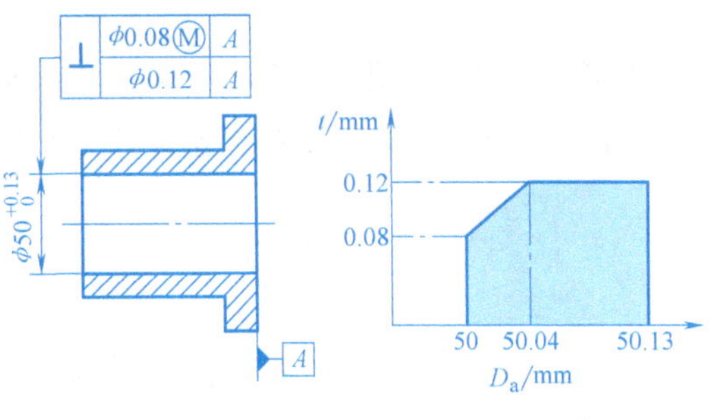

a) 图样标注　　b) 动态公差图

图 4-6　采用最大实体要求并限制最大几何误差值的示例

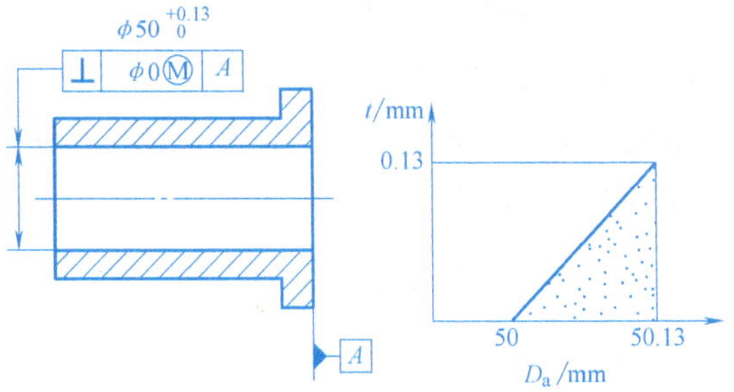

a) 图样标注　　b) 动态公差图

图 4-7　最大实体要求的零几何公差标注示例

2. 最大实体要求应用于基准要素

最大实体要求应用于基准要素时，在图样上用符号Ⓜ标注在公差框格中的基准字母后面，以表示被测要素的几何公差与基准要素的尺寸公差相关。如图 4-8a、b 所示。此时，基准要素应遵守相应的边界：当基准要素的导出要素没有标注几何公差要求，或者注有几何公差但其后没有符号Ⓜ时，其相应的边界为最大实体边界；当基准要素的导出要素注有几何公差，且其后有符号Ⓜ时，其相应的边界为最大实体实效边界。

图 4-8a 的标注说明：孔受到最大实体实效边界（边界尺寸为 φ35.1mm）的限制，孔的局部尺寸应满足 35.2mm≤D_a≤35.3mm；最大实体实效边界的位置与基准要素同轴。因为最大实体要求用于基准要素，所以基准要素对应的孔受到其最大实体边界（边界尺寸为 φ70.0mm）的限制，基准要素的局部尺寸应小于 70.1mm。可见，轴线的同轴度公差（φ0.1mm）是两孔同时为其最大实体状态（MMC）时给定的；在基准要素和被测要素遵守各自边界的前提下，轴线的同轴度误差可以大于 0.1mm。当两孔同时为其最小实体状态（LMC）时，轴线同轴度误差允许值达到最大值，为给定的轴线同轴度公差（φ0.1mm）与对应孔的尺寸公差（0.1mm）、基准孔的尺寸公差（0.1mm）之和 φ0.3mm，如图 4-8c 所示。

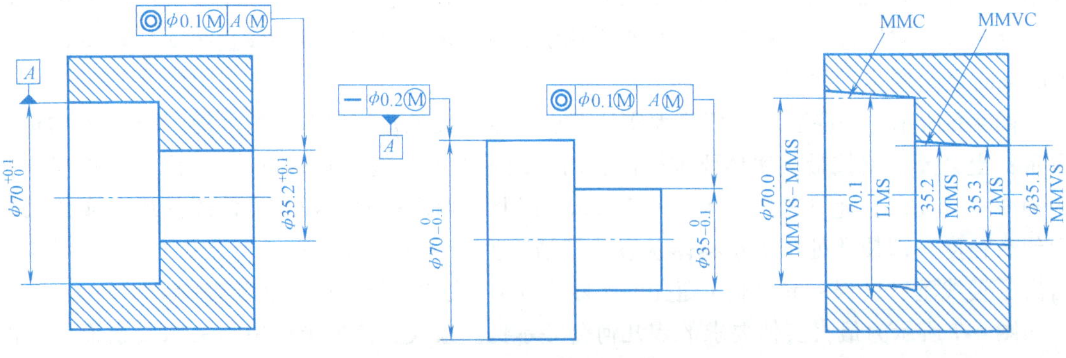

a) 图样标注　　b) 图样标注　　c) 图样解释

图 4-8　最大实体要求用于基准要素的标注示例

最大实体要求应用于被测要素时，被测要素的实际轮廓是否超出最大实体实效边界，应该使用功能量规的检验部分（模拟体现该最大实体实效边界）来检验；其实际尺寸是否超出极限尺寸，用两点法测量。最大实体要求应用于基准要素时，可以使用同一功能量规的定位部分（模拟体现基准要素应遵守的边界）来检验基准要素的实际轮廓是否超出这边界；或者使用光滑极限量规通规或另一功能量规，来检验基准要素的实际轮廓是否超出这边界。

3. 最大实体要求的应用

最大实体要求通常用于对零件装配性质要求不高，但要求保证装配互换的场合。例如，用螺栓或螺钉连接的圆盘零件上圆周布置的通孔的位置度公差广泛采用最大实体要求，以便充分利用图样上给出的通孔尺寸公差，获得最佳的技术经济效益。

任务实施

1）图 4-1 中 [// | ϕ0.06 | A—B]、[⊥ | ϕ0.06 | C] 的含义是什么？

箱体中这两个孔分别与轴承连接，用于支承传动轴，同时保证传动轴上齿轮良好的啮合。[// | ϕ0.06 | A—B] 表示下孔轴线相对上边两孔的公共轴线的平行度公差为 ϕ0.06mm。[⊥ | ϕ0.06 | C] 表示上孔轴线相对于箱体左侧面的垂直度公差为 ϕ0.06mm。

2）什么是公差原则？Ⓔ的含义是什么？

公差原则指的是尺寸公差与几何公差之间应该遵循的原则。Ⓔ属于包容要求。以 ϕ30H7Ⓔ孔为例，要求该孔不得超出最大实体边界（边界尺寸为 ϕ30mm），同时局部尺寸不得大于 ϕ30.021mm。

拓展知识

一、轮廓度公差

线轮廓度公差和面轮廓度公差涉及的被测要素是非圆曲线和非圆曲面，它们的理想被测要素的形状需要用理论正确尺寸（把数值围以方框表示的没有公差而绝对准确的尺寸）决定。轮廓度公差可以没有基准要求，也可以有基准要求。前者属于形状公差，而后者属于方向公差或位置公差。轮廓度公差带的定义和标注示例见表 4-2。

表 4-2　线、面轮廓度公差带的定义和标注示例

符号	公差带定义	标注示例和解释
线轮廓度 ⌒	无基准的线轮廓度公差 公差带为直径等于公差值 t、圆心位于具有理论正确几何形状上的一系列圆的两包络线所限定的区域 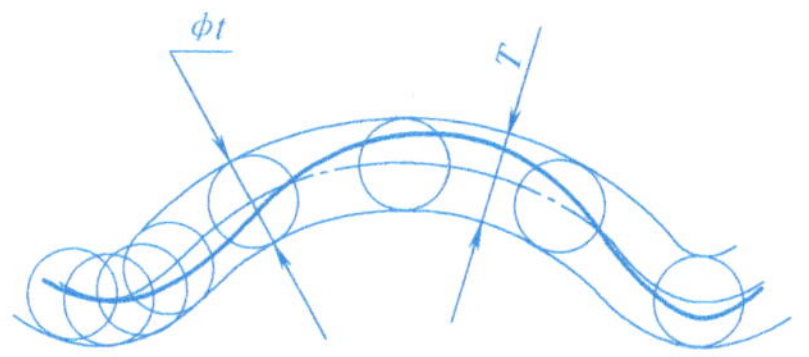 	在任一平行于图示投影面的截面内，提取（实际）轮廓线应限定在直径等于 0.04mm、圆心位于被测要素理论正确几何形状上的一系列圆的两包络线之间 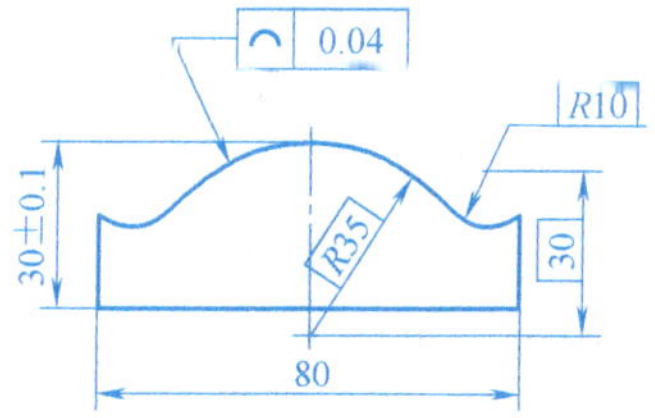

（续）

符号	公差带定义	标注示例和解释
线轮廓度 ⌒	有基准的线轮廓度公差 公差带为直径等于公差值 *t*、圆心位于由基准平面 *A* 和基准平面 *B* 确定的被测要素理论正确几何形状上的一系列圆的包络线所限定的区域 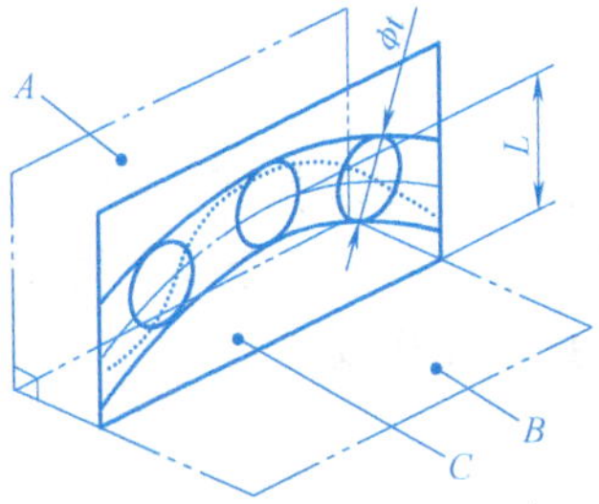	在任一平行于图示投影面的截面内，提取（实际）轮廓线应限定在直径等于 0.04mm、圆心位于由基准平面 *A* 和基准平面 *B* 确定的被测要素理论正确几何形状上的一系列圆的等距包络线之间 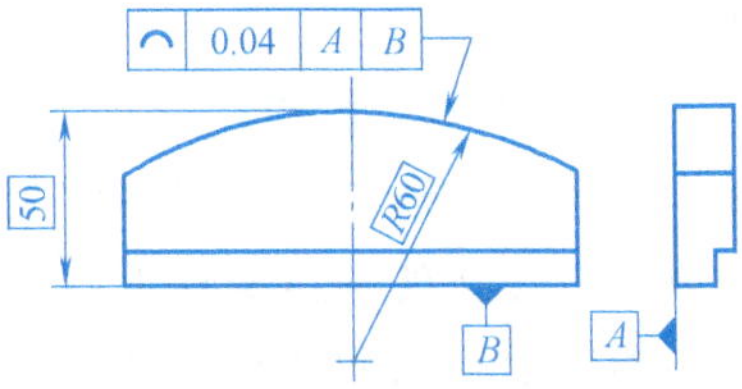
面轮廓度 ⌓	无基准的面轮廓度公差 公差带为直径差等于公差值 *t*、球心位于被测要素理论正确几何形状上的一系列圆球的两包络面所限定的区域 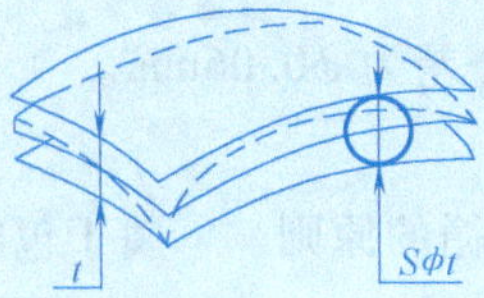	提取（实际）轮廓面应限定在直径等于 0.02mm、球心位于被测要素理论正确几何形状上的一系列圆球的两等距包络面之间 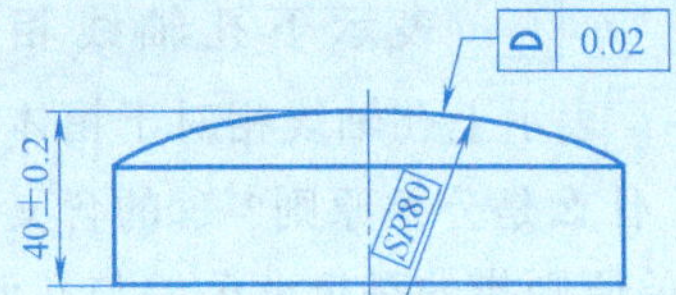
	有基准的面轮廓度公差 公差带为直径等于公差值 *t*、球心位于由基准平面 *A* 确定的被测要素理论正确几何形状上的一系列圆球的两包络面所限定的区域 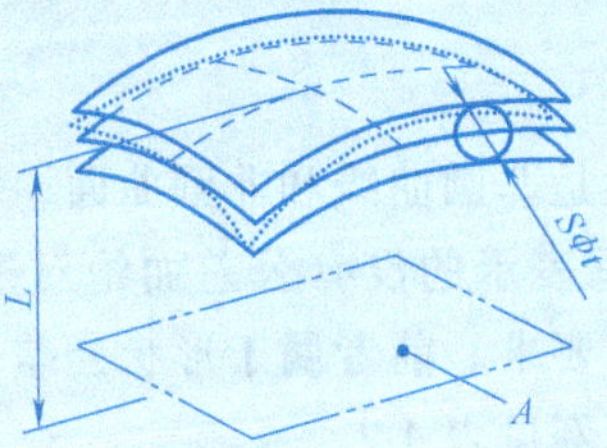	提取（实际）轮廓面应限定在直径等于 0.1mm、球心位于由基准平面 *A* 确定的被测要素理论正确几何形状上的一系列圆球的两等距包络面所限定的区域 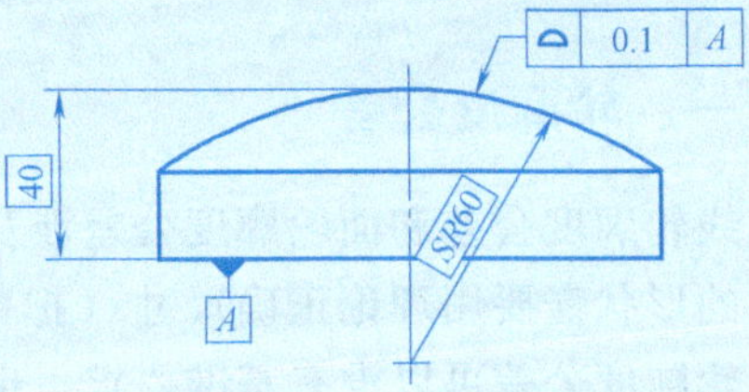

二、可逆要求用于最大实体要求

可逆要求不能单独使用，它是最大实体要求或者最小实体要求的附加要求。可逆要求表示尺寸公差可以在实际几何误差小于几何公差时增大。

1. 可逆要求用于最大实体要求的标注

可逆要求在图样上用符号Ⓡ标注在导出要素的几何公差值和符号Ⓜ之后。可逆要求仅用于注有公差的要素，如图 4-9a 所示。

2. 可逆要求用于最大实体要求的含义

可逆要求用于最大实体要求保留了最大实体要求时由于实际组成要素对最大实体尺寸的偏离而对几何公差的补偿，同时允许实际组成要素有条件地超出最大实体尺寸（以最大实体实效尺寸为限）。

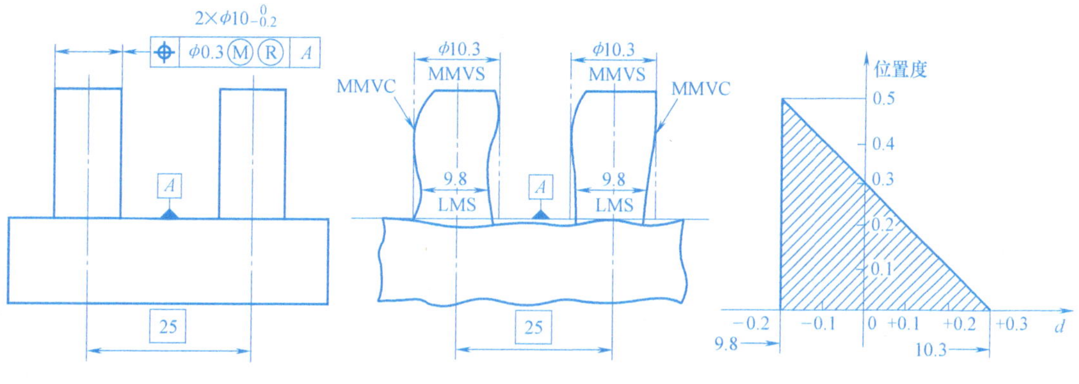

a) 图样标注　　b) 图样解释　　c) 动态公差图

图 4-9　可逆要求用于最大实体要求的标注示例

图 4-9a 中两销的轴线位置度公差（φ0.3mm）是这两销均为最大实体状态时给定的；若这两销均为其最小实体状态（LMC），其轴线位置度公差允许达到最大值，即为销尺寸公差（0.2 mm）与轴线位置度公差（φ0.3mm）之和（φ0.5mm）；当两销的轴线处于最大实体状态与最小实体状态之间时，其轴线位置度公差在 φ0.3～φ0.5mm 变化。由于附加了可逆要求，因此如果两销的轴线位置度误差小于给定的公差（φ0.3mm），两销的尺寸公差允许大于 0.2mm，即其提取要素各处的局部直径均可大于它们的最大实体尺寸（10mm）；如果两销的轴线位置度误差为零，则两销的提取组成要素允许增大至 10.3mm。图 4-9c 给出了动态公差图。

自检自查

说明图 4-10 中几何公差的意义，要求包括被测要素、基准要素、公差原则。

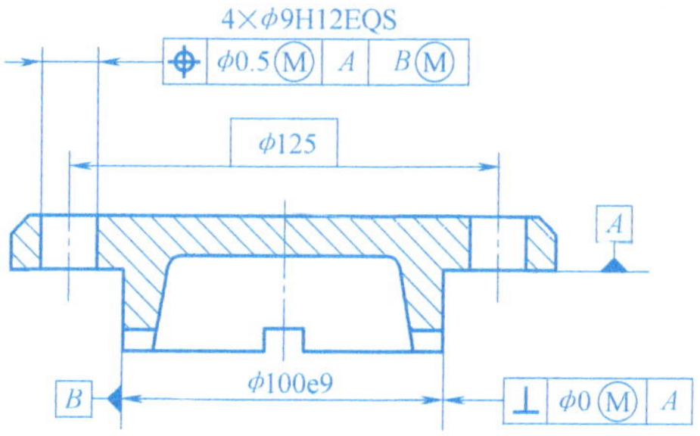

图 4-10　端盖

任务二　几何误差的检测

任务导入

几何误差的检测方法有哪些？分析如何测量图 4-1 所示箱体的几何误差。

基本知识

几何误差的检测方法有多种，主要取决于被测零件的数量、精度高低、使用量仪的性能及种类、测量人员的技术水平和素质等。所采取的检测方案，要在满足测量要求的前提下，经济且高效地完成检测工作。

一、直线度误差检测方法

直线度误差检测方法见表 4-3。

表 4-3 直线度误差检测方法

名称	检测设备	检测图例	检测说明
比较法	平尺或刀口尺、塞尺	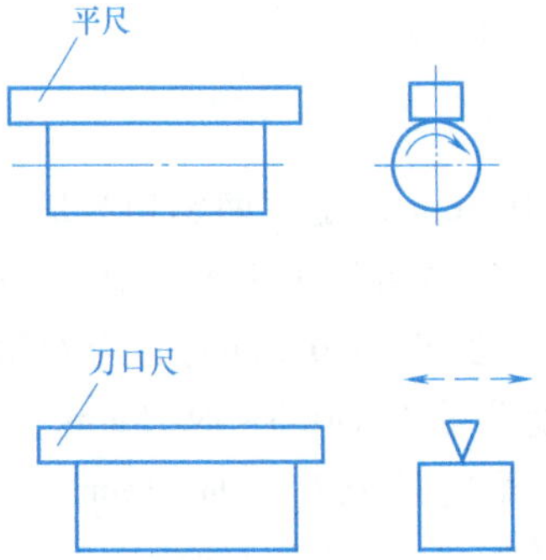	将平尺(或刀口尺)与被测素线直接接触,并使两者之间的最大间隙为最小,此时的最大间隙即为该条被测素线的直线度误差,误差的大小应根据光隙测定。当光隙较小时,可按标准光隙来估读;当光隙较大时,则可用塞尺测量
指示表测量法	平板、固定和可调支承、带指示计的测量架		将被测素线的两端点调整到与平板等高;在被测素线的全长范围内测量,同时记录示值;根据记录的读数用计算法(或图解法)按最小条件(也可按两端点连线法)计算直线度误差

二、圆度误差检测方法

圆度误差检测方法见表 4-4。

表 4-4 圆度误差检测方法

名称	检测设备	检测图例	检测说明
三点法	平板、带指示计的测量架、V形架、固定和可调支架	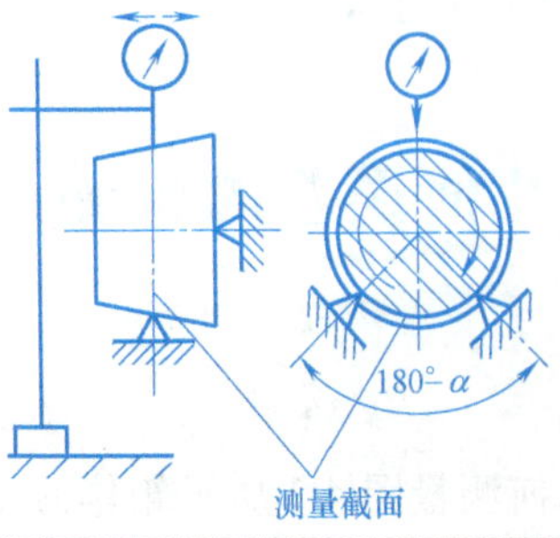	将被测零件放在V形架上,使其轴线垂直于测量截面,同时固定轴向位置;在被测零件回转一周的过程中,指示计示值的最大与最小读数之差的一半,作为单个截面的圆度误差;按上述方法测量若干个截面,取其中最大的误差值作为该零件的圆度误差

（续）

名称	检测设备	检测图例	检测说明
圆度仪	圆度仪（或类似量仪）	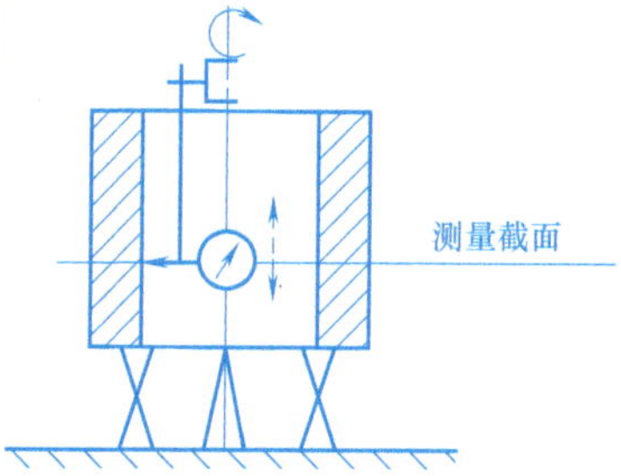	将被测零件放置在量仪上，同时调整被测零件的轴线，使它与量仪的回转轴线同轴；记录被测零件在回转一周过程中测量截面上各点的半径差；由极坐标图（或用电子计算机）按最小条件计算该截面的圆度误差，按上述方法测量若干截面，取其中最大的误差值作为该零件的圆度误差

三、平面度误差检测方法

平面度误差检测方法见表 4-5。

表 4-5　平面度误差检测方法

名称	检测设备	检测图例	检测说明
光波干涉法	平晶	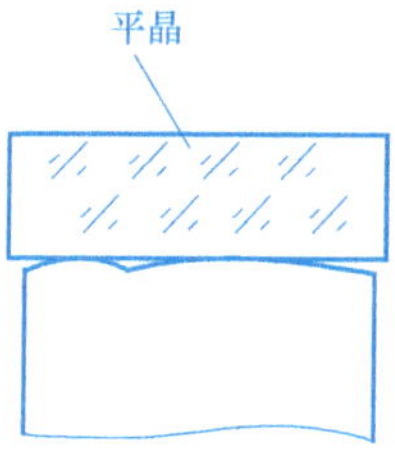	平晶贴在被测表面上，观察干涉条纹 被测表面的平面度误差为封闭的干涉条纹数乘以光波波长之半，对不封闭的干涉条纹，为条纹的弯曲度与相邻两条纹间距之比再乘以光波波长之半 此方法适用于测量精密加工过的小平面
三点法	平板、带指示计的测量架、固定和可调支承	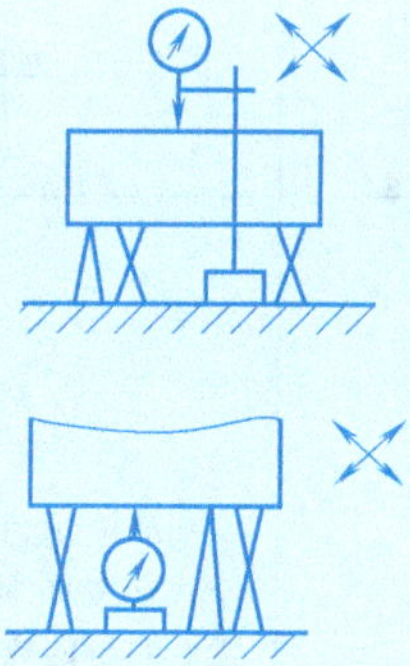	将被测零件支承在平板上，调整被测表面最远三点，使其与平板等高。按一定的布点测量被测表面，同时记录示值 一般可用指示计最大与最小示值的差值近似地作为平面度误差。必要时，可根据记录的示值用计算法（或图解法）按最小条件计算平面度误差
对角线法	平板、水平仪、固定和可调支承	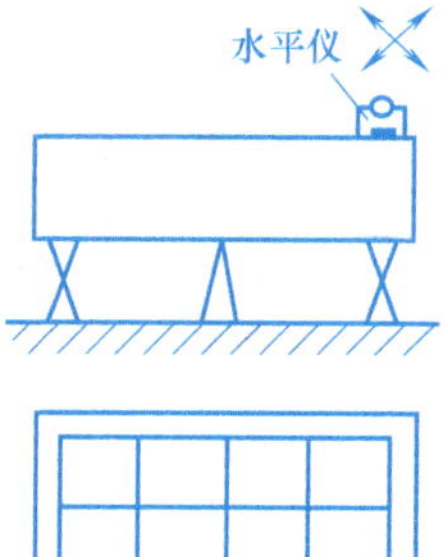	将被测表面调水平。用水平仪按一定的布点和方向逐点地测量被测表面，同时记录示值，并换算成线值 根据各线值用计算法（或图解法）按最小条件（也可按对角线法）计算平面度误差

四、平行度误差检测方法

平行度误差检测方法见表 4-6。

表 4-6　平行度误差检测方法

名称	检测设备	检测图例	检测说明
面对面	平板、带指示计的测量架	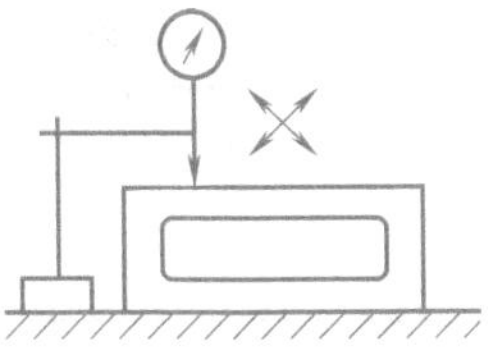	将被测零件放置在平板上 在整个被测表面上按规定测量线进行测量。取指示计的最大与最小示值之差作为该零件的平行度误差
面对线	平板、等高支承、心轴、带指示计的测量架	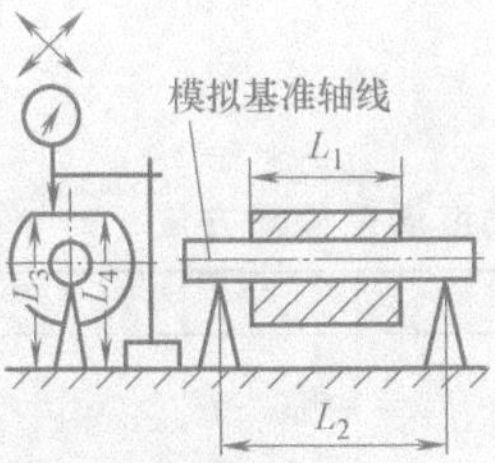	基准轴线由心轴模拟。将被测零件放在等高支承上，调整（转动）该零件使 $L_3=L_4$，然后测量整个被测表面并记录示值。取整个测量过程中指示计的最大与最小示值之差作为该零件的平行度误差
线对面	平板、带指示计的测量架、心轴	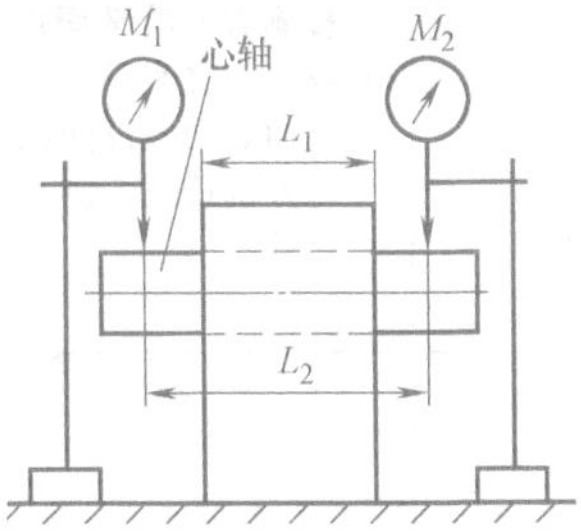	将被测零件直接放置在平板上，被测轴线由心轴模拟。在测量距离为 L_2 的两个位置上测得的示值分别为 M_1 和 M_2 平行度误差为 $$f=\frac{L_1}{L_2}\lvert M_1-M_2\rvert$$ 其中：L_1 为被测轴线的长度
线对线	平板、等高支承、心轴、带指示计的测量架	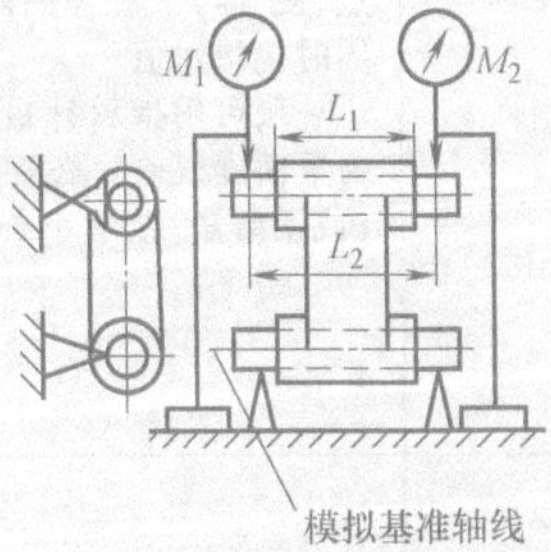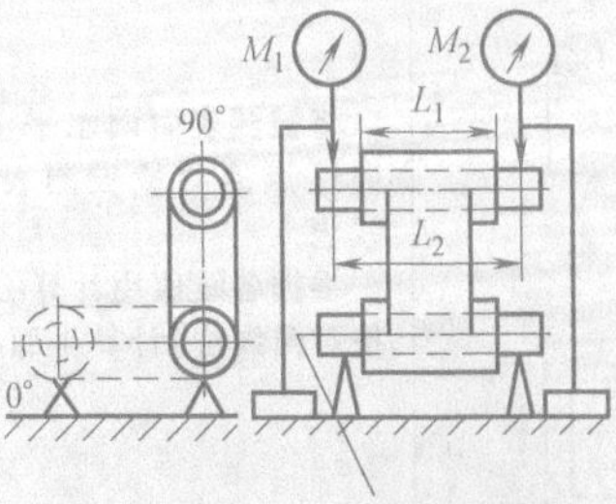	基准轴线和被测轴线均由心轴模拟，将被测零件放在等高支承上，在测量距离为 L_2 的两个位置上测得的数值分别为 M_1 和 M_2 平行度误差为 $$f=\frac{L_1}{L_2}\lvert M_1-M_2\rvert$$ 其中：L_1 为被测轴线的长度 当被测零件在互相垂直的两个方向上给定公差要求时，则可按上述方法在两个方向上分别测量

五、垂直度误差检测方法

垂直度误差检测方法见表 4-7。

表 4-7　垂直度误差检测方法

名称	检测设备	检测图例	检测说明
面对面	水平仪、固定和可调支承	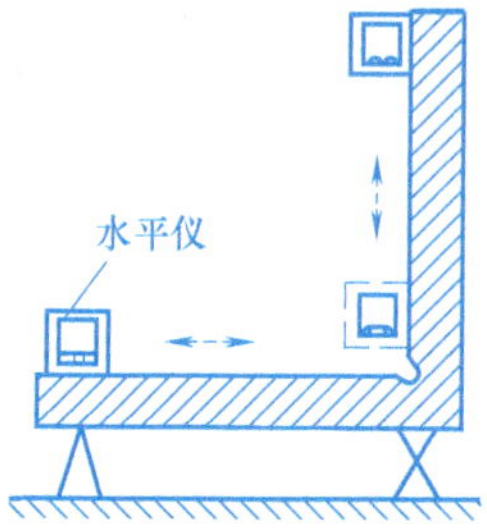	用水平仪粗调基准表面到水平，分别在基准表面和被测表面上用水平仪分段逐步测量并记录，换算成线值的示值。用图解法（或计算法）确定基准方位，然后求出被测表面相对于基准的垂直度误差 此方法适用于测量大型零件
面对线	平板、导向块、固定支承、带指示计的测量架	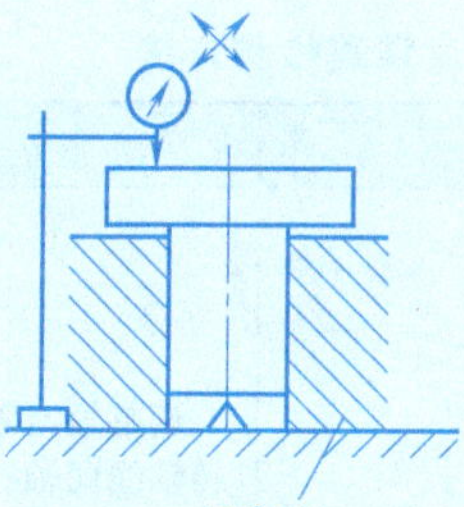	将被测零件放置在导向块内（基准轴线由导向块模拟），然后测量整个被测表面，并记录示值。取最大示值差作为该零件的垂直度误差
线对线	心轴、支承、带指示计的测量架	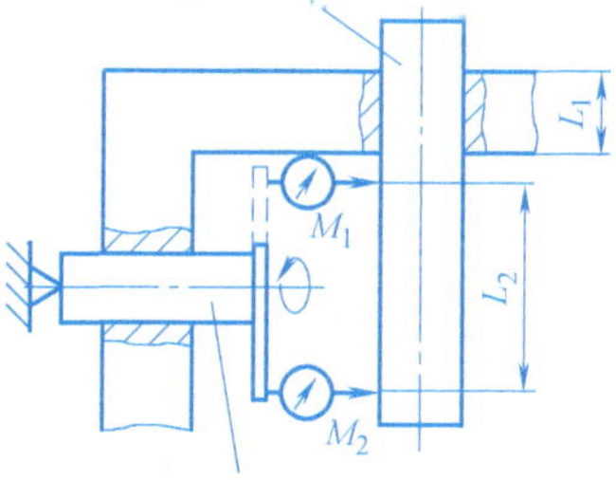	基准轴线和被测轴线由心轴模拟。转动基准心轴，在测量距离为 L_2 的两个位置上测得的数值分别为 M_1 和 M_2 垂直度误差为 $f=\frac{L_1}{L_2}\mid M_1-M_2\mid$

六、对称度误差检测方法

对称度误差检测方法见表 4-8。

表 4-8　对称度误差检测方法

名称	检测设备	检测图例	检测说明
面对面	平板、带指示计的测量架	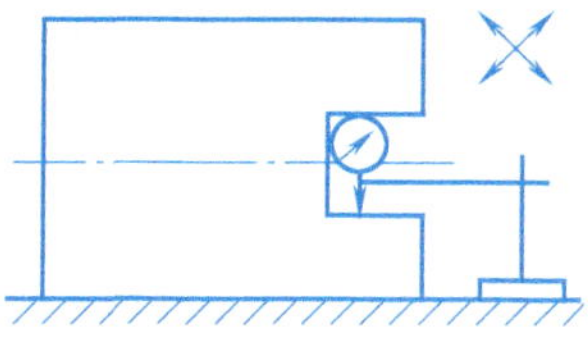	将被测零件放置在平板上，测量被测表面与平板之间的距离；将被测件翻转后，测量另一被测表面与平板之间的距离，取测量截面内对应两测点的最大差值作为对称度误差

（续）

名称	检测设备	检测图例	检测说明
线对面	卡尺	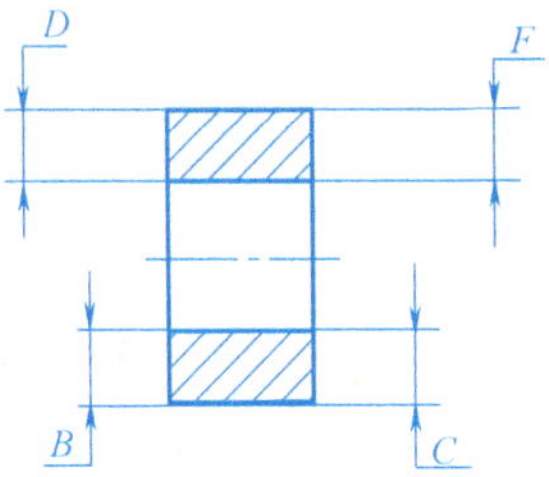	在 B、D 和 C、F 处测量壁厚，取两个壁厚差中较大的值作为该零件的对称度误差。此方法适用于测量形状误差较小的零件

七、同轴度误差检测方法

同轴度误差检测方法见表 4-9。

表 4-9　同轴度误差检测方法

名称	检测设备	检测图例	检测说明
单一基准同轴度误差	圆度仪（或其他类似仪器）	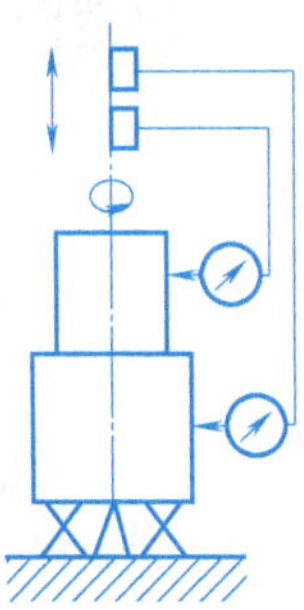	调整被测零件，使其基准轴线与仪器主轴的回转轴线同轴；在被测零件的基准要素和被测要素上测量若干截面并记录轮廓图形；根据图形按定义求出该零件的同轴度误差。按照零件的功能要求，也可对轴类零件用最小外接圆柱面（对孔类零件用最大内接圆柱面）的轴线求出同轴度误差
公共基准同轴度误差	平板、刃口状 V 形架、带指示计的测量架	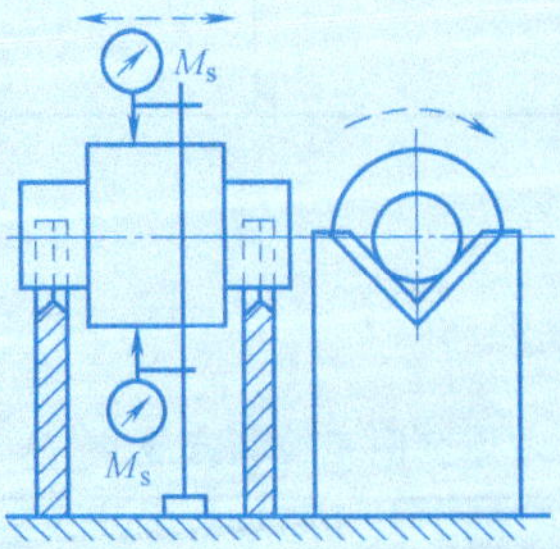	公共基准轴线由 V 形架体现，将被测零件基准要素的中截面放置在两个等高的刃口状 V 形架上；将两指示计在铅垂轴截面内相对于基准轴线对称地分别调零；在轴向测量，取指示计在垂直于基准轴线的正截面上测得各对应点的示值差值（绝对值）作为在该截面上的同轴度误差。按上述方法在若干截面内测量，取各截面测得的示值之差中的最大值（绝对值）作为该零件的同轴度误差，此方法适用于测量形状误差较小的零件

八、位置度误差检测方法

位置度误差检测方法见表 4-10。

表 4-10 位置度误差检测方法

检测设备	检测图例	检测说明
分度和坐标测量装置、指示计和心轴	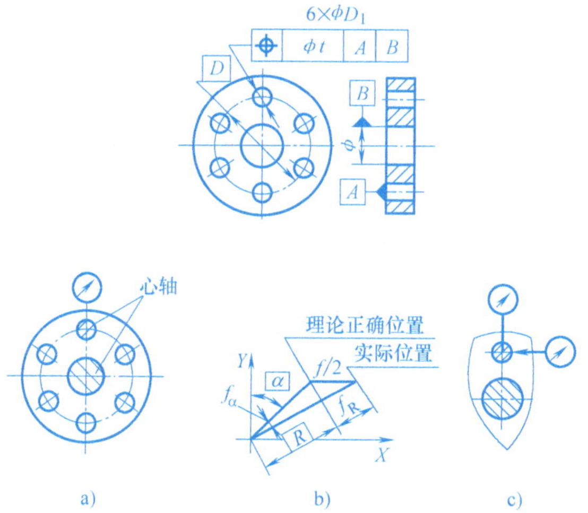	调整被测零件，使基准轴线与分度装置的回转轴线同轴。任选一孔，以其中心作角向定位，测出各孔的径向误差 f_R 和角度误差 f_α（图 a 和图 b） 位置度误差为 $f=2\sqrt{f_R^2+(Rf_\alpha)^2}$ 式中，f_α 取弧度值。 该零件也可用两个指示计（图 c）分别测出各孔径向误差 f_y 和切向误差 f_x，位置度误差 $f=2\sqrt{f_x^2+f_y^2}$ 必要时，位置度误差可用定位最小区域法求出
综合量规	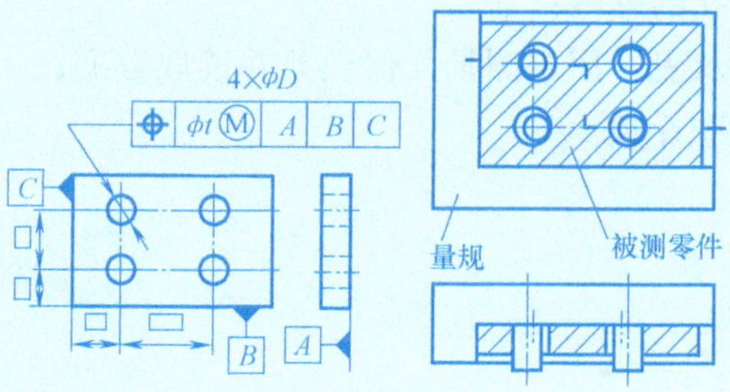	量规应通过被测零件，并与被测零件的基准面相接触。量规销的直径为被测孔的实效尺寸，量规各销的位置与被测孔的理想位置相同

九、跳动误差检测方法

跳动误差检测方法见表 4-11。

表 4-11 跳动误差检测方法

名称	检测设备	检测图例	检测说明
公共基准的径向圆跳动误差	平板、V 形架、带指示计的测量架	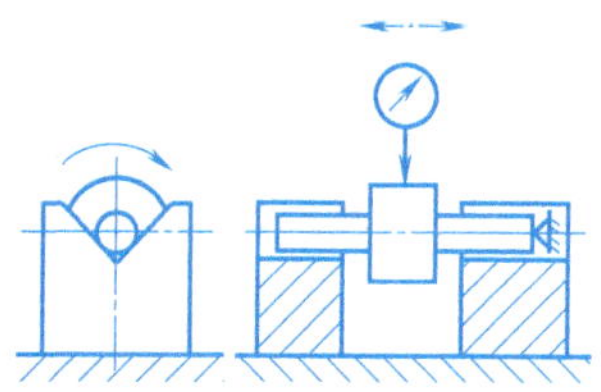	基准轴线由 V 形架模拟，被测零件支承在 V 形架上，并在轴向定位；在被测零件回转一周的过程中，指示计示值最大量值即为单个测量平面上的径向圆跳动误差。按上述方法测量若干个截面，取各截面上测得的跳动量中的最大值，作为该零件的径向圆跳动误差。该测量方法受 V 形架角度和基准要素形状误差的综合影响
单一基准的径向圆跳动误差	一对同轴顶尖（或 V 形架）、导向心轴、带指示计的测量架	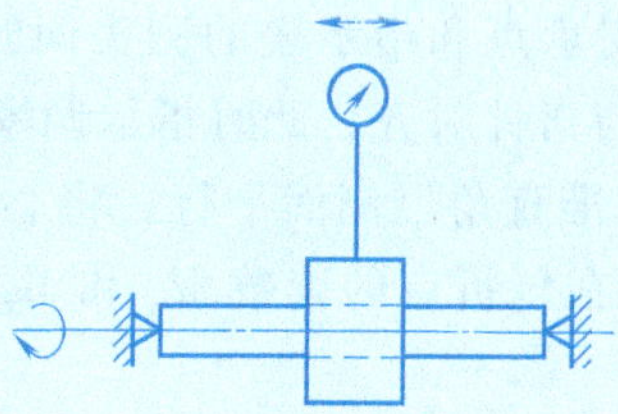	将被测零件固定在导向心轴上，同时安装在两顶尖（或 V 形架）之间，在被测零件回转一周的过程中，指示计示值最大差值即为单个测量平面上的径向圆跳动误差。按上述方法，测量若干个截面，取各截面上测得的跳动量中的最大值作为该零件的径向圆跳动误差。导向心轴应与基准孔无间隙配合或采用可胀式心轴

（续）

名称	检测设备	检测图例	检测说明
径向全跳动误差	一对同轴导向套筒、平板、支承、带指示计的测量架	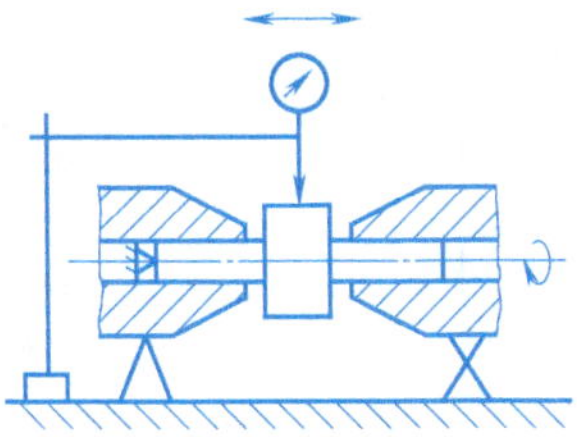	将被测零件固定在两同轴导向套筒内，同时在轴向上固定并调整该对套筒，使其同轴且与平板平行；在被测零件连续回转的过程中，同时让指示计沿基准轴线的方向做直线运动，在整个测量过程中指示计示值最大差值即为该零件的径向全跳动误差。基准轴线也可以用一对V形架或一对顶尖来体现

任务实施

图4-1所示箱体中有两个几何公差项目，下面依次进行测量，并填写相应的检测报告。

一、测量器具

1）平板：用于放置箱体和测量器具，模拟基准平面；

2）心轴：放入被测孔中，模拟孔的轴线；

3）游标卡尺、外径千分尺及指示表：用于测量几何误差并读取数据；

4）各种辅助工具：磁性表座、千斤顶。

14 箱体方向误差测量

二、操作步骤

1. 测量平行度 [// | φ0.06 | A—B]

1）将3个千斤顶置于平板上；

2）如图4-11所示，将心轴插入上孔，将箱体置于千斤顶上；

3）把百分表装到磁性表座上，使百分表测头垂直于轴线，通过调整3个千斤顶，前后移动表架，使心轴上素线 a、b 两点的读数（表针转折点的读数）相等；

4）把心轴插入下面的被测孔，前后移动表架，记下最大读数 M_c 和 M_d，则下孔的轴线对上孔轴线的平行度误差为

$$f_{//}=\frac{L_1}{L_2}|M_c-M_d|$$

若 $f_{//}\leqslant 0.06$mm，则该项合格。

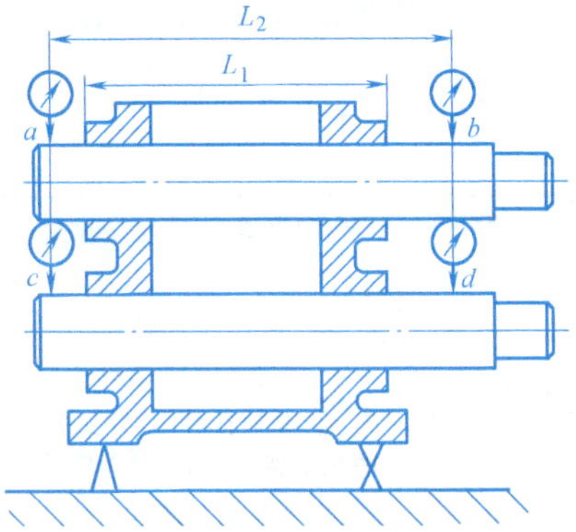

图4-11　平行度误差的测量

2. 测量垂直度 [⊥ | φ0.06 | C]

1）如图4-12所示，先将表座上的支承点和指示表的测头同时靠上标准直角尺的侧面，并将表针预压半圈，转动表盘使零刻度与指针对齐，此时指示调零；

2）再调整千斤顶，使其左侧面与标准直角尺侧面平行，将心轴插入上孔中，测量上孔轴剖面内心轴上素线 a、b 两点，取指针在转折点的读数 M_a 和 M_b，则上孔的轴线对侧面的垂直度误差为

$$f_{\perp}=\frac{L_1}{L_2}|M_a-M_b|$$

若$f_{\perp}\leqslant 0.06$mm，则该项合格。

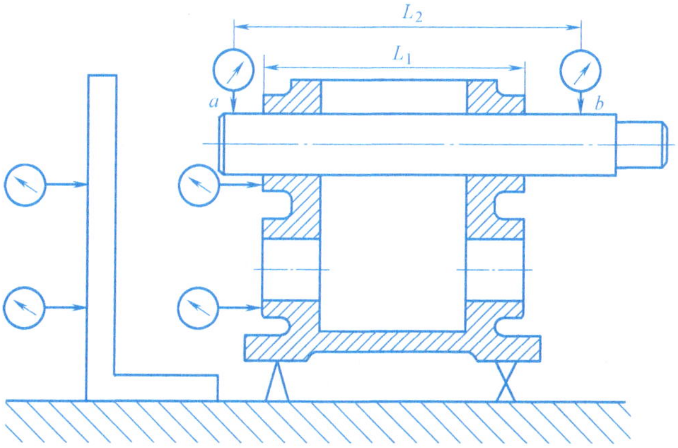

图 4-12 垂直度误差的测量

习 题

一、判断题

1. 某平面对基准平面的平行度误差为 0.05mm，那么这平面的平面度误差一定不大于 0.05mm。( )

2. 尺寸公差与几何公差采用独立原则时，零件的实际尺寸和几何误差中有一项超差，则该零件不合格。( )

3. 当包容要求用于单一要素时，被测要素必须遵守最大实体实效边界。( )

4. 当最大实体要求应用于被测要素时，则被测要素的尺寸公差可补偿给几何误差，几何误差最大值允许大于给定的公差值。( )

5. 可逆要求应用于最大实体要求时，当其几何误差小于给定的几何公差时，允许实际尺寸超出最大实体尺寸。( )

二、改正图 4-13 所示的各项几何公差标注上的错误（不得改变几何公差项目）。

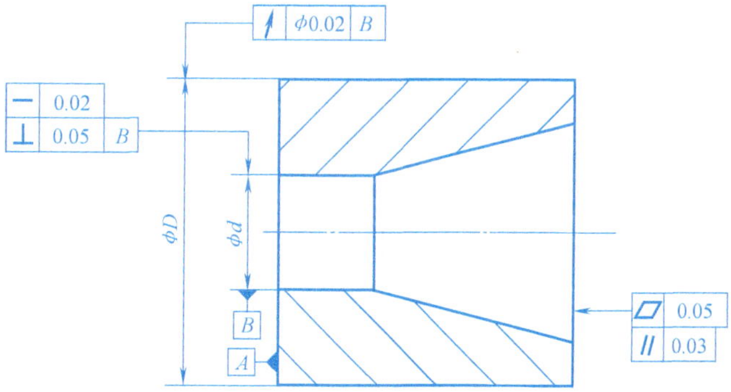

图 4-13 改错题

三、将下列技术要求标注在图 4-14 上。

1）左端面的平面度公差为 0.01mm，右端面对左端面的平行度公差为 0.04mm。

2）ϕ70H7 孔的轴线对左端面的垂直度公差为 0.02mm。

3）ϕ210h7 轴线对 ϕ70H7 孔轴线的同轴度公差为 ϕ0.03mm。

4）4×ϕ20H8 孔的轴线对左端面（第一基准）和 ϕ70H7 孔轴线的位置度公差为 ϕ0.15mm。

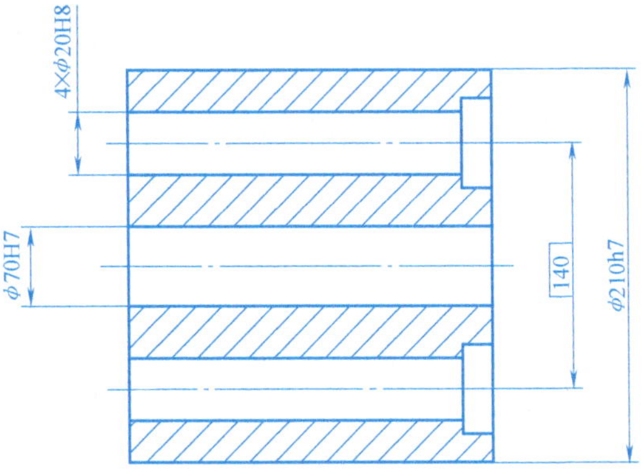

图 4-14 标注题一

四、试将下列技术要求标注在图 4-15 上。

1）ϕd 圆柱面的尺寸为 $\phi300_{-0.025}^{\ 0}$mm，采用包容要求；ϕD 圆柱面的尺寸为 $\phi500_{-0.039}^{\ 0}$mm，采用独立原则。

2）ϕd 圆柱面表面粗糙度 Ra 单向上限最大值为 1.25μm，ϕD 圆柱面表面粗糙度 Ra 单向上限值为 2μm。

3）键槽侧面对 ϕD 轴线的对称度公差为 0.02mm。

4）ϕD 圆柱面对 ϕd 轴线的径向圆跳动公差为 0.03mm，轴肩端平面对 ϕd 轴线的轴向圆跳动公差为 0.05mm。

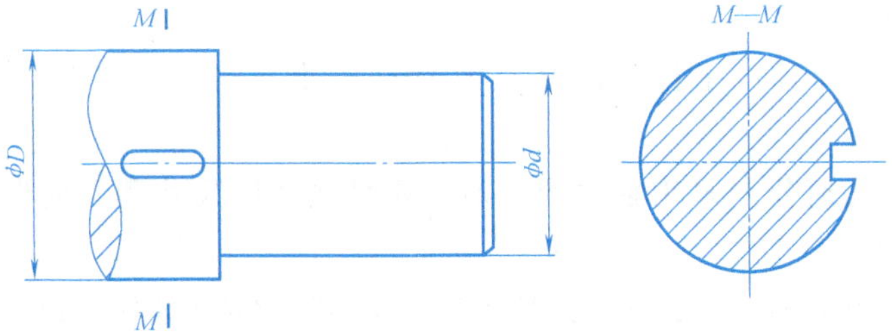

图 4-15 标注题二

五、试将图 4-16 中的各项按要求填入表中。

序号	采用公差原则	边界名称及边界尺寸	MMC 时的几何公差值	LMC 时的几何公差值	实际尺寸合格范围
a					
b					
c					
d					

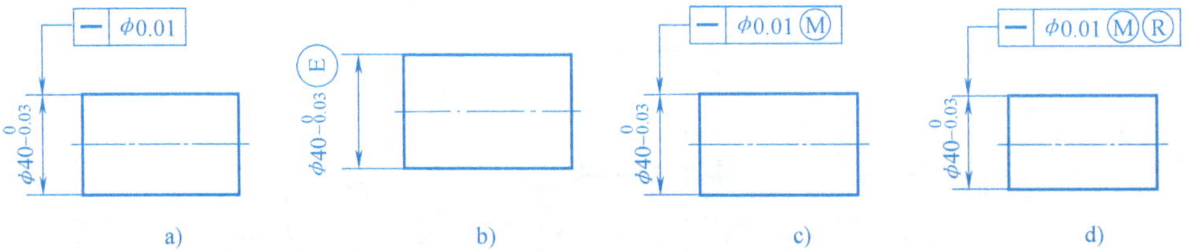

图 4-16 题五图

项目五

减速器传动轴的精度设计

任务导入

图 5-1 所示为某减速器的输出轴，图上仅标出了公称尺寸，没有精度要求，根据输出轴的功能要求，试进行精度设计并标注在图上。

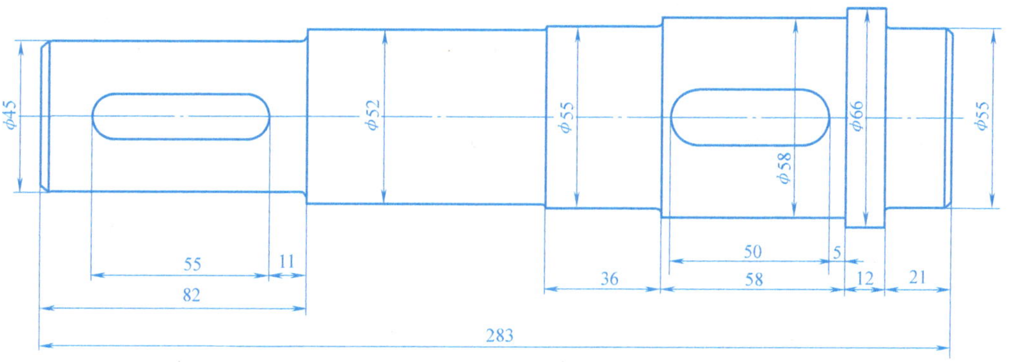

图 5-1 减速器输出轴

读图并思考：

1）如何进行尺寸精度设计？

2）如何进行几何精度设计？

3）如何确定表面粗糙度的技术要求？

基本知识

机械的精度设计主要包括尺寸精度设计、几何精度设计和表面结构微观设计。它们是根据零件在机器中的使用要求确定的。这些精度设计将直接影响机械产品的性能、寿命和加工成本。

导入问题 1：如何进行尺寸精度设计？

尺寸精度设计指的就是孔、轴的尺寸公差与配合的选择，它是机械产品设计中的重要部分之一。孔、轴公差与配合的选择包括配合制、标准公差等级和配合种类 3 个方面的选择。

一、基准制的选择

基准制包括基孔制和基轴制两种，这两种配合制都可以实现同样的配合要求。选择基孔制或基轴制，应从产品结构特点、加工工艺性和经济性等方面综合考虑。

1. 优先选用基孔制

一般情况下应优先选用基孔制。因为加工孔和检测孔时多使用定值刀具和量具（钻头、铰刀、拉刀、塞规等），而加工轴时可使用通用刀具和普通计量器具。每一种定值刀具和量具只能加工和检验一种特定尺寸和公差带的孔，采用基孔制配合可以减少孔公差带的数量，从而减少定值刀具和量具的数量，获得显著的经济效益。

15 基准制的选用

2. 特殊情况下采用基轴制

对于下列情况，采用基轴制比较经济合理：

1）冷拉钢材的尺寸公差可达到 IT7～IT9，这样的精度对于农业、纺织机械中的轴类零件来说，已经能够满足使用要求。此时采用基轴制可避免对轴的加工，只需按照不同配合性能要求加工孔，就能得到不同性质的配合。

2）同一公称尺寸的轴与几个零件孔配合，且配合性质要求不同时，应选用基轴制。如图 5-2a 所示，活塞销同时与活塞和连杆套筒上的孔配合。工作时连杆要转动，所以活塞销与连杆套筒采用间隙配合；连杆与活塞上的两个孔配合要紧些，采用过渡配合。若采用基孔制（图 5-2b），活塞销要加工成中间小、两头大的阶梯轴，这既不利于加工又不利于装配。反之，采用基轴制（图 5-2c），则活塞销制成光轴，使得活塞销的加工和装配都很方便。

3）与标准零部件配合的孔或轴，必须以标准件为基准来选择配合制。例如，滚动轴承外圈与箱体上轴承孔的配合必须采用基轴制，滚动轴承内圈与轴颈的配合则必须采用基孔制。

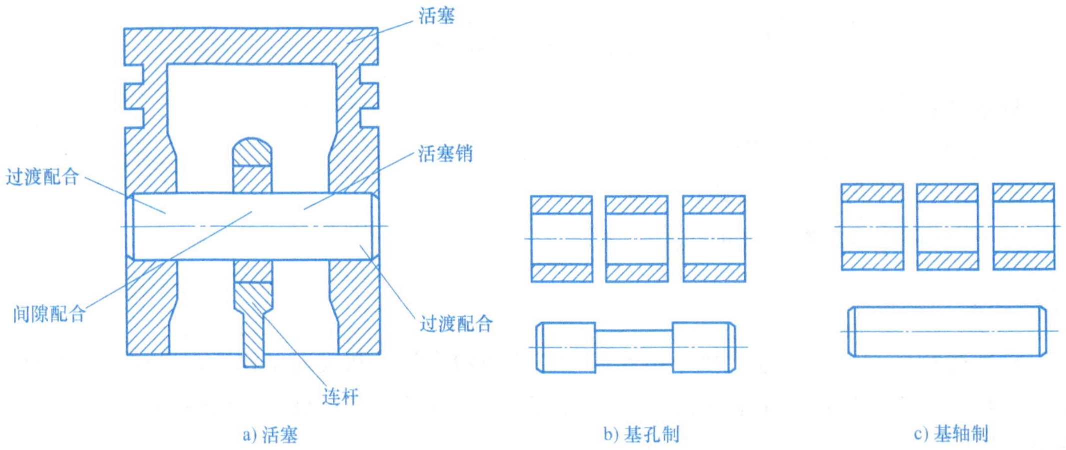

图 5-2　活塞销和活塞与连杆小头孔的配合

3. 非基准制配合

在某些特殊场合，基孔制与基轴制配合均不适宜，此时允许采用非基准制配合，如图 5-3 中轴承端盖与箱体孔的配合 $\phi100J7/g9$。

二、标准公差等级的选择

选择标准公差等级的基本原则是：在满足使用要求的前提下，尽量选取低的标准公差等级。标准公差等级的应用范围见表 5-1。用类比法选择标准公差等级时，还应考虑下列几个问题：

1）公称尺寸至 500mm 的配合。标准公差等级高于或等于 IT8（≤IT8）时，由于孔比同级轴加工困难，国家标准推荐孔的公差比轴的公差低一级；标准也推荐少量 8 级公差的孔与 8 级公差的轴组成孔、轴同级的配合；标准公差等级低于 IT8（>IT8）时，孔、轴加工难易程度大致相同，推荐孔、轴同级配合。

2）公称尺寸>500mm 的配合。由于孔的测量精度比轴容易保证，标准推荐孔、轴同级配合。

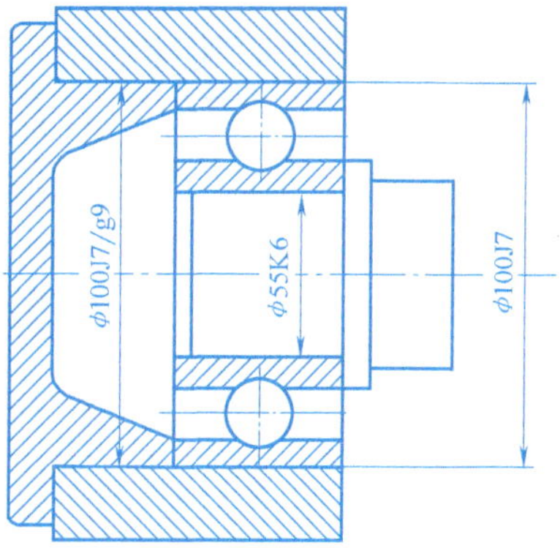

图 5-3　轴承端盖与箱体孔的配合

3）相配合的零件、部件的精度应相匹配。例如，与滚动轴承内、外圈配合的轴颈和外壳孔的标准公差等级决定于相配件滚动轴承的类型和公差等级以及配合尺寸的大小；齿轮基准孔与轴径配合的标准公差等级决定于相关件齿轮的精度等级。

表 5-1　标准公差等级的应用范围

应用场合			标准公差等级(IT)																			
			01	0	1	2	3	4	5	6	7	8	9	10	11	12	13	14	15	16	17	18
量块			—	—	—																	
量规	高精度量规				—	—	—	—														
	低精度量规								—	—	—											
配合尺寸	个别特别重要的精密配合			—	—																	
	特别重要的精密配合	孔					—	—	—													
		轴				—	—	—														
	精密配合	孔								—	—	—										
		轴							—	—	—											
	中等精度配合	孔											—	—								
		轴										—	—	—								
	低精度配合														—	—	—					
非配合尺寸，一般公差尺寸																—	—	—	—	—	—	—
原材料公差												—	—	—	—	—	—					

在非基准制配合中，当配合精度要求不高时，为降低成本，允许相配合的零件的公差等级相差 2~3 级。如图 5-3 中轴承端盖与箱体孔的配合 φ100J7/g9。

三、配合种类的选择

选择配合种类实际上就是确定基孔制中的非基准轴或基轴制中的非基准孔的基本偏差代号。首先应该选择配合种类，见表 5-2。配合种类确定后，需要进一步选择非基准件的基本偏差代号。各种基本偏差的特点及应用见表 5-3。

表 5-2 配合种类选择

配合情况				配合种类
无相对运动	传递力矩	定心精度高	永久连接	过盈配合
		定心精度不高	可拆连接	过渡配合或偏差代号为 H(h)的间隙配合加紧固件
		定心精度不高		间隙配合加紧固件
	不需要传递力矩			过渡配合或小过盈配合
有相对运动	缓慢转动、移动			基本偏差为 H~G(h~g)的间隙配合
	转动、移动或复合运动			基本偏差为 A~F(a~f)的间隙配合

四、孔、轴的优先、常用公差带和优先、常用配合

国家标准 GB/T 1800.1—2020 规定了优先、常用的公差带，以及依据经验确定的优先配合。图 5-4、图 5-5 分别为公称尺寸至 500mm 孔、轴的优先、常用公差带，其中方框中的为优先公差带，其他为常用公差带。表 5-4、表 5-5 分别为基孔制、基轴制的优先、常用配合，其中方框中的为优先配合。

表 5-3 各种基本偏差应用实例

配合	基本偏差	各种基本偏差的特点及应用实例
间隙配合	a(A) b(B)	可得到特别大的间隙，很少采用。主要用于工作时温度高、热变形大的零件的配合，如内燃机中铝活塞与气缸套孔的配合为 H9/a9
	c(C)	可得到很大的间隙。一般用于工作条件较差(如农业机械)、工作时受力变形大及装配工艺性不好的零件的配合，也适用于高温工作的间隙配合，如内燃机排气阀杆与导管的配合为 H8/e7
	d(D)	与 IT7~IT11 对应，适用于较松的间隙配合(如滑轮、活套的带轮与轴的配合)，以及大尺寸滑动轴承与轴颈的配合(如涡轮机、球磨机等的滑动轴承)。活塞环与活塞环槽的配合可用 H9/d9
	e(E)	与 IT6~IT9 对应，具有明显的间隙，用于大跨距及多支点的转轴轴颈与轴承的配合，以及高速、重载的大尺寸轴颈与轴承的配合，如大型电机、内燃机的主要轴承处的配合为 H8/e7
	f(F)	多与 IT6~IT8 对应，用于一般的转动配合，受温度影响不大，采用普通润滑油的轴颈与滑动轴承的配合，如齿轮箱、小电机、泵等的转轴轴颈与滑动轴承的配合为 H7/f6
	g(G)	多与 IT5~IT7 对应，形成配合的间隙较小，用于轻载精密装置中的转动配合，插销的定位配合、滑阀、连杆销等处的配合，钻套导向孔多用 G6
	h(H)	多与 IT4~IT11 对应，广泛用于无相对转动的配合、一般的定位配合。若没有温度、变形的影响，也可用于精密轴向移动部位，如车床尾座导向孔与滑动套筒的配合为 H6/h5
过渡配合	js(JS)	多用于 IT4~IT7 具有平均间隙的过渡配合，用于略有过盈的定位配合，如联轴器齿圈与轮毂的配合，滚动轴承外圈与外壳孔的配合多用 JS7。一般用手或木槌装配
	k(K)	多用于 IT4~IT7 平均间隙接近于零的配合，用于定位配合，如滚动轴承的内、外圈分别与轴颈、外壳孔的配合。用木槌装配
	m(M)	多用于 IT4~IT7 平均过盈较小的配合，用于精密的定位配合，如蜗轮的青铜轮缘与轮毂的配合为 H7/m6
	n(N)	多用于 IT4~IT7 平均过盈较大的配合，很少形成间隙。用于加键传递较大转矩的配合，如冲床上齿轮的孔与轴的配合。用槌子或压力机装配

（续）

配合	基本偏差	各种基本偏差的特点及应用实例
过盈配合	p(P)	用于过盈小的配合。与 H6 或 H7 孔形成过盈配合，而与 H8 孔形成过渡配合。碳钢和铸铁零件形成的配合为标准压入配合，如卷扬机绳轮的轮毂与齿圈的配合为 H7/p6。合金钢零件的配合需要过盈小时可用 p(或 P)
	r(R)	用于传递大转矩或受冲击负荷而需要加键的配合，如蜗轮孔与轴的配合为 H7/r6。必须注意，H8/r8 配合在公称尺寸<100mm 时，为过渡配合
	s(S)	用于钢和铸铁零件的永久性和半永久性结合，可产生相当大的结合力，如套环压在轴、阀座上用 H7/s6 配合
	t(T)	用于钢和铸铁零件的永久性结合，不用键就能传递转矩，需用热套法或冷轴法装配，如联轴器与轴的配合为 H7/r6
	u(U)	用于过盈大的配合，最大过盈需验算，用热套法进行装配，如火车车轮轮毂孔与轴的配合为 H6/u5
	v(V),x(X) y(Y),z(Z)	用于过盈特大的配合，目前使用的经验和资料很少，须经试验后才能应用。一般不推荐

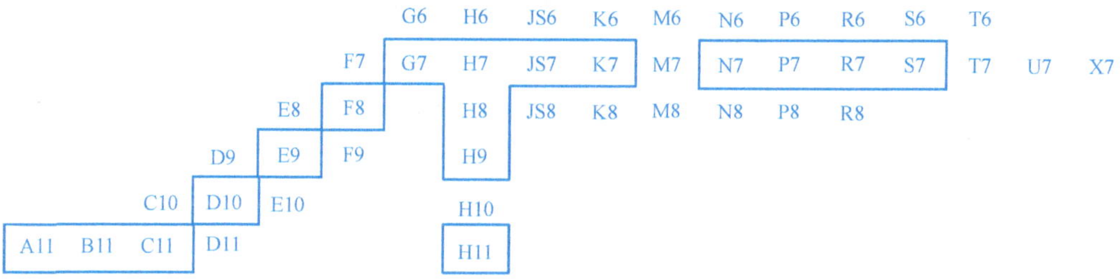

图 5-4 孔的优先、常用公差带

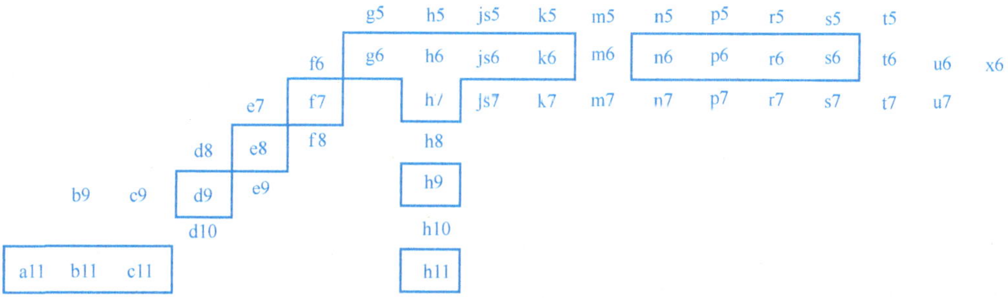

图 5-5 轴的优先、常用公差带

表 5-4 基孔制优先、常用配合

基准孔	轴公差带代号																
	间隙配合							过渡配合				过盈配合					
H6						g5	h5	js5	k5	m5		n5	p5				
H7					f6	g6	h6	js6	k6	m6	n6		p6	r6	s6	t6	u6	x6
H8				e7	f7		h7	js7	k7	m7					s7		u7	
			d8	e8	f8		h8										
H9			d8	e8	f8		h8										
H10	b9	c9	d9	e9			h9										
H11	b11	c11	d10				h10										

表 5-5　基轴制优先、常用配合

基准轴	孔公差带代号		
	间隙配合	过渡配合	过盈配合
h5	G6　H6	JS6　K6　M6	N6　P6
h6	F7　G7　H7	JS7　K7　M7　N7	P7　R7　S7　T7　U7　X7
h7	E8　F8　H8		
h8	D9　E9　F9　H9		
h9	E8　F8　H8		
	D9　E9　F9　H9		
	B11　C10　D10　H10		

导入问题 2：如何进行几何精度设计？

对零件进行几何精度设计时，只有少数要素对几何精度有特殊要求，应在图上注出它们的几何公差，而大多数要素对几何精度没有特殊要求，用一般加工工艺就能够保证，因此在图样上不必单独注出它们的几何公差。几何公差的选择包括几何公差项目的选择、基准要素的选择、公差值的选择和公差原则的选择。

五、几何公差项目的选择

几何公差特征项目的选择取决于零件的几何特征与功能要求，同时也要考虑检测的方便性。

1. 考虑零件的几何特征

要素的几何特征是选择公差项目的基本依据。例如，对圆柱形零件的形状精度，可以规定圆柱度公差或者圆度公差；对平面的形状精度，可以选择平面度公差；对凸轮类零件可选择轮廓度公差等。

2. 考虑零件的功能要求

根据零件不同的功能要求，选择不同的几何公差项目。例如，减速箱上两孔不平行将影响齿轮的正常啮合，所以应该选择平行度公差项目；对于机床导轨，为了保证它的导向精度，需要给出直线度公差项目。

3. 考虑检测的方便性

为了检测方便，有时可以将所需的公差项目用控制效果相同或者相近的公差项目代替。例如，径向圆跳动可以综合控制圆度和同轴度误差，而径向圆跳动的检测简单易行，所以多用径向圆跳动公差项目。

六、基准要素的选择

基准是确定关联要素方位的依据。选择基准时，一般从以下几个方面考虑。

1）根据要素在机器上的安装位置、作用来选择基准。例如，轴类零件一般通过两个轴承支承在箱体上，在功能上安装轴承的这两个轴颈是安装基准，考虑到基准统一，多用这两个轴颈的公共轴线作为基准，要求它们同轴线。

2）从结构考虑，应选择较长的轴线、较宽的面积作为基准，以使定位更稳。对结构复杂的零件，可选 3 个基准面，以确定被测要素在空间的方向和位置。

3）从加工和检测方面考虑，应选择在加工、检测中方便装夹定位的要素为基准。

七、几何公差值的确定

国家标准对圆度、圆柱度划分了 13 个等级，对直线度、平面度、平行度、垂直度、倾斜度、同轴度、对称度、圆跳动、全跳动都划分为 12 个等级，数值见表 5-6~表 5-9；对位置度没有划分等级，只提供了位置度系数，见表 5-10。没有对线轮廓度和面轮廓度规定公差值。

表 5-6　直线度、平面度公差值（摘自 GB/T 1184—1996）

主参数 L/mm L 为被测要素的长度	公差等级											
	1	2	3	4	5	6	7	8	9	10	11	12
	公差值/μm											
≤10	0.2	0.4	0.8	1.2	2	3	5	8	12	20	30	60
>10~16	0.25	0.5	1	1.5	2.5	4	6	10	15	25	40	80
>16~25	0.3	0.6	1.2	2	3	5	8	12	20	30	50	100
>25~40	0.4	0.8	1.5	2.5	4	6	10	15	25	40	60	120
>40~63	0.5	1	2	3	5	8	12	20	30	50	80	150
>63~100	0.6	1.2	2.5	4	6	10	15	25	40	60	100	200
>100~160	0.8	1.5	3	5	8	12	20	30	50	80	120	250
>160~250	1	2	4	6	10	15	25	40	60	100	150	300
>250~400	1.2	2.5	5	8	12	20	30	50	80	120	200	400
>400~630	1.5	3	6	10	15	25	40	60	100	150	250	500
>630~1000	2	4	8	12	20	30	50	80	120	200	300	600

表 5-7　圆度、圆柱度公差值（摘自 GB/T 1184—1996）

主参数 $d(D)$/mm $d(D)$ 为被测要素的直径	公差等级												
	0	1	2	3	4	5	6	7	8	9	10	11	12
	公差值/μm												
≤3	0.1	0.2	0.3	0.5	0.8	1.2	2	3	4	6	10	14	25
>3~6	0.1	0.2	0.4	0.6	1	1.5	2.5	4	5	8	12	18	30
>6~10	0.12	0.25	0.4	0.6	1	1.5	2.5	4	6	9	15	22	36
>10~18	0.15	0.25	0.5	0.8	1.2	2	3	5	8	11	18	27	43
>18~30	0.2	0.3	0.6	1	1.5	2.5	4	6	9	13	21	33	52
>30~50	0.25	0.4	0.6	1	1.5	2.5	4	7	11	16	25	39	62
>50~80	0.3	0.5	0.8	1.2	2	3	5	8	13	19	30	46	74
>80~120	0.4	0.6	1	1.5	2.5	4	6	10	15	22	35	54	87
>120~180	0.6	1	1.2	2	3.5	5	8	12	18	25	40	63	100
>180~250	0.8	1.2	2	3	4.5	7	10	14	20	29	46	72	115
>250~315	1	1.6	2.5	4	6	8	12	16	23	32	52	81	130

（续）

主参数 $d(D)$/mm $d(D)$为被测要素的直径	公差等级												
	0	1	2	3	4	5	6	7	8	9	10	11	12
	公差值/μm												
>315~400	1.2	2	3	5	7	9	13	18	25	36	57	89	140
>400~500	1.5	2.5	4	6	8	10	15	20	27	40	63	97	155

表 5-8　平行度、垂直度、倾斜度公差值（摘自 GB/T 1184—1996）

主参数 $L,d(D)$ /mm	公差等级											
	1	2	3	4	5	6	7	8	9	10	11	12
	公差值/μm											
≤10	0.4	0.8	1.5	3	5	8	12	20	30	50	80	120
>10~16	0.5	1	2	4	6	10	15	25	40	60	100	150
>16~25	0.6	1.2	2.5	5	8	12	20	30	50	80	120	200
>25~40	0.8	1.5	3	6	10	15	25	40	60	100	150	250
>40~63	1	2	4	8	12	20	30	50	80	120	200	300
>63~100	1.2	2.5	5	10	15	25	40	60	100	150	250	400
>100~160	1.5	3	6	12	20	30	50	80	120	200	300	500
>160~250	2	4	8	15	25	40	60	100	150	250	400	600
>250~400	2.5	5	10	20	30	50	80	120	200	300	500	800
>400~630	3	6	12	25	40	60	100	150	250	400	600	1000
>630~1000	4	8	15	30	50	80	120	200	300	500	800	1200

表 5-9　同轴度、对称度、圆跳动、全跳动公差值（摘自 GB/T 1184—1996）

主参数 $d(D),B,L$ /mm B为被测要素的宽度	公差等级											
	1	2	3	4	5	6	7	8	9	10	11	12
	公差值/μm											
≤1	0.4	0.6	1	1.5	2.5	4	6	10	15	25	40	60
>1~3	0.4	0.6	1	1.5	2.5	4	6	10	20	40	60	120
>3~6	0.5	0.8	1.2	2	3	5	8	12	25	50	80	150
>6~10	0.6	1	1.5	2.5	4	6	10	15	30	60	100	200
>10~18	0.8	1.2	2	3	5	8	12	20	40	80	120	250
>18~30	1	1.5	2.5	4	6	10	15	25	50	100	150	300
>30~50	1.2	2	3	5	8	12	20	30	60	120	200	400
>50~120	1.5	2.5	4	6	10	15	25	40	80	150	250	500
>120~250	2	3	5	8	12	20	30	50	100	200	300	600
>250~500	2.5	4	6	10	15	25	40	60	120	250	400	800

表 5-10　位置度系数（摘自 GB/T 1184—1996）

1	1.2	1.5	2	2.5	3	4	5	6	8
1×10^n	1.2×10^n	1.5×10^n	2×10^n	2.5×10^n	3×10^n	4×10^n	5×10^n	6×10^n	8×10^n

注意：n 为正整数。

在保证零件功能的前提下，尽可能选用低的公差等级，多用类比法。各种公差值之间要协调合理，比如同一要素上给出的形状公差值应小于位置公差值；圆柱形零件的形状公差值（轴线的直线度除外）一般情况下应小于其尺寸公差值；平行度公差值应小于被测要素和基准要素之间的距离公差值等。

位置度公差通常需要计算后确定。对于用螺栓或螺钉连接两个或两个以上零件的情况，被连接零件的位置度公差按下列方法计算。用螺栓连接时，被连接零件上的孔均为光孔，孔径大于螺栓的直径，位置度公差的计算公式为

$$t=X_{\min} \tag{5-1}$$

用螺钉连接时，有一个零件上的孔是螺孔，其余零件上的孔都是光孔，且孔径大于螺钉直径，位置度公差的计算公式均为

$$t=0.5X_{\min} \tag{5-2}$$

式中　t——位置度公差计算值；

$X_{\min}$——通孔与螺栓（钉）间的最小间隙。

计算值经圆整后按上述各表选择标准公差值。若被连接零件之间需要调整，位置度公差应适当减小。

对一般机床加工能够保证的几何精度，不必将几何公差在图样上注出，它属于未注几何公差。国家标准对直线度与平面度、垂直度、对称度、圆跳动分别规定了未注公差值，都分为 H、K、L3 种公差等级，见表 5-11～表 5-14。圆度未注公差值等于其尺寸公差值，但不能大于径向圆跳动的未注公差值；圆柱度的未注公差未做规定，实际圆柱面的质量由其构成要素（截面圆、轴线、素线）的注出公差或未注公差控制；平行度的未注公差值等于给出的尺寸公差值或是直线度（平面度）未注公差值中的较大者；同轴度的未注公差值未做规定，可考虑与径向圆跳动的未注公差值相等。其他项目（线轮廓度、面轮廓度、倾斜度、位置度、全跳动）由各要素注出或未注的几何公差、线性尺寸公差或角度公差控制。

表 5-11　直线度、平面度未注公差值（摘自 GB/T 1184—1996）　（单位：mm）

公差等级	公称（基本）长度范围					
	≤10	>10～30	>30～100	>100～300	>300～1000	>1000～3000
H	0.02	0.05	0.1	0.2	0.3	0.4
K	0.05	0.1	0.2	0.4	0.6	0.8
L	0.1	0.2	0.4	0.8	1.2	1.6

表 5-12　垂直度未注公差值（摘自 GB/T 1184—1996）　（单位：mm）

公差等级	公称（基本）长度范围			
	≤100	>100～300	>300～1000	>1000～3000
H	0.2	0.3	0.4	0.5
K	0.4	0.6	0.8	1
L	0.6	1	1.5	2

表 5-13 对称度未注公差值（摘自 GB/T 1184—1996） （单位：mm）

公差等级	公称（基本）长度范围			
	≤100	>100~300	>300~1000	>1000~3000
H	0.5			
K	0.6		0.8	1
L	0.6	1	1.5	2

表 5-14 圆跳动未注公差值（摘自 GB/T 1184—1996） （单位：mm）

公差等级	圆跳动公差值	公差等级	圆跳动公差值
H	0.1	L	0.5
K	0.2	—	—

若采用标准规定的未注公差值，如采用 K 级，应在标题栏附近或在技术要求、技术文件（如企业标准）中注出标准号及公差等级代号，如：GB/T 1184—K。

八、公差原则的选择

公差原则主要根据被测要素的功能要求、零件尺寸大小和检测方便来选择，并应考虑充分利用给出的尺寸公差带，还应考虑用被测要素的几何公差补偿其尺寸公差的可能性。

按独立原则给出的几何公差值是固定的，不允许几何误差值超出图样上标注的几何公差值。而按相关要求给出的几何公差值是可变的，在遵守给定边界的条件下，允许几何公差值增大。有时独立原则、包容要求和最大实体要求都能满足某同一功能要求，但在选用它们时应注意到它们的经济性和合理性。例如按包容要求用最大实体边界控制形状误差，对于中、小型零件，便于使用光滑极限量规检验，但是对于大型零件，就难以使用笨重的光滑极限量规检验。在这种情况下，按独立原则的要求进行检测，就比较容易实现。

导入问题 3：如何确定表面粗糙度的技术要求？

零件表面粗糙度的选择主要是评定参数和参数值的选择。

九、表面粗糙度评定参数的选择

在幅度参数中，*Ra* 能全面、客观地反映零件表面的微观几何特征，故一般情况下推荐优先选用 *Ra*。*Rz* 多用于小零件或表面不允许有较深的加工痕迹的零件。*Rz* 可与 *Ra* 同时选用，以满足控制多功能的要求。

对于有特殊要求的表面，可规定轮廓其他的评定参数（如 *Rsm*）、表面加工纹理方向、加工方法、加工余量等附加要求。如果采用标准取样长度，则在图样上可以省略标注取样长度值。

十、表面粗糙度参数值的选择

表面粗糙度参数允许值应从 GB/T 1031—2009 规定的参数值系列中选取。常用表面粗糙度推荐值见表 5-15。

在满足零件功能要求的前提下，应尽量选用较大的参数值。表面粗糙度幅度参数允许值的选用原则如下：

1）同一零件上，工作表面的表面粗糙度参数值通常比非工作表面小。但对于特殊用途的非工作表面，如机械设备上操作手柄的表面，为了美观和手感舒服，其表面粗糙度参数允许值应予以特殊考虑。

2）摩擦表面的表面粗糙度参数值应比非摩擦表面小。

3）相对运动速度高、单位面积压力大、承受交变应力作用的表面的表面粗糙度参数允许值都应小。

4）对于要求配合性质稳定的小间隙配合和承受重载荷的过盈配合，它们的孔、轴的表面粗糙度参数允许值都应小。

5）在确定表面粗糙度参数允许值时，应注意它与孔、轴尺寸的标准公差等级协调。这可参考表 5-15 所列的比例关系来确定。

6）凡有关标准业已对表面粗糙度技术要求做出具体规定的特定表面（例如，与滚动轴承配合的轴颈和外壳孔），应按该标准的规定来确定其表面粗糙度参数允许值。

7）对于防腐蚀、密封性要求高的表面以及要求外表美观的表面，其表面粗糙度参数允许值应小。

确定表面粗糙度参数允许值，除有特殊要求的表面外，通常采用类比法。表 5-16 列出了各种不同的表面粗糙度幅度参数值的加工方法和应用实例。

表 5-15 常用表面粗糙度推荐值

<table>
<tr><th colspan="3">表面特征</th><th colspan="6">Ra/μm 不大于</th></tr>
<tr><td rowspan="10">经常拆卸零件的配合表面（如交换齿轮、滚刀等）</td><td rowspan="2">标准公差等级</td><td rowspan="2">表面</td><td colspan="6">公称尺寸/mm</td></tr>
<tr><td colspan="3">~50</td><td colspan="3">>50~500</td></tr>
<tr><td rowspan="2">IT5</td><td>轴</td><td colspan="3">0.2</td><td colspan="3">0.4</td></tr>
<tr><td>孔</td><td colspan="3">0.4</td><td colspan="3">0.8</td></tr>
<tr><td rowspan="2">IT6</td><td>轴</td><td colspan="3">0.4</td><td colspan="3">0.8</td></tr>
<tr><td>孔</td><td colspan="3">0.4~0.8</td><td colspan="3">0.8~1.6</td></tr>
<tr><td rowspan="2">IT7</td><td>轴</td><td colspan="3">0.4~0.8</td><td colspan="3">0.8~1.6</td></tr>
<tr><td>孔</td><td colspan="3">0.8</td><td colspan="3">1.6</td></tr>
<tr><td rowspan="2">IT8</td><td>轴</td><td colspan="3">0.8</td><td colspan="3">1.6</td></tr>
<tr><td>孔</td><td colspan="3">0.8~1.6</td><td colspan="3">1.6~3.2</td></tr>
<tr><td rowspan="10">过盈配合的配合表面</td><td rowspan="2">公差等级</td><td rowspan="2">表面</td><td colspan="6">公称尺寸/mm</td></tr>
<tr><td colspan="2">~50</td><td colspan="2">>50~120</td><td colspan="2">>120~500</td></tr>
<tr><td rowspan="2">IT5</td><td>轴</td><td colspan="2">0.1~0.2</td><td colspan="2">0.4</td><td colspan="2">0.4</td></tr>
<tr><td>孔</td><td colspan="2">0.2~0.4</td><td colspan="2">0.8</td><td colspan="2">0.8</td></tr>
<tr><td rowspan="2">IT6~IT7</td><td>轴</td><td colspan="2">0.4</td><td colspan="2">0.8</td><td colspan="2">1.6</td></tr>
<tr><td>孔</td><td colspan="2">0.8</td><td colspan="2">1.6</td><td colspan="2">1.6</td></tr>
<tr><td rowspan="2">IT8</td><td>轴</td><td colspan="2">0.8</td><td colspan="2">0.8~1.6</td><td colspan="2">1.6~3.2</td></tr>
<tr><td>孔</td><td colspan="2">1.6</td><td colspan="2">1.6~3.2</td><td colspan="2">1.6~3.2</td></tr>
<tr><td rowspan="2">—</td><td>轴</td><td colspan="6">1.6</td></tr>
<tr><td>孔</td><td colspan="6">1.6~3.2</td></tr>
</table>

（续）

表面特征		Ra/μm 不大于					
精密定心用配合的零件表面	表面	径向跳动公差/μm					
		2.5	4	6	10	16	25
		Ra/μm 不大于					
	轴	0.05	0.1	0.1	0.2	0.4	0.8
	孔	0.1	0.2	0.2	0.4	0.8	1.6
滑动轴承的配合表面	表面	标准公差等级				液体湿摩擦条件	
		IT6~IT9		IT10~IT12			
		Ra/μm 不大于					
	轴	0.4~0.8		0.8~3.2		0.1~0.4	
	孔	0.8~1.6		1.6~3.2		0.2~0.8	

表 5-16　表面粗糙度参数、加工方法和应用举例

Ra/μm	加工方法	应用举例
12.5~25	粗车、粗铣、粗刨、钻、毛锉、锯断等	粗加工非配合表面。如轴端面、倒角、钻孔、齿轮和带轮侧面、键槽底面、垫圈接触面及不重要的安装支承面
6.3~12.5	车、铣、刨、镗、钻、粗铰等	半精加工表面。如轴上不安装轴承、齿轮等处的非配合表面，轴和孔的退刀槽、支架、衬套、端盖、螺栓、螺母、齿顶圆、花键非定心表面等
3.2~6.3	车、铣、刨、镗、磨、拉、粗刮、铣齿等	半精加工表面。箱体、支架、套筒、非传动用梯形螺纹等及与其他零件连接而无配合要求的表面
1.6~3.2	车、铣、刨、镗、磨、拉、刮等	接近精加工表面。箱体上安装轴承的孔和定位销的压入孔表面及齿轮齿条、传动螺纹、键槽、带轮槽的工作面、花键连接面等
0.8~1.6	车、镗、磨、拉、刮、精铰、磨齿、滚压等	要求有定心及配合的表面。如圆柱销、圆锥销的表面、卧式车床导轨面、与普通级、P6 级滚动轴承配合的表面等
0.4~0.8	精铰、精镗、磨、刮、滚压等	要求配合性质稳定的配合表面及活动支承面。如高精度车床导轨面、高精度活动球状接头表面等
0.2~0.4	精磨、珩磨、研磨、超精加工等	精密机床主轴锥孔、顶尖圆锥面、发动机曲轴和凸轮轴工作表面、高精度齿轮齿面、与 P5 级滚动轴承配合面等
0.1~0.2	精磨、研磨、普通抛光等	精密机床主轴轴颈表面、一般量规工作表面、气缸内表面、阀的工作表面、活塞销表面等
0.025~0.1	超精磨、精抛光、镜面磨削等	精密机床主轴轴颈表面、滚动轴承套圈滚道、滚珠及滚柱表面、工作量规的测量表面、高压液压泵中的柱塞表面等
0.012~0.025	镜面磨削等	仪器的测量面、高精度量仪等
≤0.012	镜面磨削、超精研等	量块的工作面、光学仪器中的金属镜面等

任务实施

我们需要对图 5-1 所示减速器输出轴进行精度设计并标注在图上。首先对输出轴进行功能分析，ϕ55mm 的两个轴颈通过 6211（$d \times D \times B = 55\text{mm} \times 100\text{mm} \times 19\text{mm}$）深沟球轴承安装在减速器箱体上；$\phi$58mm 的轴颈与从动齿轮（7 级精度）基准孔配合，通过键连接传递转矩；ϕ45mm 轴头与外开式齿轮（9 级精度）基准孔配合，通过键连接实现运动输出；ϕ66mm 轴肩的两端面分别为齿轮、轴承的轴向定位面。这几个表面为主要表面，其他表面为次要表面。下面依次进行精度设计。

1. 尺寸精度设计

与齿轮基准孔配合的轴颈的尺寸公差应根据齿轮精度等级确定。根据齿轮精度等级为 7 级，由表 5-17 齿轮毛坯公差确定齿轮基准孔尺寸公差等级为 IT7，轴的尺寸公差等级应选 IT6。选择基孔制，则齿轮基准孔的公差带代号为 ϕ58H7。考虑到轴与齿轮采用键连接，需要传递较大转矩，工作过程中有冲击，采用小过盈配合，参考表 5-3，轴的基本偏差代号选为 r，其公差带代号为 ϕ58r6，与齿轮基准孔的配合代号为 ϕ58H7/r6。

两个 ϕ55mm 轴颈要与滚动轴承内圈配合，工作时轴承内圈与轴颈一起转动，轴承负荷状态为轻负荷，参考表 5-4，公差带选为 ϕ55k6。

ϕ45mm 轴颈与 9 级精度齿轮基准孔配合，由表 5-17 确定基准孔的尺寸公差等级为 IT8，轴的尺寸公差等级选 IT7。考虑到定心精度要求较高且可拆卸，选为过渡配合。采用基孔制，参考表 5-3，轴的基本偏差代号选 n。ϕ45mm 轴的公差带代号为 ϕ45n7，配合代号为 ϕ45H8/n7。

表 5-17　齿轮毛坯公差

齿轮精度等级	1	2	3	4	5	6	7	8	9	10	11	12
盘形齿轮基准孔尺寸公差等级	IT4				IT5	IT6	IT7		IT8		IT9	
齿轮轴轴颈直径公差和形状公差	通常按滚动轴承的公差等级确定											
齿顶圆直径公差	IT6		IT7			IT8			IT9		IT11	
基准端面对齿轮基准轴线的轴向圆跳动公差 t_t	$t_t=0.2(D_d/b)F_\beta$											
基准圆柱面对齿轮基准轴线的径向圆跳动公差 t_r	$t_r=0.3F_p$											

ϕ58mm 和 ϕ45mm 两个轴颈与齿轮采用普通平键连接，根据轴颈大小确定键槽宽度 b 分别为 16mm 和 14mm。查表 5-18 普通平键键槽的尺寸及公差，采用正常连接，得到公差带代号为 16N9 和 14N9，深度极限偏差分别为 $52_{-0.2}^{\ 0}$mm 和 $39.5_{-0.2}^{\ 0}$mm。

输出轴零件上其余尺寸属于未注公差尺寸，未注公差等级选 m 级。

2. 几何精度设计

两个 ϕ55k6 轴颈为保证与轴承内圈的配合性质，需要采用包容要求。为了保证轴承的旋转精度，进一步给出圆柱度公差。按照普通级滚动轴承的要求，查表 5-7 得出圆柱度公差为 0.005mm。这两个轴颈作为轴的安装基准，需限制两轴的同轴度误差，基准应为它们的公共轴线。为了检测方便，可给出两轴颈的径向圆跳动公差，选 7 级，查表 5-9 得出公差值为 0.025mm。

ϕ66mm 轴肩左、右两端面应与轴线垂直，以保证定位精度。这里给出两端面相对于公共基准轴线的轴向圆跳动公差，查表 5-9 得出轴肩处轴向圆跳动公差为 0.015mm。

表 5-18 普通平键键槽的尺寸及公差 （单位：mm）

键尺寸 $b\times h$	键槽										
	宽度 b						深度				半径 r
	公称尺寸	极限偏差					轴 t_1		毂 t_2		
		正常连接		紧密连接	松连接		公称尺寸	极限偏差	公称尺寸	极限偏差	
		轴 N9	毂 JS9	轴和毂 P9	轴 H9	毂 D10					min max
4×5	4	0 -0.030	±0.015	-0.012 -0.042	+0.030 0	+0.078 +0.030	2.5	+0.1 0	1.8	+0.1 0	0.16 0.25
5×5	5						3.0		2.3		
6×6	6						3.5		2.8		
8×7	8	0 -0.036	±0.018	-0.015 -0.051	+0.036 0	+0.098 +0.040	4.0	+0.2 0	3.3	+0.2 0	
10×8	10						5.0		3.3		0.25 0.40
12×8	12	0 -0.043	±0.0215	-0.018 -0.061	+0.043 0	+0.120 +0.050	5.0		3.3		
14×9	14						5.5		3.8		
16×10	16						6.0		4.3		
18×11	18						7.0		4.4		
20×12	20	0 -0.052	±0.026	-0.022 -0.074	+0.052 0	+0.149 +0.065	7.5		4.9		0.40 0.60
22×14	22						9.0		5.4		
25×14	25						9.0		5.4		
28×16	28						10.0		6.4		
32×18	32	0 -0.062	±0.031	-0.026 -0.088	+0.062 0	+0.180 +0.080	11.0		7.4		
36×22	36						12.0	+0.3 0	8.4	+0.3 0	0.70 1.00
40×22	40						13.0		9.4		
45×25	45						15.0		10.4		
50×28	50						17.0		11.4		

ϕ58mm 和 ϕ45mm 的轴为保证配合性质，采用包容要求；为保证齿轮的准确啮合，对 ϕ58mm 轴颈提出了对公共基准的径向圆跳动公差 0.025mm。

为了便于装配，对键槽给出对称度公差，常用 7～9 级，此处选 8 级，查表 5-9 为 0.02mm。

零件上其余要素的几何精度都属于未注几何公差，等级取 K 级。

3. 表面粗糙度精度设计

零件上所有表面都没有特殊要求，所以只给出各个表面的幅度参数及其允许值。

ϕ55mm 轴颈的表面粗糙度参数值由表 5-15 查出 Ra 的单项上限值为 0.8μm，轴肩端面 Ra 的单项上限值为 3.2μm。

ϕ58mm 和 ϕ45mm 的表面是配合面，且有定心要求，根据表 5-16 实例，表面粗糙度幅度参数 Ra 的单项上限值一般取为 0.8～1.6μm，这里选取 Ra 的单项上限值为 1.6μm。

键槽两侧面的表面粗糙度幅度参数 Ra 的单项上限值一般取为 1.6～3.2μm，这里选择 Ra 的单项上限值为 3.2μm；键槽底面 Ra 的单项上限值取为 6.3μm。

零件上其余表面 Ra 的单项上限值均取为 12.5μm。

各项精度要求的标注如图 5-6 所示。

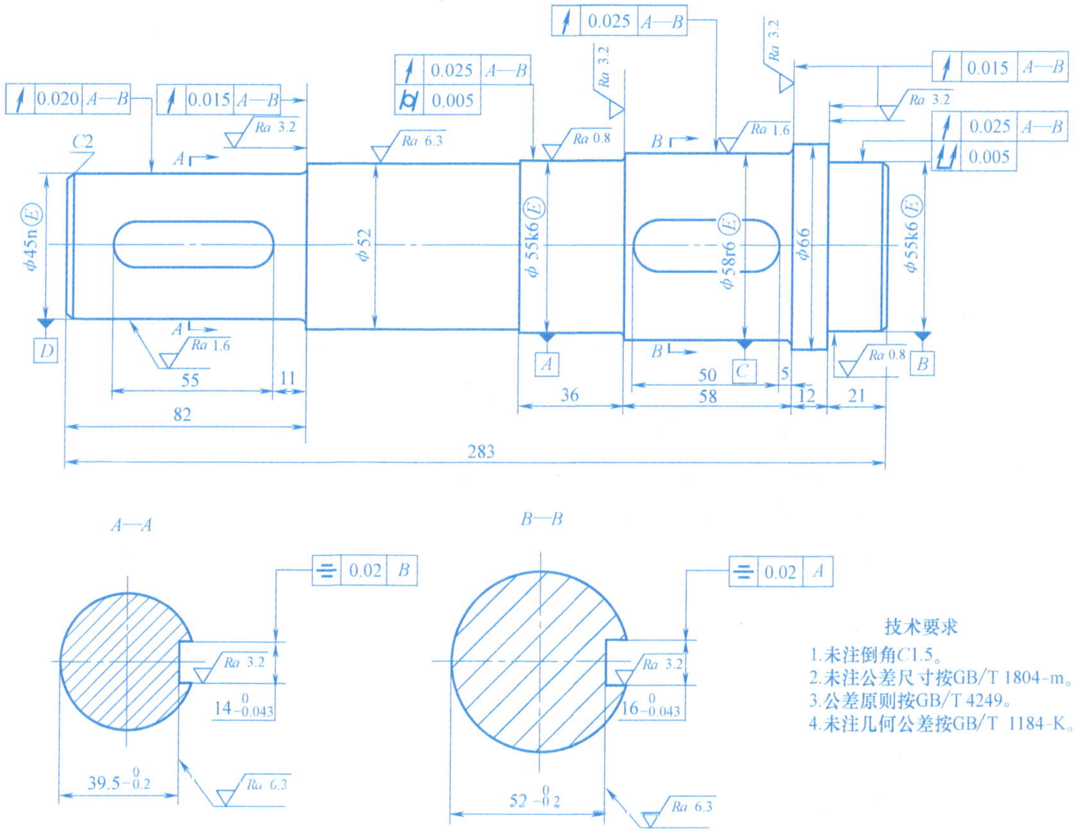

图 5-6　减速器输出轴精度标注

自检自查

图 5-7 所示为减速器中的齿轮轴。两个 ϕ40mm 轴颈分别与两个相同规格的普通级滚动轴承内圈配合，ϕ30mm 轴头与带轮孔配合，两个 ϕ48mm 轴肩的端面分别为这两个滚动轴承的轴向定位基准。试对齿轮轴进行精度设计。

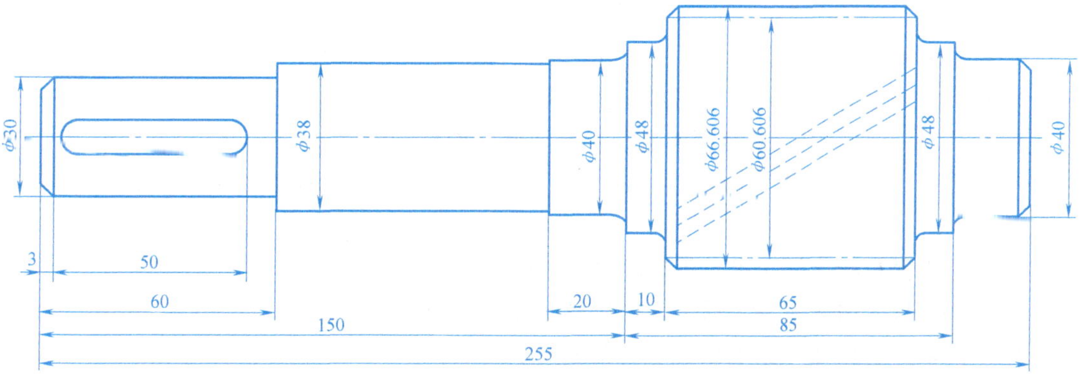

图 5-7　减速器齿轮轴

习　　题

一、填空题

1. 孔、轴的公差与配合的选择包括________、________和________3 个方面的选择。

2. 几何公差的选择包括________的选择、________的选择、________的选择和________的选择。

3. 在满足功能要求的前提下，尽量选用________的表面粗糙度参数值。

二、选择题

1. 下述论述中正确的有（　　）。

A. 孔、轴配合采用过渡配合时，间隙为零的孔、轴尺寸可以有好几个

B. $\phi 20g8$ 比 $\phi 20h7$ 的精度高

C. 零件的尺寸精度越高，则其配合间隙必定越小

D. 国家标准规定不允许孔、轴公差带组成非基准制配合

2. 下列配合零件应选用基孔制的有（　　）。

A. 滚动轴承外圈与外壳孔

B. 轴为冷拉圆钢，不需再加工

C. 滚动轴承内圈与轴

3. 下列孔、轴配合中，应选用过渡配合的有（　　）。

A. 既要求对中又要拆卸方便　　B. 工作时有相对运动

C. 保证静止且传递载荷　　D. 高温下工作，零件变形大

4. 下列配合零件，应选用过盈配合的有（　　）。

A. 高温下工作，零件变形大　　B. 不可拆连接

C. 有轴向运动　　D. 要求定心且常拆卸

5. 在同一零件上，工作表面的表面粗糙度参数值一般（　　）非工作表面的表面粗糙度数值。

A. 大于　　B. 小于　　C. 等于　　D. 不能确定

6. 表面粗糙度值小，则零件的（　　）。

A. 耐磨性好　　B. 配合稳定性高　　C. 抗疲劳强度差　　D. 加工容易

三、判断题

1. 滚动轴承内圈与轴的配合，采用基孔制。（　　）

2. 有相对运动的配合应选用间隙配合，无相对运动的配合均选用过盈配合。（　　）

3. 在孔-轴的配合中，基准制的选择主要从使用要求上考虑。（　　）

4. 图样中标注 $\phi 20^{+0.021}_{0}$mm 孔，如果没有标注其圆度公差，那么它的圆度误差值可任意确定。（　　）

5. 选择表面粗糙度评定参数值应尽量小。（　　）

6. 零件的尺寸精度越高，通常表面粗糙度参数值相应取得越小。（　　）

7. 摩擦表面应比非摩擦表面的表面粗糙度数值小。（　　）

8. 要求配合精度高的零件，其表面粗糙度数值应大。（　　）

9. 受交变载荷的零件，其表面粗糙度值应小。(   )

四、综合题

1. 某孔、轴配合，公称尺寸为 $\phi 40mm$，要求 $X_{max}=+89\mu m$，$X_{min}=+25\mu m$，确定孔、轴的极限偏差，并画出公差带示意图。

2. 配合制包括基孔制和基轴制，为什么优先选用基孔制？

3. 包容要求和最大实体要求分别用于什么场合？

项目六 典型零件的精度分析及检测

6

任务一　滚动轴承的精度设计

任务导入

如图 6-1 所示，C6132 车床主轴后支承上安装的两个单列向心深沟球轴承，外形尺寸为 ϕ50mm×ϕ90mm×20mm。试确定：

1）深沟球轴承的精度等级。

2）与轴承配合的轴颈和外壳孔的公差带代号（尺寸极限偏差）、几何公差值和表面粗糙度值，并将它们分别标注在装配图和零件图上。

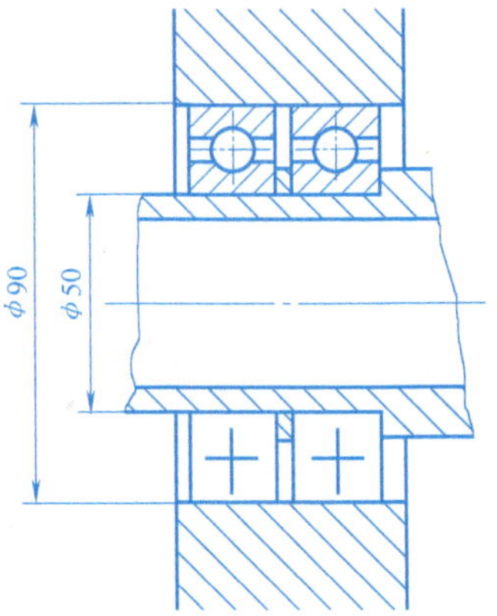

图 6-1　C6132 车床主轴后支承

基本知识

一、滚动轴承的互换性

通常，滚动轴承的内圈与轴颈一起旋转，外圈与外壳孔固定不动。但也有些机器的部分结构中要求外圈与外壳孔一起旋转，而内圈与轴颈固定不动。

为了便于在机器上安装轴承和更换新轴承，轴承内圈内孔和外圈外圆柱面应具有完全互换性。此外，基于技术经济上的考虑，对于轴承的装配采用分组选择装配的办法，轴承某些零件的特定部位可以不具有完全互换性，而仅具有不完全互换性（组内完全互换，而组与组之间不完全互换）。

二、滚动轴承的使用要求

滚动轴承工作时应保证其工作性能，必须满足下列两项要求。

1）必要的旋转精度。轴承工作时轴承的内、外圈和端面的跳动应控制在允许的范围内，以保证转动零件的回转精度。

2）合适的游隙。滚动体与内、外圈之间的游隙分为径向游隙 δ_1 和轴向游隙 δ_2（图 6-2）。轴承工作时这两种游隙的大小皆应保持在合适的范围内，以保证轴承正常运转，寿命长。

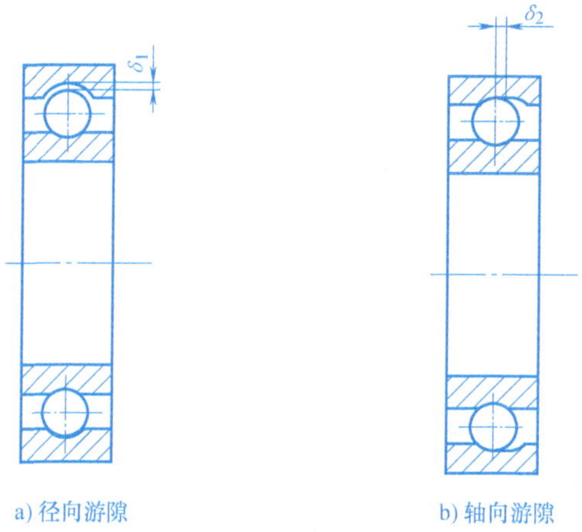

图 6-2　滚动轴承的游隙

三、滚动轴承的公差等级及其应用

滚动轴承的精度等级由轴承的尺寸公差等级和旋转精度决定。前者是指轴承内径 d、外径 D、宽度 B 等的尺寸公差；后者是指轴承内、外圈的径向圆跳动，端面对滚道的跳动，端面对内孔的跳动。

滚动轴承的公差等级划分见表 6-1。

表 6-1　滚动轴承的分类及对应的公差等级（GB/T 307.3—2017）

轴承分类	公差等级(由低到高)	级别总数
向心轴承	普通、6、5、4、2	5 级
圆锥滚子轴承	普通、6X、5、4、2	5 级
推力轴承	普通、6、5、4	4 级

注：6X 级轴承与 6 级轴承的内径公差、外径公差和径向跳动公差均分别相同，仅前者装配宽度要求较为严格。

各个公差等级的滚动轴承的应用见表 6-2。

表 6-2　各个公差等级的滚动轴承的应用

轴承的公差等级	应用示例
普通级(0 级)	广泛应用于旋转精度和运转平稳性要求不高的一般旋转机构中，如普通机床的变速箱、进给机构，汽车和拖拉机的变速机构，普通减速器、水泵及农业机械等通用机械的旋转机构
6、6X 级(中级) 5 级(较高级)	多用于旋转精度和运转平稳性要求较高或旋转速度较高的旋转机构中，如普通机床主轴轴承(前支承采用 5 级，后支承采用 6 级)和比较精密的仪器、仪表、机械的旋转机构
4 级(高级)	多用于转速很高或旋转精度要求很高的机床和机器的旋转机构中，如高精度磨床和车床、精密螺纹车床和齿轮磨床等的主轴轴系
2 级(精密级)	多用于精密机械的旋转机构中，如精密坐标镗床、高精度齿轮磨床和数控机床等的主要轴系，航空发动机涡轮轴上的轴承

四、滚动轴承内、外径公差带

滚动轴承是标准部件，为了便于互换和大量生产，所以其内圈与轴颈的配合应采用基孔制，外圈与外壳孔的配合应采用基轴制。

GB/T 307.1—2017 规定：轴承内圈基准孔公差带位于以公称内径 d 为零线的下方，且上极限偏差为零；轴承外圈外圆柱面公差带位于以公称外径 D 为零线的下方，且上极限偏差为零（图 6-3）。

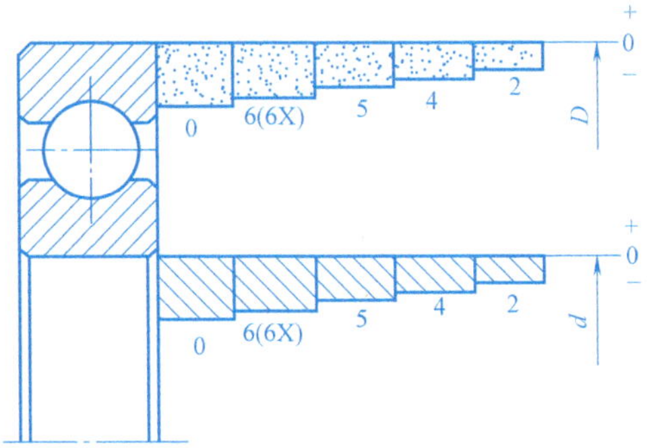

图 6-3　滚动轴承内、外径公差带

五、与滚动轴承配合的轴颈和外壳孔的常用公差带

轴承与轴颈、外壳孔配合的选择就是确定轴颈和外壳孔的公差带。为了实现各种松紧程度的配合性质要求，GB/T 275—2015 规定了普通级（0 级）轴承与轴颈和外壳孔配合时轴颈和外壳孔的常用公差带，其中对轴颈规定了 17 种公差带（图 6-4），对外壳孔规定了 16 种公差带（图 6-5）。

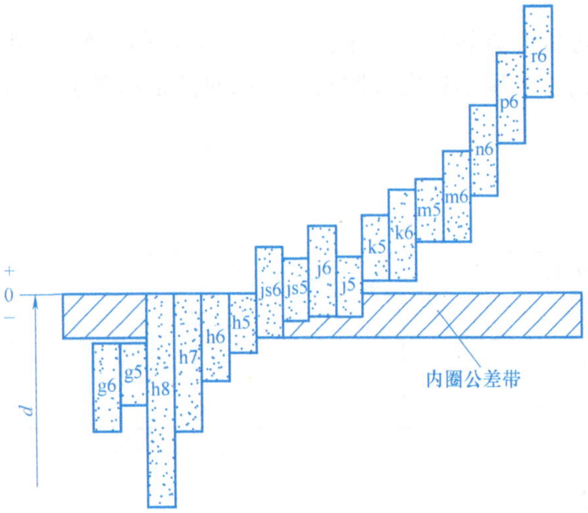

图 6-4　与滚动轴承配合的轴颈的常用公差带

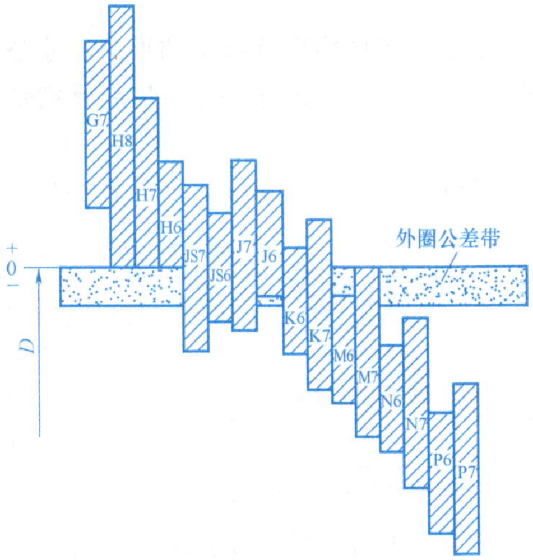

图 6-5　与滚动轴承配合的外壳孔的常用公差带

六、选择滚动轴承与轴颈、外壳孔的配合时应考虑的主要因素

滚动轴承配合的选择，通常根据滚动轴承的工作条件、套圈相对于负荷的状况、负荷的类型和大小、轴承的类型和尺寸、轴承的公差等级等因素来进行。

1. 轴承套圈相对于负荷方向的运转状态

作用在轴承上的径向负荷，可以是定向负荷（如带轮的拉力或齿轮的作用力）或旋转负荷（如机件的转动离心力），或者是两者的合成负荷。它的作用方向与轴承套圈（内圈或外圈）存在着以下 3 种关系。

（1）套圈相对于负荷方向旋转　此时套圈与径向负荷相对旋转，该径向负荷就依次作用在套圈整个滚道的各个部位上。图 6-6a 所示为旋转的内圈负荷，图 6-6b 所示为旋转的外圈负荷。减速器转轴两端的滚动轴承的内圈，汽车、拖拉机车轮轮毂中滚动轴承的外圈，都是套圈相对于负荷方向旋转的实例。

（2）套圈相对于负荷方向固定 此时径向负荷始终作用在套圈滚道的某一局部区域上。图 6-6a 所示为固定的外圈负荷，图 6-6b 所示为固定的内圈负荷。减速器转轴两端的滚动轴承的外圈，汽车、拖拉机车轮轮毂中滚动轴承的内圈，都是套圈相对于负荷方向固定的实例。

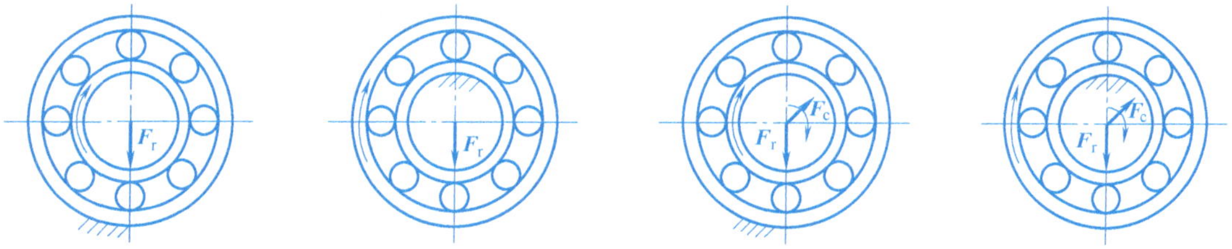

a) 旋转的内圈负荷和固定的外圈负荷　b) 固定的内圈负荷和旋转的外圈负荷　c) 旋转的内圈负荷和外圈承受摆动负荷　d) 内圈承受摆动负荷和旋转的外圈负荷

图 6-6 轴承套圈相对于负荷方向的运转状态

（3）轴承套圈相对于负荷方向摆动 此时径向负荷依次往复地作用在套圈滚道的一段区域上，如图 6-6c、d 所示，此时负荷称为摆动负荷。

2. 负荷的大小

轴承与轴颈、外壳孔的配合的松紧程度与负荷的大小有关。对于向心轴承，GB/T 275—2015 按其径向当量动负荷 P_r 与径向额定动负荷 C_r 的比值将负荷状态分为轻负荷、正常负荷和重负荷 3 类，见表 6-3。

表 6-3 向心轴承负荷状态分类

载负状态	轻负荷	正常负荷	重负荷
P_r/C_r	≤0.06	0.06~0.12	>0.12

P_r 和 C_r 的数值分别由计算公式求出和由轴承产品样本查出。

轴承在重负荷作用下，套圈容易产生变形，将会使该套圈与轴颈或外壳孔配合的实际过盈减小而引起松动，影响轴承的工作性能。因此，承受轻负荷、正常负荷、重负荷的轴承与轴颈或外壳孔的配合应依次越来越紧。

3. 径向游隙

根据 GB/T 4604.1—2012《滚动轴承 游隙 第 1 部分：向心轴承的径向游隙》规定，轴承的径向游隙共分以下 5 组：

2 组、N 组、3 组、4 组、5 组

游隙的依次由小到大，其中 N 组为基本游隙组。

游隙过小，若轴承与轴颈、外壳孔的配合为过盈配合，则会使轴承中滚动体与套圈产生较大的接触应力，并增加轴承工作时的摩擦发热，导致轴承寿命缩短。游隙过大，就会使转轴产生较大的径向跳动和轴向窜动，致使轴承工作时产生较大的振动和噪声。因此，游隙的大小应适度。

具有 N 组游隙的轴承，在常温状态的一般条件下工作时，与轴颈、外壳孔配合的过盈应适中。游隙比 N 组游隙大的轴承，配合的过盈应增大。游隙比 N 组游隙小的轴承，配合的过盈应减小。

4. 轴承的工作条件

轴承工作时，由于摩擦发热和其他热源的影响，套圈的温度会高于相配件的温度。内圈的热膨胀会引起它与轴颈的配合变松，而外圈的热膨胀则会引起它与外壳孔的配合变紧。因此，轴承工作温度高于 100℃时，应对所选择的配合做适当的修正。

当轴承的旋转速度较高，又在冲击振动负荷下工作时，轴承与轴颈、外壳孔的配合最好都选用具有小过盈的配合或较紧的配合。

剖分式外壳和整体式外壳上的轴承孔与轴承外圈的配合的松紧程度应有所不同，前者的配合应稍松些，以避免箱盖和箱座装配时夹扁轴承外圈。

5. 轴颈和外壳孔的公差带的确定

所选择轴颈和外壳孔的标准公差等级应与轴承公差等级协调。与普通级、6 级轴承配合的轴颈的公差等级一般为 IT6，外壳孔的公差等级一般为 IT7。对旋转精度和运转平稳性有较高要求的工作条件，轴颈的公差等级应为 IT5，外壳孔的公差等级应为 IT6。轴承游隙为 N 组游隙，轴为实心或厚壁空心钢制轴，外壳（箱体）为铸钢件或铸铁件，轴承的工作温度不超过 100℃时，可根据表 6-4、表 6-5 确定轴颈和外壳孔的公差带。

表 6-4　与向心轴承配合的轴颈公差带

说明	举例	负荷	轴承公称内径/mm			轴颈公差带
旋转的内圈负荷及摆动负荷	一般通用机械、电动机、机床主轴、泵、内燃机、直齿圆柱齿轮传动装置、铁路机车车辆轴箱、破碎机等	轻负荷	≤18 >18~100 >100~200 —	— ≤40 >40~140 >140~200	— ≤40 >40~100 >100~200	h5 j6① k6① m6①
		正常负荷	≤18 >18~100 >100~140 >140~200 >200~280 — —	— ≤40 >40~100 >100~140 >140~200 >200~400 —	— ≤40 >40~65 >65~100 >100~140 >140~280 >280~500	j5、js5 k5② m5② m6 n6 p6 r6
		重负荷	—	>50~140 >140~200 >200 —	>50~100 >100~140 >140~200 >200	n6 p6③ r6 r7
固定的内圈负荷	静止轴上的各种轮子、张紧轮、绳轮、振动筛、惯性振动器	所有负荷	所有尺寸			f6 g6① h6 j6
仅有轴向负荷			所有尺寸			j6、js6

① 凡对精度有较高要求的场合，应用 j5、k5、m5、f5 代替 j6、k6、m6、f6。

② 圆锥滚子轴承、角接触球轴承配合对游隙的影响不大，可用 k6、m6 代替 k5、m5。

③ 重负荷下轴承游隙应选大于 N 组。

表 6-5 与向心轴承配合的外壳孔公差带

运转状态		负荷状态	其他状况		公差带[①]	
说明	举例				球轴承	滚子轴承
固定的外围负荷	一般机械、铁路机车车辆轴箱、电动机、泵、曲轴主轴承	轻、正常、重负荷	轴向容易移动	轴处于高温度下工作	G7	
				采用剖分式外壳	H7	
		冲击负荷	轴向能移动，采用整体式或剖分式外壳		J7、JS7	
摆动负荷		轻、正常负荷				
		正常、重负荷	轴向不移动，采用整体式外壳		K7	
		冲击负荷			M7	
旋转的外圈负荷	张紧滑轮、轮毂轴承	轻负荷			J7	K7
		正常负荷			K7、M7	M7、N7
		重负荷			—	N7、P7

① 并列公差带随尺寸的增大从左至右选择；对旋转精度要求较高时，可相应提高一个标准公差等级。

七、轴颈和外壳孔的几何公差与表面粗糙度轮廓幅度参数值的确定

轴颈和外壳孔的尺寸公差带确定以后，为了保证轴承的工作性能，还应对它们分别确定几何公差和表面粗糙度轮廓幅度参数值，这可参照表 6-6、表 6-7 选取。

表 6-6 与滚动轴承配合的轴颈和外壳孔的几何公差

公称尺寸/mm	圆柱度公差值				轴向圆跳动公差值			
	轴颈		外壳孔		轴肩		外壳孔肩	
	滚动轴承公差等级							
	普通级	6(6X)级	普通级	6(6X)级	普通级	6(6X)级	普通级	6(6X)级
	公差值/μm							
>18~30	4.0	2.5	6.0	4.0	10.0	6.0	15.0	10.0
>30~50	4.0	2.5	7.0	4.0	12.0	8.0	20.0	12.0
>50~80	5.0	3.0	8.0	5.0	15.0	10.0	25.0	15.0
>80~120	6.0	4.0	10.0	6.0	15.0	10.0	25.0	15.0
>120~180	8.0	5.0	12.0	8.0	20.0	12.0	30.0	20.0
>180~250	10.0	7.0	14.0	10.0	20.0	13.0	30.0	20.0

表 6-7 轴颈和外壳孔的表面粗糙度允许值

轴颈或外壳孔的直径/mm	轴颈或外壳孔的标准公差等级					
	IT7		IT6		IT5	
	Ra 值/μm					
	磨	车(镗)	磨	车(镗)	磨	车(镗)
≤80	≤1.6	≤3.2	≤0.8	≤1.6	≤0.4	≤0.8
>80~500	≤1.6	≤3.2	≤1.6	≤3.2	≤0.8	≤1.6
端面	≤3.2	≤6.3	≤3.2	≤6.3	≤1.6	≤3.2

如果轴颈或外壳孔存在较大的形状误差，则轴承与它们安装后，套圈会产生变形而不

圆，因此必须对轴颈和外壳孔规定严格的圆柱度公差。

轴的轴颈肩部和外壳上轴承孔的端面是安装滚动轴承的轴向定位面，若它们存在较大的垂直度误差，则滚动轴承与它们安装后，轴承套圈会产生歪斜，因此应规定轴颈肩部和外壳孔端面对基准轴线的轴向圆跳动公差。

任务实施

1）C6132 为小型车床，主轴的转速较高，承受的是轻负荷，所以选用 P6 级精度的轴承。

2）根据轴承的工作条件，内圈与轴一起旋转，承受旋转负荷，其与轴颈的配合应较紧；外圈安装在壳体中，不旋转，承受固定负荷，其与外壳孔的配合应较松。根据表 6-4 和表 6-5，选取轴颈公差带为 ϕ50j6，外壳孔公差带为 ϕ90H7。

3）查表 6-6 选取几何公差值：轴颈圆柱度公差为 0.0025mm，轴颈肩部的轴向圆跳动公差为 0.008mm；外壳孔圆柱度公差为 0.006mm，外壳孔肩部轴向圆跳动公差为 0.015mm。

4）查表 6-7 选取轴颈和外壳孔的表面粗糙度轮廓幅度参数值：轴颈 *Ra* 的上限值为 0.8μm，轴颈肩部 *Ra* 的上限值为 3.2μm；外壳孔 *Ra* 的上限值为 1.6μm。

5）将确定好的上述各项公差标注在图样上，如图 6-7 所示。

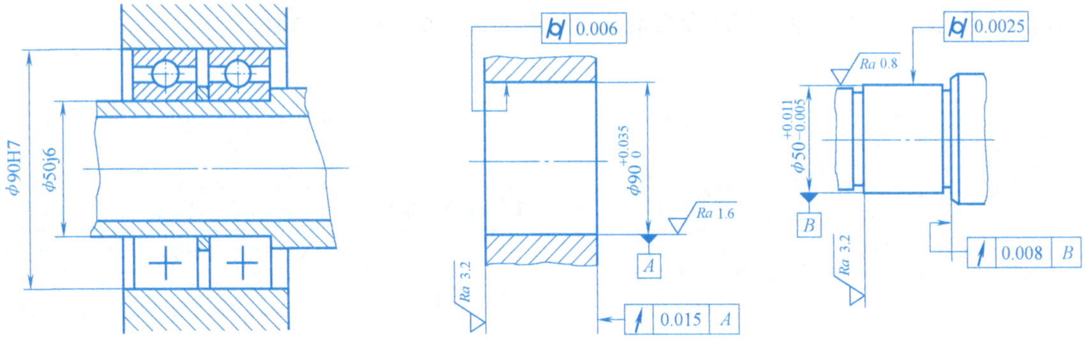

图 6-7　轴承与轴、外壳孔的配合图

自检自查

一、填空题

1. 滚动轴承安装在机器上工作时，为了保证轴承的工作性能，轴承必须满足________和________。

2. 国家标准将滚动轴承内圈内径的公差带规定在零线的________，在多数情况下轴承内圈随轴一起转动，两者之间配合必须有一定的________。

二、选择题

1. 滚动轴承内圈与公差带代号为 m6 的轴颈配合形成的配合性质属于（　　）。

A. 间隙配合　　B. 过渡配合　　C. 间隙配合或过渡配合　　D. 过盈配合

2. 某滚动轴承内圈旋转，外圈固定不动。该轴承承受一个大小和方向均不变的径向负荷作用，则内圈相对于负荷方向（　　）。

A. 摆动　　B. 静止　　C. 旋转　　D. 摆动和旋转

任务二　螺纹连接的精度分析及检测

任务导入

在工业生产中，螺纹连接的应用很普遍。请识读图 6-8 所示锥度短轴中螺纹标记的含义。

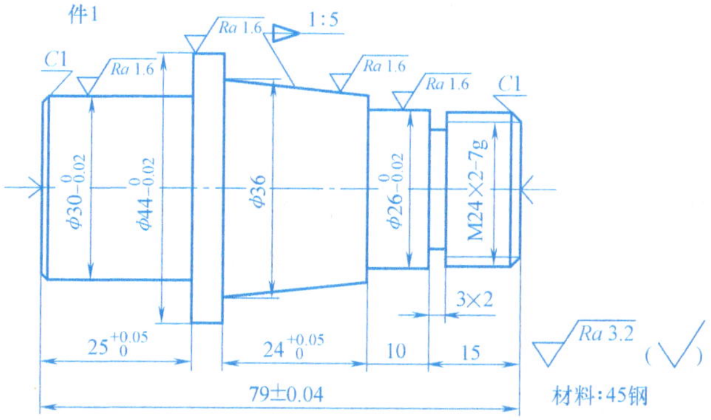

图 6-8　锥度短轴

基本知识

一、螺纹的种类和使用要求

螺纹按其轴向截面几何形状主要有 4 种：三角形螺纹、梯形螺纹、锯齿形螺纹、矩形螺纹。

根据其用途可分为 3 类：普通螺纹、传动螺纹和密封螺纹。

1. 普通螺纹

通常也称紧固螺纹，主要用于连接和紧固各种机械零件。要求其具有良好的可旋合性（便于装配和拆换）和连接的可靠性，如三角形螺纹。

2. 传动螺纹

这类螺纹通常用于传递运动或动力。要求其具有传递动力的可靠性或传递位移的准确性，如梯形螺纹、矩形螺纹等。

3. 密封螺纹

这类螺纹用于密封连接。要求其结合紧密，不漏水、不漏气和不漏油，如管螺纹。

二、普通螺纹的主要几何参数

普通螺纹的牙型是指在通过螺纹轴线的剖面上螺纹的轮廓形状，由原始三角形形成，该三角形是高度为 H 的等边三角形，其底边平行于螺纹轴线，如图 6-9a 所示。

普通螺纹的基本牙型如图 6-9b 中的粗实线所示，它是按规定的削平高度，将原始三角形的顶部和底部削去后所形成的内、外螺纹共有的理论牙型，是规定螺纹极限偏差的基础。

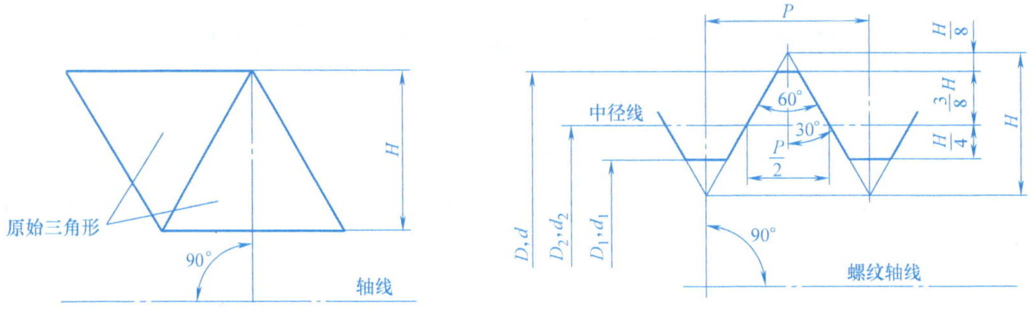

a) 基本牙型的原始三角形　　b) 普通螺纹的基本牙型

图 6-9　普通螺纹基本牙型的形成

普通螺纹的主要几何参数如下：

1）大径。与外螺纹牙顶或内螺纹牙底相切的假想圆柱的直径。内、外螺纹的基本大径分别用代号 D 和 d 表示，且 $D=d$，是内、外螺纹的公称直径。

2）小径。与外螺纹牙底或内螺纹牙顶相切的假想圆柱的直径。内、外螺纹的基本小径分别用代号 D_1 和 d_1 表示，且 $D_1=d_1$。

外螺纹的大径和内螺纹的小径统称为顶径；外螺纹的小径和内螺纹的大径统称为底径。

3）中径。一个假想圆柱的直径，该圆柱的素线通过牙型上沟槽和凸起宽度相等的地方。内、外螺纹的基本中径分别用代号 D_2 和 d_2 表示，且 $D_2=d_2$。

4）螺距。相邻两牙在中径线上对应两点间的轴向距离。螺距的基本值用代号 P 表示，有细牙和粗牙之分。

5）导程。同一螺旋线上相邻两牙在中径线上对应两点间的轴向距离，用 P_h 表示，$P_h=nP$（n 是螺旋线的数目）。

6）单一中径。是一个假想圆柱的直径，该圆柱的素线通过牙型上沟槽宽度等于螺距基本值一半（$P/2$）的地方，如图 6-10 所示。内、外螺纹的单一中径分别用代号 D_{2s} 和 d_{2s} 表示。单一中径可以用三针法测得，以表示中径实际尺寸的数值。

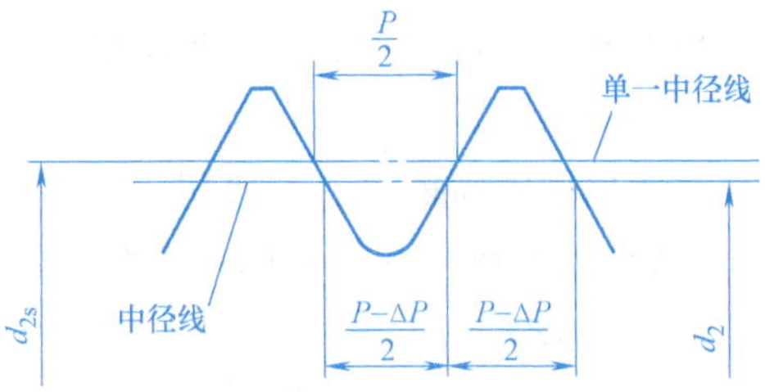

图 6-10　中径与单一中径

7）牙型角和牙型半角。牙型角是指在螺纹牙型上，相邻的两牙侧间的夹角，用代号 α 表示，如图 6-11a 所示。牙型角的一半称为牙型半角。普通螺纹牙型半角为 30°。

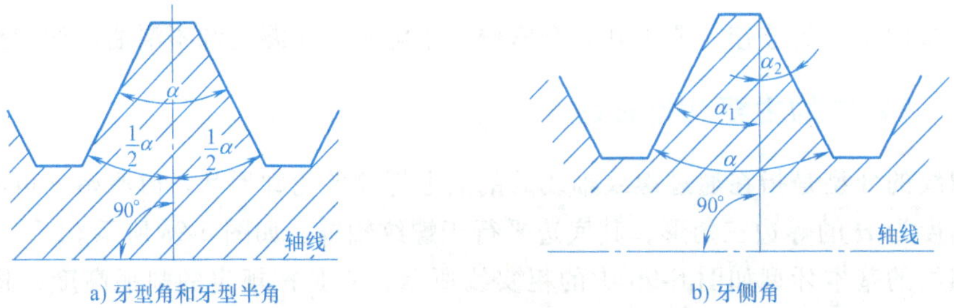

a) 牙型角和牙型半角　　b) 牙侧角

图 6-11　牙型角、牙型半角和牙侧角

牙侧角是指在螺纹牙型上，牙侧与螺纹轴线的垂线间的夹角，左、右牙侧角分别用代号 α_1 和 α_2 表示，如图 6-11b 所示。普通螺纹牙侧角的基本值为 30°。

8）螺纹接触高度。在两个相互配合螺纹的牙型上，它们的牙侧重合部分在垂直于螺纹轴线方向上的距离。普通螺纹的接触高度的基本值等于 5H/8，如图 6-9b 所示。

9）螺纹旋合长度。两个相互配合的螺纹沿螺纹轴线方向相互旋合部分的长度。GB/T 196—2003 规定了普通螺纹的基本尺寸，见表 6-8。

表 6-8　普通螺纹的基本尺寸（摘自 GB/T 196—2003）　（单位：mm）

公称直径（大径）D、d	螺距 P	中径 D_2，d_2	小径 D_1，d_1	公称直径（大径）D、d	螺距 P	中径 D_2，d_2	小径 D_1，d_1
10	1.5 1.25 1 0.75	9.026 9.188 9.350 9.513	8.376 8.647 8.917 9.188	20	2.5 2 1.5 1	18.376 18.701 19.026 19.350	17.294 17.835 18.376 18.917
12	1.75 1.5 1.25 1	10.863 11.026 11.188 11.350	10.106 10.376 10.647 10.917	24	3 2 1.5 1	22.051 22.701 23.026 23.350	20.752 21.835 22.376 22.917
16	2 1.5 1	14.701 15.026 15.350	13.835 14.376 14.917	30	3.5 2 1.5 1	27.727 28.701 29.026 29.350	26.211 27.835 28.376 28.917

三、螺纹公差带

螺纹公差带是沿基本牙型的牙侧、牙顶和牙底分布的公差带，由公差带位置和公差等级两个要素构成，在垂直于螺纹轴线的方向计量其大、中、小径的极限偏差和公差值。

1. 螺纹的公差带位置和基本偏差

螺纹的公差带位置用来确定公差带相对于基本牙型的位置。GB/T 197—2018 对螺纹的中径和顶径规定了公差带位置，并且它们的数值相同。对内螺纹规定了代号为 G、H 的 2 种公差带位置，如图 6-12 所示；对外螺纹规定了代号为 a、b、c、d、e、f、g、h 的 8 种公差带位置，如图 6-13 所示。内螺纹的基本偏差为 EI；外螺纹的基本偏差为 es。内、外螺纹基本偏差的数值见表 6-9。

2. 螺纹的公差

GB/T 197—2018 规定的普通螺纹公差等级见表 6-10。各公差等级中 3 级最高，9 级最低，6 级为基本级。对外螺纹的小径和内螺纹的大径不规定具体的公差数值，而只规定内、外螺纹牙底实际轮廓上的任何点均不得超越按基本偏差所确定的最大实体牙型。

国家标准对内、外螺纹的顶径和中径规定了公差值，具体数值可查表 6-11 和表 6-12。

四、螺纹的旋合长度及配合精度

螺纹的配合精度不仅与公差等级有关，而且与旋合长度密切相关。

螺纹的旋合长度有短旋合长度（S）、中等旋合长度（N）和长旋合长度（L）3 组，其值可从表 6-13 中选取。一般情况采用中等旋合长度，其值往往取螺纹公称直径的 0.5~1.5 倍。

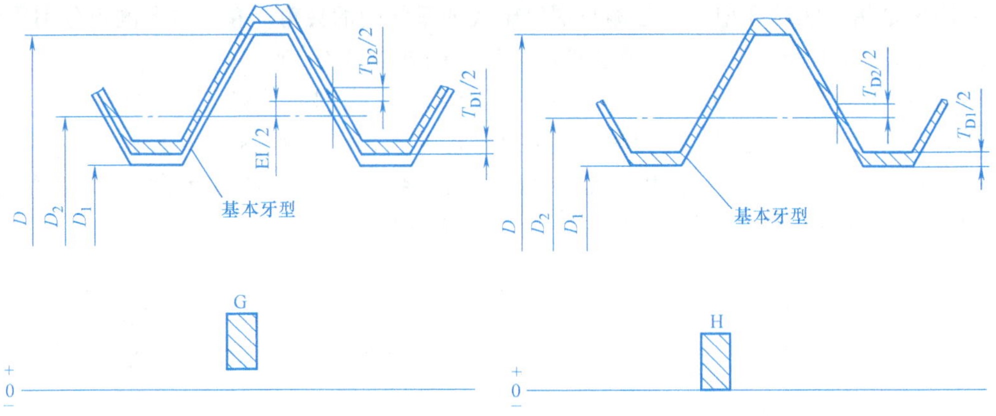

图 6-12　内螺纹公差带的位置

T_{D1}—内螺纹小径公差　T_{D2}—内螺纹中径公差　EI—内螺纹中径基本偏差

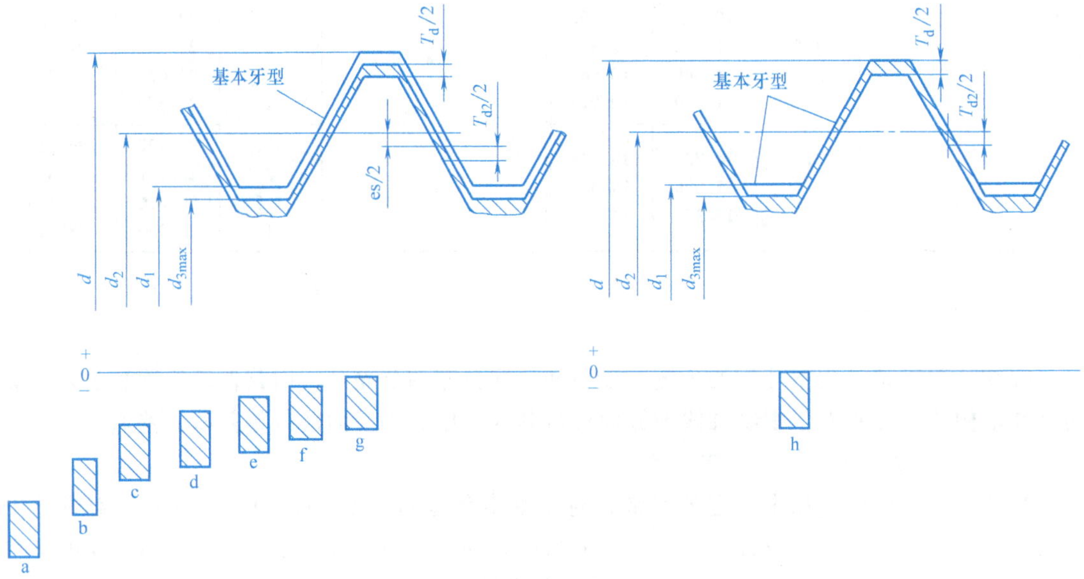

图 6-13　外螺纹公差带的位置

T_d—外螺纹大径公差　T_{d2}—外螺纹中径公差　es—外螺纹中径基本偏差

表 6-9　普通螺纹的基本偏差（摘自 GB/T 197—2018）

螺距 P /mm	内螺纹		外螺纹							
	G	H	a	b	c	d	e	f	g	h
	EI/μm		es/μm							
0.75	+22		—	—	—	—	-56	-38	-22	
0.8	+24		—	—	—	—	-60	-38	-24	
1	+26		-290	-200	-130	-85	-60	-40	-26	
1.25	+28		-295	-205	-135	-90	-63	-42	-28	
1.5	+32	0	-300	-212	-140	-95	-67	-45	-32	0
1.75	+34		-310	-220	-145	-100	-71	-48	-34	
2	+38		-315	-225	-150	-105	-71	-52	-38	
2.5	+42		-325	-235	-160	-110	-80	-58	-42	
3	+48		-335	-245	-170	-115	-85	-63	-48	

表 6-10　普通螺纹的公差等级

螺纹直径	公差等级	螺纹直径	公差等级
内螺纹中径 D_2	4,5,6,7,8	外螺纹中径 d_2	3,4,5,6,7,8,9
内螺纹小径 D_1	4,5,6,7,8	外螺纹大径 d_1	4,6,8

表 6-11　普通螺纹的顶径公差（摘自 GB/T 197—2018）

螺距 P /mm	内螺纹小径公差 T_{D1}/μm					外螺纹大径公差 T_{d1}/μm		
	4	5	6	7	8	4	6	8
0.75	118	150	190	236	—	90	140	—
0.8	125	160	200	250	315	95	150	236
1	150	190	236	300	375	112	180	280
1.25	170	212	265	335	425	132	212	335
1.5	190	236	300	375	475	150	236	375
1.75	212	265	335	425	530	170	265	425
2	236	300	375	475	600	180	280	450
2.5	280	355	450	560	710	212	335	530
3	315	400	500	630	800	236	375	600

表 6-12　普通螺纹的中径公差（摘自 GB/T 197—2018）

基本大径 D/mm		螺距 P/mm	内螺纹中径公差 T_{D2}/μm					外螺纹中径公差 T_{d2}/μm						
			公差等级					公差等级						
>	≤		4	5	6	7	8	3	4	5	6	7	8	9
5.6	11.2	0.75	85	106	132	170	—	50	63	80	100	125	—	—
		1	95	118	150	190	236	56	71	95	112	140	180	224
		1.25	100	125	160	200	250	60	75	95	118	150	190	236
		1.5	112	140	180	224	280	67	85	106	132	170	212	295
11.2	22.4	1	100	125	160	200	250	60	75	95	118	150	190	236
		1.25	112	140	180	224	280	67	85	106	132	170	212	265
		1.5	118	150	190	236	300	71	90	112	140	180	224	280
		1.75	125	160	200	250	315	75	95	118	150	190	236	300
		2	132	170	212	265	335	80	100	125	160	200	250	315
		2.5	140	180	224	280	355	85	106	132	170	212	265	335
22.4	45	1	106	132	170	212	—	63	80	100	125	160	200	250
		1.5	125	160	200	250	315	75	95	118	150	190	236	300
		2	140	180	224	280	355	85	106	132	170	212	265	335
		3	170	212	265	335	425	100	125	160	200	250	315	400
		3.5	180	224	280	355	450	106	132	170	212	265	335	425
		4	190	236	300	375	415	112	140	180	224	280	355	450
		4.5	200	250	315	400	500	118	150	190	236	300	375	475

表 6-13　螺纹的旋合长度（摘自 GB/T 197—2018）　　（单位：mm）

公称直径 D,d		螺距 P	旋合长度			
			S	N		L
>	≤		≤	>	≤	>
5.6	11.2	0.75	2.4	2.4	7.1	7.1
		1	3	3	9	9
		1.25	4	4	12	12
		1.5	5	5	15	15
11.2	22.4	1	3.8	3.8	11	11
		1.25	4.5	4.5	13	13
		1.5	5.6	5.6	16	16
		1.75	6	6	18	18
		2	8	8	24	24
		2.5	10	10	30	30

螺纹的公差带按 3 组旋合长度给出了精密级、中等级和粗糙级 3 个等级，见表 6-14。精密级用于配合性质要求稳定及保证定位精度的场合；中等级用于一般螺纹连接，如应用在一般的机器、仪器和机构中；粗糙级用于精度要求不高或制造较困难的螺纹。

表 6-14　普通螺纹推荐公差带（摘自 GB/T 197—2018）

	公差精度	公差带位置 G			公差带位置 H		
		S	N	L	S	N	L
内螺纹	精密	—	—	—	4H	5H	6H
	中等	(5G)	6G *	(7G)	5H *	6H *	7H *
	粗糙	—	(7G)	(8G)	—	7H	8H

	公差精度	公差带位置 e			公差带位置 f			公差带位置 g			公差带位置 h		
		S	N	L	S	N	L	S	N	L	S	N	L
外螺纹	精密	—	—	—	—	—	—	—	(4g)	(5g4g)	(3h4h)	4h *	(5h4h)
	中等	—	6e *	(7e6e)	—	6f *	—	(5g6g)	6g	(7g6g)	(5h6h)	6h	(7h6h)
	粗糙		(8e)	(9e8e)	—	—	—	—	8g	(9g8g)	—	—	—

注：其中大量生产的紧固螺纹，推荐采用带方框的公差带；带“*”的公差带应优先选用，其次是不带“*”的公差带；括号内的公差带尽量不用。

内、外螺纹的公差带组合可得到多种供选用的螺纹配合，螺纹配合的选用主要根据使用要求来确定。为了保证螺母、螺栓旋合后的同轴度及连接强度，一般选用最小间隙为零的 H/h 配合。为了便于装拆、提高效率及改善螺纹的疲劳强度，可以选用 H/g 或 G/h 配合。对单件、小批量生产的螺纹，可选用最小间隙为零的 H/h 配合。对需要涂镀或在高温下工作的螺纹，通常选用 H/g、H/e 等较大间隙的配合。

五、螺纹标记

完整的螺纹标记依次由普通螺纹特征代号（M）、尺寸代号（公称直径×螺距，单位为 mm）、公差带代号及其他信息（旋合长度组代号、旋向代号）组成，并且尺寸代号、公差带代号、旋合长度组代号和旋向代号之间各用短横线“-”分开。例如：

M　12 × 1-5h6h-L-LH

M—螺纹特征代号

12 × 1—尺寸代号（公称直径为 12mm，单线细牙螺纹，螺距为 1mm）

5h6h—外螺纹公差带代号（中径公差带代号 5h，顶径公差带代号 6h）

L—旋合长度组代号

LH—左旋旋向代号

表示内、外螺纹配合时，内螺纹公差带代号在前，外螺纹公差带代号在后，中间用斜线分开。例如，M20×2-7H/7g6g-L。

标注螺纹标记时应注意：粗牙螺纹不标注其螺距数值；中等旋合长度组代号（N）不标注；右旋螺纹不标注旋向代号。此外，对于中等公差精度螺纹，公称直径 D（或 d）≥1.6mm 的 6H、6g 公差带和公称直径 D（或 d）≤1.4mm 的 5H、6h 公差带的代号不标注。

示例：

1）公称直径 10mm、中径公差带为 5g、顶径公差带为 6g 的细牙外螺纹：M10×1-5g6g。中径公差带和顶径公差带均为 6g 的粗牙外螺纹：M10-6g。

2）公称直径 10mm、中径公差带为 5H、顶径公差带为 6H 的细牙内螺纹：M10×1-5H6H。中径公差带和顶径公差带均为 6H 的粗牙内螺纹：M10-6H。

六、螺纹的测量

普通螺纹具有多参数要素，其检测方法可分为综合检验和单项测量两类。

1. 综合检验

综合检验是使用螺纹量规检验被测螺纹各个几何参数的误差的综合结果。用量规的通规检验被测螺纹的作用中径（含底径），用止规检验被测螺纹的单一中径，还要用光滑极限量规检验被测螺纹顶径的实际尺寸。

检验内螺纹的量规称为螺纹塞规，检验外螺纹的量规称为螺纹环规。

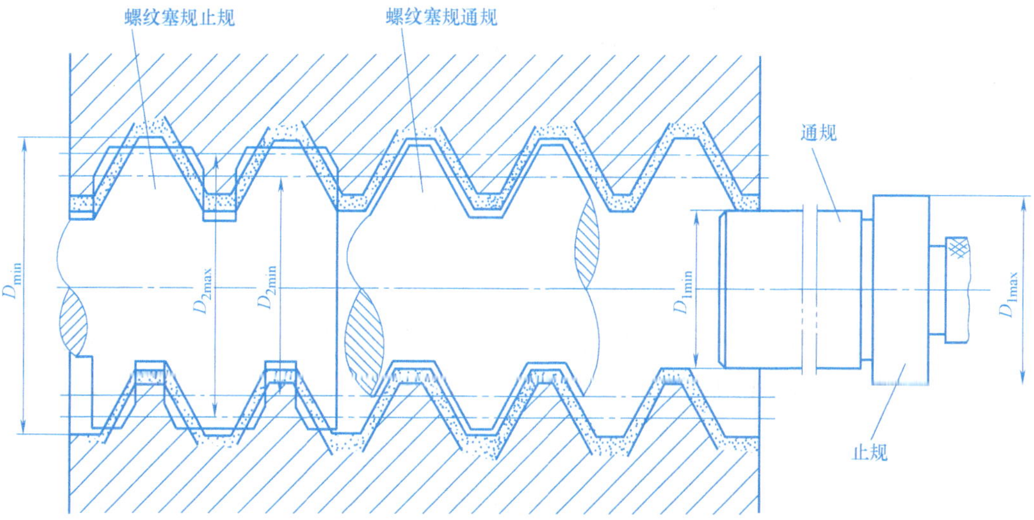

图 6-14　用螺纹塞规和光滑极限塞规检验内螺纹

如图 6-14 和图 6-15 所示，螺纹量规通规模拟体现被测螺纹的最大实体牙型，检验被测螺纹的作用中径是否超出其最大实体牙型的中径，并同时检验被测螺纹底径的实际尺寸是否超出其最大实体尺寸。因此，通规应具有完整的牙型，并且其螺纹的长度应等于被测螺纹的旋合长度。止规用来检验被测螺纹的单一中径是否超出其最小实体牙型的中径，因此止规采用截短牙型，并且只有 2~3 个螺距的螺纹长度，以减少牙侧角偏差和螺距误差对检验结果的影响。

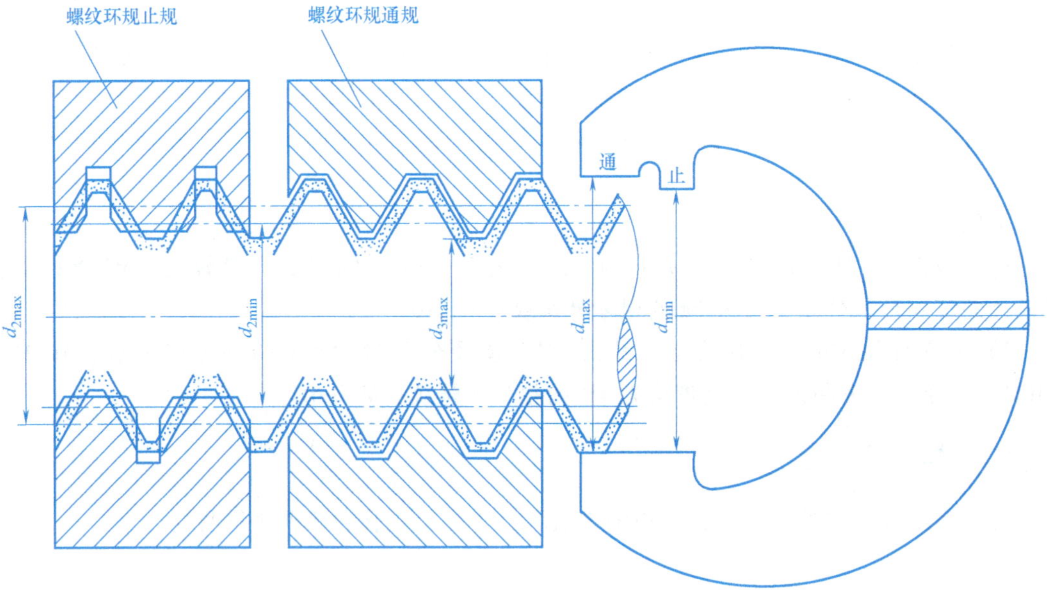

图 6-15　用螺纹环规和光滑极限卡规检验外螺纹

用螺纹量规检验时，若通规能够旋合通过整个被测螺纹，则认为旋合性合格，否则不合格；如果止规不能旋入或不能完全旋入被测螺纹（只允许与被测螺纹的两端旋合，旋合量不得超过两个螺距），则认为连接强度合格，否则不合格。

螺纹量规通规、止规以及检验螺纹顶径用的光滑极限量规的设计计算，详见 GB/T 3934—2003《普通螺纹量规　技术条件》。

2. 单项测量

单项测量是指对被测螺纹的各个实际几何参数分别进行测量，主要用于测量精密螺纹、螺纹量规、螺纹刀具和丝杠螺纹。常用的单项测量方法有以下几种。

（1）三针法测量螺纹中径　三针法测量螺纹中径属于间接测量法。如图 6-16 所示，将 3 根直径相同的精密量针分别放入被测螺纹直径方向的两边沟槽中，与牙型两侧面接触，然后用指示式量仪测量这 3 根量针外侧素线之间的距离（跨针距）M。根据测得的跨针距 M、被测螺纹螺距的基本值 P、牙型半角 $\alpha/2$ 和量针直径 d_0，计算出被测螺纹的单一中径为

$$d_{2s}=M-d_0\left(1+\frac{1}{\sin\frac{\alpha}{2}}\right)+\frac{P}{2}\cot\frac{\alpha}{2}$$

可见，影响螺纹单一中径测量精度的因素有：跨针距 M 的测量误差，量针的尺寸偏差和形状误差，被测螺纹的螺距偏差和牙侧角偏差。

为了避免牙侧角偏差对测量结果的影响，应使量针与被测螺纹牙型沟槽的两个接触点间的轴向距离等于螺距基本值的一半（$P/2$），可得最佳的量针直径 d_0（最佳）的计算公式为

$$d_{0(\text{最佳})}=\frac{P}{2\cos\frac{\alpha}{2}}$$

用三针法测量外螺纹单一中径时，应尽量选用具有最佳直径的量针。

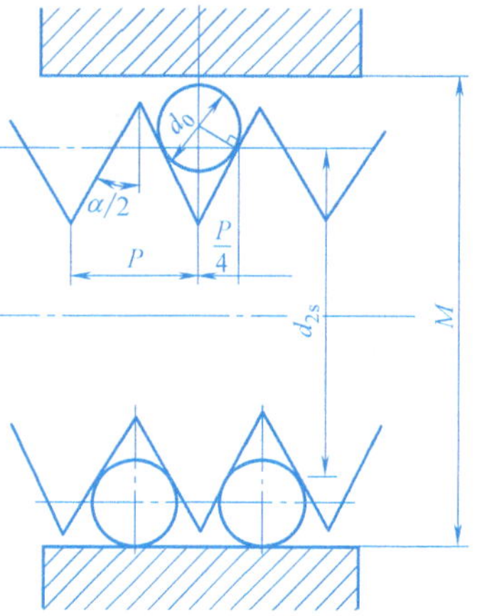

图 6-16　三针法测量螺纹中径

（2）影像法测量外螺纹几何参数　影像法测量外螺纹几何参数是指用工具显微镜将被测外螺纹牙型轮廓放大成像，按被测外螺纹的影像来测量其螺距、牙侧角和中径，也可测量其大径和小径。

（3）用螺纹千分尺测量外螺纹中径　螺纹千分尺是生产车间测量低精度外螺纹中径的常用量具。它的构造与普通外径千分尺相似，只是在两量砧上分别安装了可更换的锥形测头和 V 形槽测头。螺纹千分尺带有一套不同规格的测头，以测量不同螺距的外螺纹。

七、普通螺纹合格性的判断

螺纹的检测手段是多种多样的，应根据螺纹的不同使用场合及螺纹加工条件，由产品设计者自己决定采用何种检验手段，来判断被测螺纹合格与否。

对于生产批量不大的螺纹，或者为了查找螺纹加工误差的产生原因，可以用工具显微镜、螺纹千分尺、三针法等分别测出螺纹的单一中径、螺距误差和牙侧角偏差。对于生产批量较大的螺纹，可以按泰勒原则使用螺纹量规检验，来判断被测螺纹的旋合性和连接强度合格与否。

如图 6-17 所示，泰勒原则是指为了保证旋合性，实际螺纹的作用中径应不超出最大实

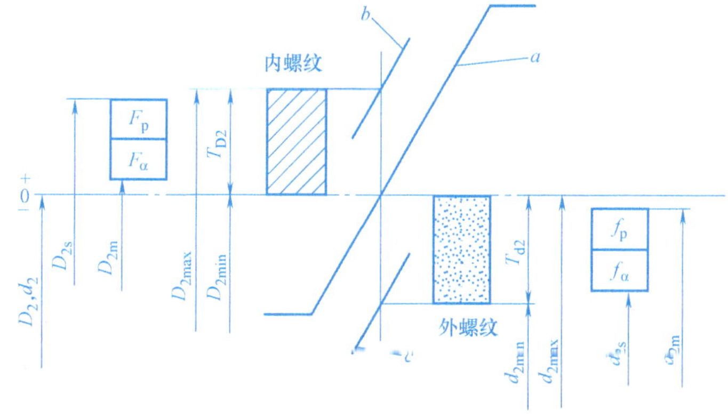

图 6-17　泰勒原则

a—内、外螺纹最大实体牙型　b—内螺纹最小实体牙型　c—外螺纹最小实体牙型　D_{2max}、D_{2min}—内螺纹中径上、下极限尺寸　D_{2s}—内螺纹单一中径　D_{2m}—内螺纹作用中径　d_{2max}、d_{2min}—外螺纹中径上、下极限尺寸　d_{2s}—外螺纹单一中径　d_{2m}—外螺纹作用中径　T_{D2}、T_{d2}—内、外螺纹中径公差　F_p、f_p—螺距累积偏差中径当量　F_α、f_α—牙型半角偏差的中径当量

体牙型的中径；为了保证连接强度，该实际螺纹任何部位的单一中径应不超出最小实体牙型的中径。

所谓最大和最小实体牙型是指在螺纹中径公差范围内，分别具有材料量最多和最少且具有与基本牙型一致的螺纹牙型。外螺纹的最大和最小实体牙型中径分别等于其中径上、下极限尺寸 d_{2max}、d_{2min}，内螺纹的最大和最小实体牙型中径分别等于其中径下极限尺寸和上极限尺寸 D_{2min}、D_{2max}。

按泰勒原则，螺纹中径的合格条件如下：

对于外螺纹

$$d_{2m} \leqslant d_{2max} \quad 且 \quad d_{2s} \geqslant d_{2min}$$

对于内螺纹

$$D_{2m} \geqslant D_{2min} \quad 且 \quad D_{2s} \leqslant D_{2max}$$

任务实施

图 6-8 所示锥度短轴中的螺纹标记为 M24×2-7g，它的含义是公称直径为 24mm，螺距为 2mm，中径公差带和顶径公差带为 6g 的细牙外螺纹。

自检自查

解释图 6-18 和图 6-19 中的螺纹标记方法。

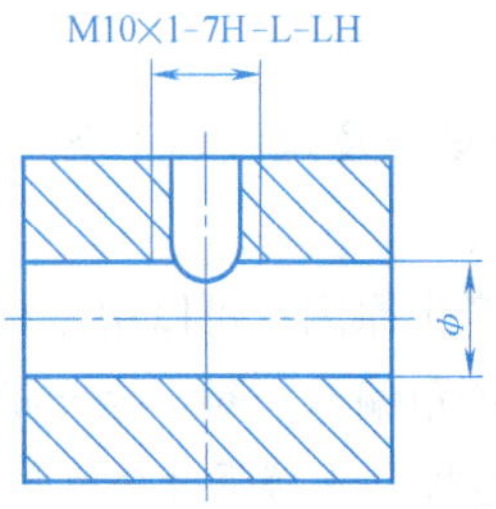

图 6-18　内螺纹标注

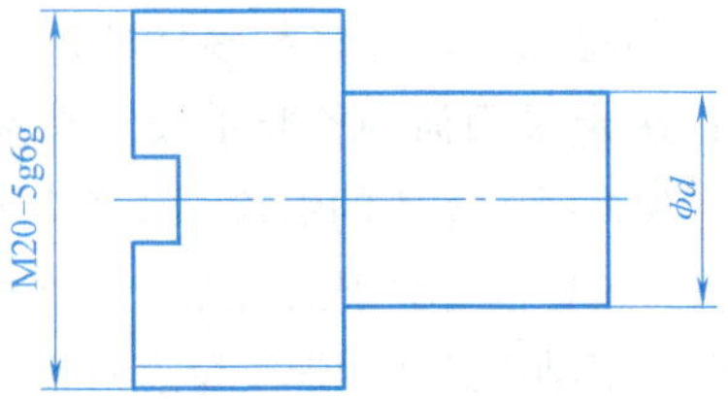

图 6-19　外螺纹标注

任务三　圆锥配合的精度分析及检测

任务导入

圆锥配合是机器、仪器及工具结构中常用的典型配合。圆锥配合与圆柱配合相比较，具有同轴度高、紧密性好、间隙或过盈可以调整、可利用摩擦力来传递转矩等优点。但是，圆锥配合在结构上比较复杂，影响其互换性的参数较多，加工和检测也较困难。图 6-20 所示是锥度连接套（锥套），读图并思考下列问题。

1）圆锥有哪些几何参数？如何标注？

2）国家标准关于圆锥公差有何规定？如何选择？

3）如何测量圆锥角度？

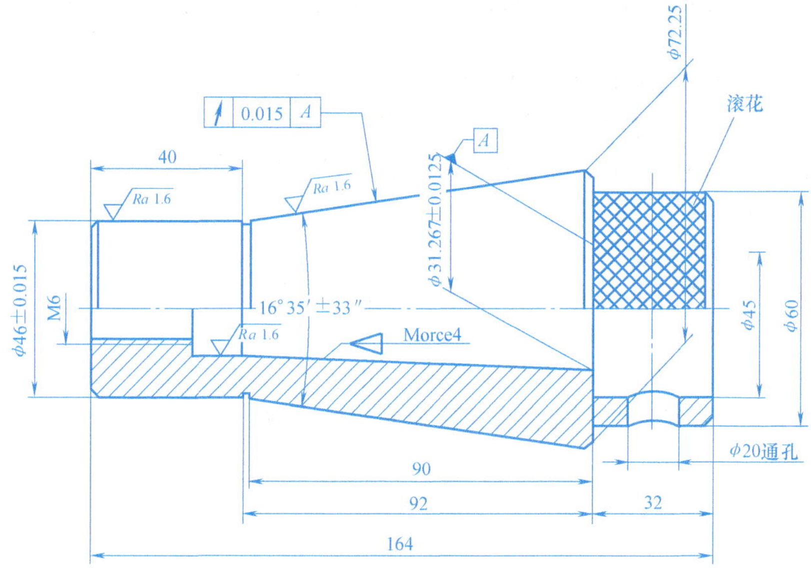

图 6-20　锥度连接套（锥套）

基本知识

导入问题 1：圆锥有哪些几何参数？如何标注？

一、圆锥及其配合的主要几何参数

圆锥分内圆锥（圆锥孔）和外圆锥（圆锥轴）两种，其主要几何参数为圆锥角、圆锥直径、圆锥长度和锥度等，如图 6-21 所示。

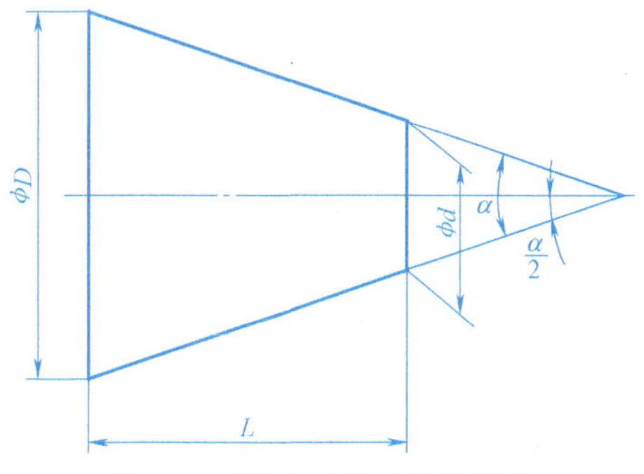

图 6-21　圆锥的主要几何参数

（1）圆锥角 α　在通过圆锥轴线的截面内，两条素线间的夹角。

（2）圆锥直径　圆锥在垂直于其轴线的截面上的直径，常用的圆锥直径有最大圆锥直径 D、最小圆锥直径 d。

（3）圆锥长度 L　最大圆锥直径截面与最小圆锥直径截面之间的轴向距离。

（4）锥度 C　两个垂直于圆锥轴线的截面上的圆锥直径之差与该两截面间的轴向距离之比。例如最大圆锥直径 D 与最小圆锥直径 d 之差对圆锥长度 L 之比，即

$$C=\frac{D-d}{L} \tag{6-1}$$

锥度 C 与圆锥角 α 的关系为

$$C=2\tan\frac{\alpha}{2} \tag{6-2}$$

锥度一般用比例或分数表示，例如 $C=1:5$ 或 $C=1/5$。

光滑圆锥的锥度已标准化，GB/T 157—2001 规定了一般用途和特殊用途的锥度与圆锥角系列。为了尽可能减少生产圆锥零件所需要的定值刀具、量具的种类和规格，在设计圆锥零件时应选择标准锥度或标准锥角。

锥度的标注如图 6-22 所示。在图样上标注了锥度，就不必标注圆锥角，两者不应重复标注。此外，对圆锥只要标注了最大圆锥直径和最小圆锥直径中的一个及圆锥长度、圆锥角（或锥度），则该圆锥就完全确定。

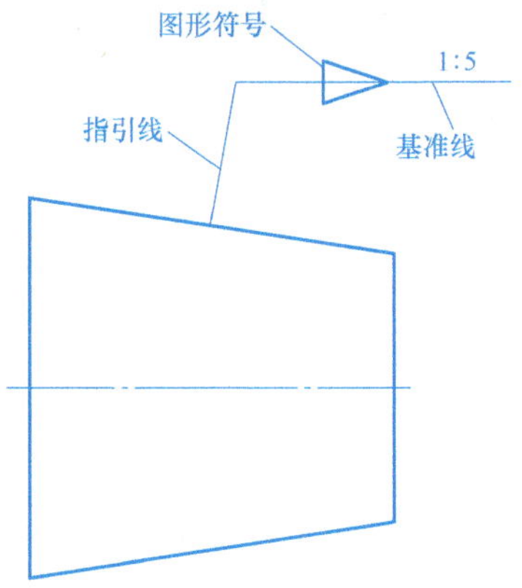

图 6-22　锥度的标注

导入问题 2：国家标准关于圆锥公差有何规定？如何选择？

二、有关圆锥公差的术语

1. 公称圆锥

公称圆锥是指设计时给定的圆锥，它是理想圆锥。它的尺寸分别为公称圆锥直径、公称圆锥角（或公称锥度）和公称圆锥长度。

2. 极限圆锥、圆锥直径公差和圆锥直径公差区

极限圆锥是指与公称圆锥共轴线且圆锥角相等、直径分别为上极限尺寸和下极限尺寸的两个圆锥，如图 6-23 所示。在垂直于圆锥轴线的所有截面上，这两个圆锥的直径差都相等。直径为上极限尺寸（D_{max}、d_{max}）的圆锥称为上极限圆锥，直径为下极限尺寸（D_{min}、d_{min}）的圆锥称为下极限圆锥。

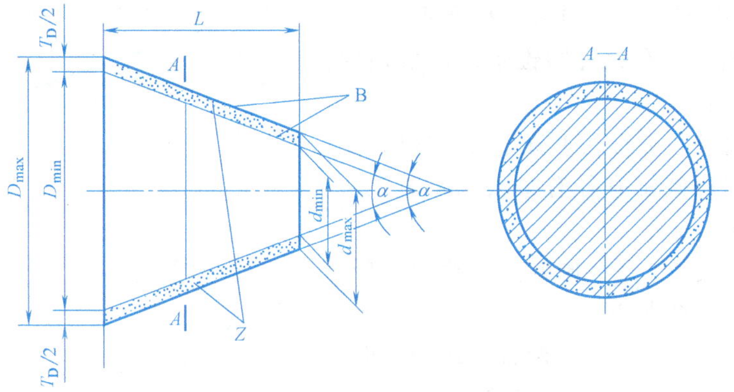

图 6-23　极限圆锥 B 和圆锥直径公差区 Z

圆锥直径公差 T_D 是指圆锥直径允许的变动量，圆锥直径公差在整个圆锥长度内都适用。两个极限圆锥 B 所限定的区域称为圆锥直径公差区 Z。

3. 极限圆锥角、圆锥角公差和圆锥角公差区

极限圆锥角是指允许的上极限圆锥角和下极限圆锥角，它们分别用符号 α_{max} 和 α_{min} 表示，如图 6-24 所示。圆锥角公差是指圆锥角的允许变动量。当圆锥角公差以弧度或角度为

单位时，用代号 AT_{α} 表示；以长度为单位时，用代号 AT_{D} 表示。极限圆锥角 α_{max} 和 α_{min} 所限定的区域称为圆锥角公差区 Z_{α}。

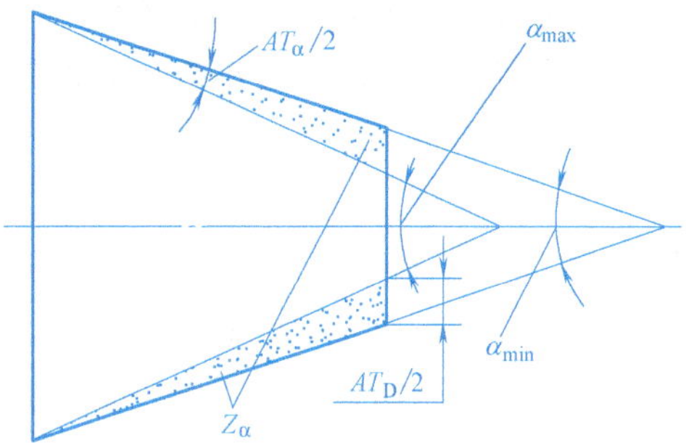

图 6-24　极限圆锥角和圆锥角公差区 Z_{α}

三、圆锥公差的选择

为了保证内、外圆锥的互换性和满足使用要求，对内、外圆锥规定的公差项目如下。

1. 圆锥直径公差

圆锥直径公差 T_D 以公称圆锥直径（一般取最大圆锥直径 D）为公称尺寸，按 GB/T 1800.2—2020 规定的标准公差选取，其数值适用于圆锥长度范围内的所有圆锥直径。

2. 圆锥角公差

圆锥角公差 AT 共分 12 个公差等级，分别用 AT1、AT2、…、AT12 表示，其中 AT1 精度最高，等级依次降低，AT12 精度最低。GB/T 11334—2005《产品几何量技术规范（GPS）　圆锥公差》规定的圆锥角公差的数值见表 6-15。

表 6-15　圆锥角公差（摘自 GB/T 11334—2005）

公称圆锥长度 L/mm	AT5			AT6			AT7		
	AT_{α}		AT_D	AT_{α}		AT_D	AT_{α}		AT_D
	μrad	(″)	μm	μrad	(″)	μm	μrad	(′)(″)	μm
>25~40	160	33″	>4.0~6.3	250	52″	>6.3~10.0	400	1′22″	>10.0~16.0
>40~63	125	26″	>5.0~8.0	200	41″	>8.0~12.5	315	1′05″	>12.5~20.0
>63~100	100	21″	>6.3~10.0	160	33″	>10.0~16.0	250	52″	>16.0~25.0
>100~160	80	16″	>8.0~12.5	125	26″	>12.5~20.0	200	41″	>20.0~32.0
>160~250	63	13″	>10.0~16.0	100	21″	>16.0~25.0	160	33″	>25.0~40.0

公称圆锥长度 L/mm	AT8			AT9			AT10		
	AT_{α}		AT_D	AT_{α}		AT_D	AT_{α}		AT_D
	μrad	(′)(″)	μm	μrad	(′)(″)	μm	μrad	(′)(″)	μm
>25~40	630	1′43″	>16.0~20.5	1000	3′26″	>25~40	1600	5′30″	>40~63
>40~63	500	1′22″	>20.0~32.0	800	2′45″	>32~50	1250	4′18″	>50~80
>63~100	400	1′05″	>25.0~40.0	630	2′10″	>40~63	1000	3′26″	>63~100
>100~160	315	52″	>32.0~50.0	500	1′43″	>50~80	800	2′45″	>80~125
>160~250	250		>40.0~63.0	400	1′22″	>63~100	630	2′10″	>100~160

常用的锥角公差等级 AT4~AT12 的应用举例如下：

AT4~AT6 用于高精度的圆锥量规和角度样板。

AT7~AT9 用于工具圆锥、圆锥销、传递大转矩的摩擦圆锥。

AT10、AT11 用于圆锥套、锥齿轮等中等精度零件。

AT12 用于低精度的零件。

各个公差等级所对应的圆锥角公差值的大小与圆锥长度有关，圆锥角公差值随着圆锥长度的增加反而减小，这是因为圆锥长度越大，加工时其圆锥角精度越容易保证。圆锥角公差

值的线性值 AT_D 在圆锥长度的每个尺寸分段中是一个范围值，每个 AT_D 首尾两端的值分别对应尺寸分段的最大值和最小值。若需要知道每个尺寸分段对应的 AT_D 值，可用与 AT_D 的换算关系计算而得

$$AT_D = AT_\alpha \times L \times 10^{-3} \tag{6-3}$$

式中，AT_D、AT_α 和圆锥长度 L 的单位分别为 μm、μrad 和 mm。

圆锥角的极限偏差可按单向取值（$\alpha^{+AT_\alpha}_{\ 0}$ 或 $\alpha^{\ 0}_{-AT_\alpha}$）或者双向对称取值（$\alpha \pm AT_\alpha/2$）。为了保证内、外圆锥接触的均匀性，圆锥角公差区通常采用对称于公称圆锥角分布。

3. 圆锥的形状公差

圆锥的形状公差包括素线直线度公差和横截面圆度公差。在图样上可以标注圆锥的这两项形状公差或其中某一项公差，或者标注圆锥的面轮廓度公差。

4. 圆锥公差的给定和标注

只有具有相同的公称圆锥角（或公称锥度），同时标注直径公差的圆锥直径也具有相同的公称尺寸的内、外圆锥才能相互配合。在图样上标注配合内、外圆锥的尺寸和公差的方法有下列 3 种。

1）如图 6-25 所示，给出圆锥的理论正确圆锥角 $\boxed{\alpha}$（或锥度 $\boxed{C}$）、理论正确圆锥直径（$\boxed{D}$ 或 $\boxed{d}$）和圆锥长度 L，并标注面轮廓度公差值。必要时，还可以给出附加的形状公差值，但只占面轮廓度公差的一部分，形状误差在面轮廓度公差带内浮动。此法适用于有配合要求的结构型内、外圆锥，是常用的圆锥公差给定方法。由面轮廓度公差带确定上、下极限圆锥，将圆锥的直径偏差、圆锥角偏差、素线直线度误差和横截面圆度误差等都控制在面轮廓度公差带内。

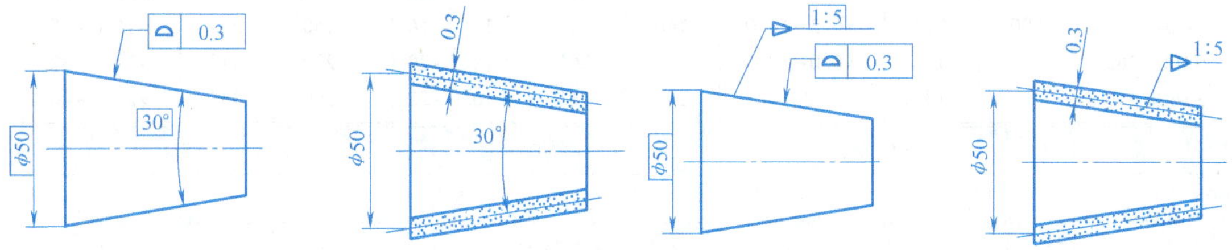

图 6-25　标注圆锥公差的方法一

2）如图 6-26 所示，给出圆锥的理论正确圆锥角 $\boxed{\alpha}$ 和圆锥长度 L，标注基本圆锥直径（D 或 d）及其极限偏差（按相对于该直径对称分布取值）。其特征是按圆锥直径为最大和

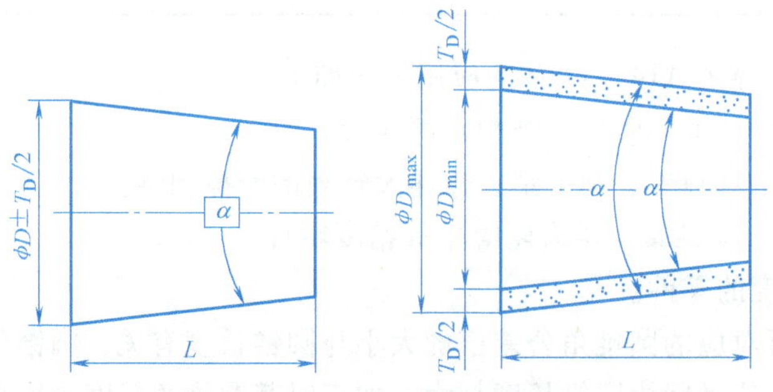

图 6-26　标注圆锥公差的方法二

最小实体尺寸构成的同轴圆锥面来形成两个具有理想形状的包容面公差带。实际圆锥处处不得超越这两个包容面。此法适用于有配合要求的结构型和位移型内、外圆锥。

3）如图 6-27 所示，同时给出最大（或最小）圆锥直径的极限偏差和圆锥角极限偏差，并标注圆锥长度。它们各自独立，分别满足各自的要求。此法适用于非配合圆锥，也适用于对某给定截面直径有较高要求的圆锥。

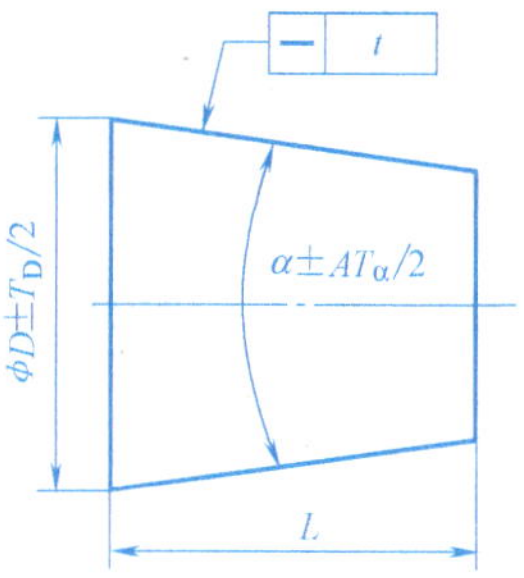

图 6-27　标注圆锥公差的方法三

应当指出，无论采用哪种标注方法，若有需要，可附加给出更高的素线直线度、横截面圆度公差要求；对于轮廓度法和公称锥度法，还可附加给出严格的圆锥角公差。

导入问题 3：如何测量圆锥角度？

四、直接测量圆锥角

直接测量圆锥角是指用游标万能角度尺、光学测角仪等计量器具测量实际圆锥角的数值。

五、用量规检验圆锥角偏差

内、外圆锥的圆锥角实际偏差可分别用圆锥量规检验。如图 6-28 所示，被测内圆锥用圆锥塞规检验，被测外圆锥用圆锥环规检验。检验内圆锥的圆锥角偏差时，在圆锥塞规工作表面素线全长上，涂 3 ~ 4 条极薄的显示剂；检验外圆锥的圆锥角偏差时，在被测外圆锥表面素线全长上，涂 3 ~ 4 条极薄的显示剂，然后把量规与被测圆锥对研（来回旋转应小于 180°）。根据被测圆锥上的着色或量规上擦掉的痕迹，来判断被测圆锥角的实际值合格与否。

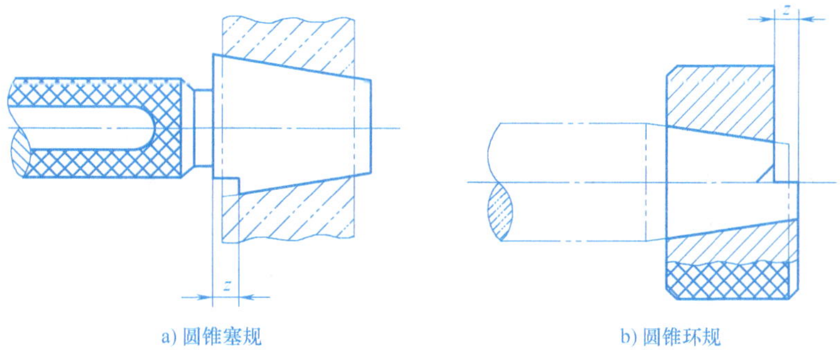

a) 圆锥塞规　　b) 圆锥环规

图 6-28　用圆锥量规检验圆锥角偏差

此外，在量规的基准端部刻有两条刻线（凹缺口），它们之间的距离为 z，用以检验被测圆锥的实际直径偏差、圆锥角的实际偏差和形状误差的综合结果产生的基面距偏差。若被测圆锥的基准平面位于量规这两条线之间，则表示该综合结果合格。

六、间接测量圆锥角

间接测量圆锥角是指测量与被测圆锥角有一定函数关系的若干线性尺寸，然后计算出被测圆锥角的实际值。通常使用指示式计量器具和正弦规、量块、滚子、钢球进行测量。

图 6-29 所示为利用正弦规、量块和指示表测量圆锥角的示例。测量时，将尺寸为 h 的量块组 4 安放在平板 5 的工作面（测量基准）上，然后把正弦规 3 的两个圆柱分别放置在平

板 5 的工作面上和量块组 4 的上测量面上。

根据被测圆锥的公称圆锥角 α 和正弦规两圆柱的中心距 L 计算量块组的尺寸 $h=L\sin\alpha$。

如果被测圆锥的实际圆锥角等于 α，则该圆锥最高的素线必然平行于平板 5 的工作面，由指示表 1 在最高素线两端的 A、B 两点测得的示值相同，否则在 A、B 两点测得的示值就不相同。令指示表在 A、B 两点测得的示值分别为 M_A（μm）和 M_B（μm），用普通量具测得的 A、B 两点间的距离为 l（mm），则被测圆锥角偏差 $\Delta\alpha=206\dfrac{M_A-M_B}{l}$（″）。

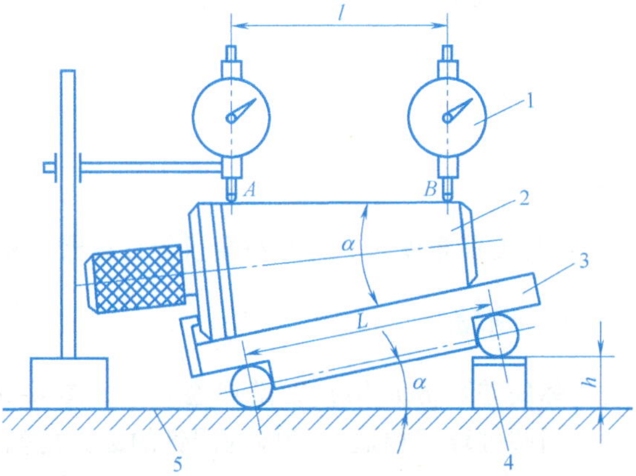

图 6-29　用正弦规测量圆锥角

1—指示表　2—被测圆锥　3—正弦规　4—量块组　5—平板

L—正弦规两个圆柱的中心距　h—量块组 4 的尺寸　α—公称圆锥角

任务实施

1）图 6-20 中标出的圆锥参数有最小圆锥直径、圆锥角和圆锥长度。

2）国家标准关于圆锥公差有 3 种规定，图 6-20 中同时给出了最小圆锥直径的极限偏差和圆锥角极限偏差，并标注圆锥长度。它们各自独立，分别满足各自的要求。

3）圆锥角的测量方法很多，可采用直径测量也可以采用间接测量。批量生产的还可以用量规进行测量。

自检自查

1. 圆锥的主要几何参数有（　　）、（　　）、（　　）。
2. 试述圆锥配合的优点（与圆柱配合比较）。
3. 试述圆锥角和锥度的定义。它们之间有什么关系？

任务四　圆柱齿轮传动精度的选择与检测

任务导入

某学校加工一批齿轮，其中齿轮零件图如图 6-30 所示。

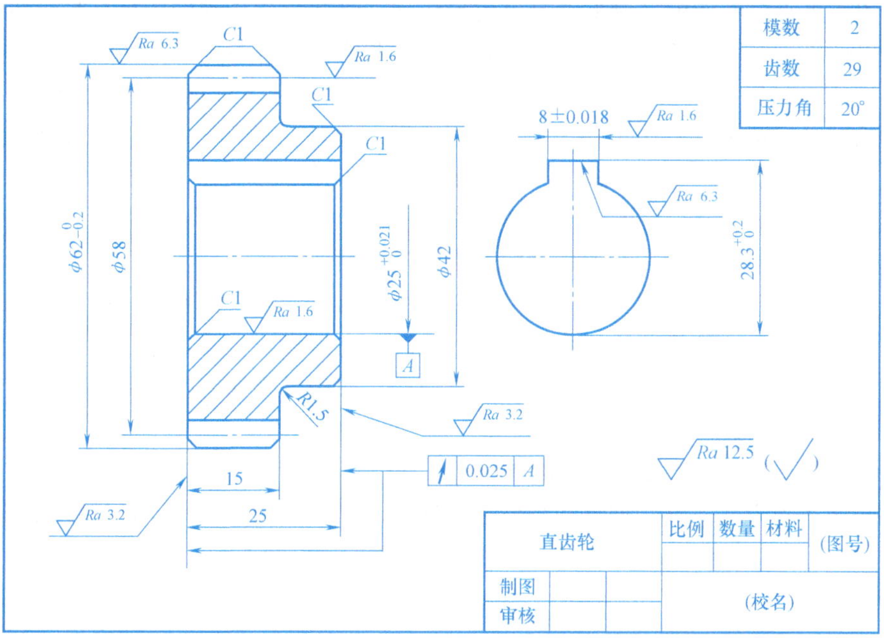

图 6-30　齿轮零件图

请大家思考：

1）齿轮有什么使用要求？

2）如何保证齿轮的使用要求？

3）圆柱齿轮的检测方法有哪些？

基本知识

导入问题 1：齿轮有什么使用要求？

一、圆柱齿轮传动的要求

对齿轮传动的使用要求可以归纳为以下 4 个方面。

1. 齿轮传递运动的准确性

要求齿轮在一转范围内，最大转角误差应限制在一定范围内，传动比变化尽量小，以保证主、从动齿轮的运动协调。

2. 齿轮的传动平稳性

要求齿轮回转过程中瞬时传动比变化尽量小，以保证低噪声、低冲击和小振动。

3. 载荷分布的均匀性

要求齿轮啮合时，工作齿面接触良好，载荷分布均匀，避免载荷集中于局部齿面而造成齿面磨损，以保证齿轮传动有较大的承载能力和较长的使用寿命。

4. 合理的侧隙

齿轮副应具有适当的侧隙，以储存润滑油，补偿热变形和弹性变形，防止齿轮在工作中发生齿面烧蚀或卡死，以使齿轮副能够正常工作。

上述 4 项使用要求中，前 3 项是对齿轮的精度要求。不同用途的齿轮及齿轮副，对 3 项精度要求的侧重点是不同的。例如，分度齿轮传动、读数齿轮传动的侧重点是传递运动的准确性，以保证主、从动齿轮的运动协调一致；机床和汽车变速器中的变速齿轮传动的侧重点是传动平稳性和载荷分布均匀性，以降低振动和噪声并保证承载能力；重型机械（如轧钢机、矿山机械、起重机械）中传递动力的低速重载齿轮传动的侧重点是载荷分布的均匀性，以保证承载能力；涡轮机中的高速重载齿轮传动，由于传递功率大，圆周速度高，对3项精度都有较高的要求。因此，对不同用途的齿轮和不同侧重的精度要求，应规定不同的精度等级，以适应不同的使用要求，获得最佳的技术经济效益。

侧隙与前3项使用要求有所不同，是独立于精度要求的另一类要求。齿轮副所要求的侧隙的大小，主要取决于齿轮副的工作条件。对重载、高速齿轮传动，由于受力、受热变形较大，侧隙应大些，以补偿较大的变形和使润滑畅通；而经常正转、逆转的齿轮，为了减小回程误差，应适当减小侧隙。

导入问题2：如何保证齿轮的使用要求？

机器和仪器中齿轮、轴、轴承和箱体等零部件的制造误差和安装误差都影响齿轮传动的4项使用要求，其中齿轮加工误差和齿轮副安装误差的影响极大。

二、影响齿轮使用要求的主要误差

1. 影响齿轮传递运动准确性的主要误差

影响齿轮传递运动准确性的误差，是齿轮齿距分布不均匀而产生的以齿轮一转为周期的误差，主要来源于齿轮几何偏心和运动偏心。下面以应用较广的滚齿加工过程来分析齿轮加工误差。

如图6-31所示，滚齿过程是滚刀6与齿轮坯2强制啮合的过程。滚刀的纵向剖切面形状为标准齿条，滚刀每转过一转，该齿条移动一个齿距。齿轮坯安装在工作台3的心轴1上，通过分齿传动链，使得滚刀转过一转时，工作台恰好转过一个齿距角。滚刀和工作台连续回转，切出所有轮齿的齿廓。滚刀架沿滚齿机刀架导轨移动，使滚刀切出整个齿宽上的齿廓。滚刀切入齿轮坯的深度，决定齿轮齿厚的大小。在滚齿过程中，被切齿轮不可避免地存在几何偏心和运动偏心。

（1）齿轮几何偏心　齿轮几何偏心是指齿轮坯在机床工作台心轴上的安装偏心（图6-31中e_1）。

（2）齿轮运动偏心　齿轮运动偏心是指机床分度蜗轮有加工误差以及与工作台有安装偏心（图6-31中e_2）。

齿轮几何偏心和运动偏心是同时存在的。两者皆造成以齿轮基准孔中心为圆心的圆周上各个齿距分布不均匀，且以齿轮一转为周期。它们可能叠加，也可能抵消。齿轮传递运动准确性的精度，应以两者综合造成的各个齿距分

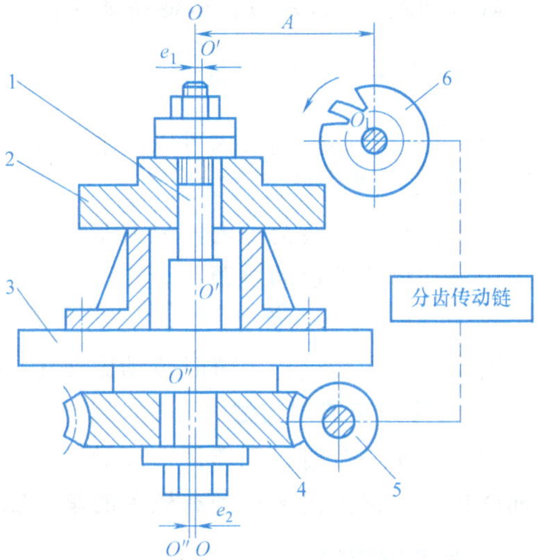

图6-31　滚齿加工

1—心轴　2—齿轮坯　3—工作台　4—分度蜗轮　5—分度蜗杆　6—滚刀

布不均匀而产生的转角误差最大值（它的线性值称为齿距累积总偏差）来评定。

2. 影响齿轮传动平稳性的主要误差

影响齿轮传动平稳性的误差，是齿轮同侧相邻齿廓间的齿距偏差和各个齿廓的形状误差，主要来源于被切齿轮齿距分布不均匀的加工误差及齿轮刀具和机床分度蜗杆的制造误差和安装误差。

（1）齿轮同侧相邻齿廓间的齿距偏差　这是指同侧相邻齿廓间的实际齿距与理论齿距的代数差，也称为单个齿距偏差。

（2）齿轮各齿廓的形状误差　齿轮齿廓的形状误差称为齿廓偏差，它是指在齿轮端平面内实际齿廓形状对渐开线的形状误差。

齿轮每转过一齿时单个齿距偏差和齿廓偏差是同时存在的，因此，齿轮传动平稳性应联合采用两者来评定。

3. 影响轮齿载荷分布均匀性的主要误差

齿轮啮合时，齿面接触不良会影响轮齿载荷分布均匀性。影响齿宽方向载荷分布均匀性的主要误差是实际螺旋线对理想螺旋线的偏离量，它称为螺旋线偏差；影响齿高方向载荷分布均匀性的主要误差是齿廓偏差。

齿轮每个轮齿的螺旋线偏差和齿廓偏差是同时存在的，因此，轮齿载荷分布均匀性应联合采用两者来评定。在确定齿轮公差时，后者由齿轮传动平稳性公差项目加以控制。

4. 影响侧隙的主要误差

齿轮上影响侧隙大小和侧隙不均匀的主要误差是齿厚偏差及齿厚变动量。齿厚偏差是指实际齿厚与公称齿厚之差。为了保证必要的最小侧隙，必须规定齿厚的最小减薄量，即齿厚上极限偏差；又为了保证侧隙不致过大，必须规定齿厚公差。实际齿厚的大小与切齿时齿轮刀具的切削深度有关，同一齿轮各齿齿厚的变动量与几何偏心有关。

三、圆柱齿轮的检测

导入问题 3：圆柱齿轮的检测方法有哪些？

为了评定齿轮的精度，国家标准 GB/T 10095. 1/2—2008 规定的强制性检测精度是齿距偏差（单个齿距偏差、齿距累积总偏差）、齿廓总偏差、螺旋线总偏差和径向跳动。此外，为了评定齿轮的齿厚减薄量，常用的指标是齿厚偏差或公法线长度偏差。

1. 齿厚偏差的测量

（1）齿厚偏差　对于直齿轮，齿厚偏差 E_{sn} 是指在分度圆柱面上，实际齿厚与公称齿厚（齿厚理论值）之差（图 6-32）。对于斜齿轮，指法向实际齿厚与公称齿厚之差。

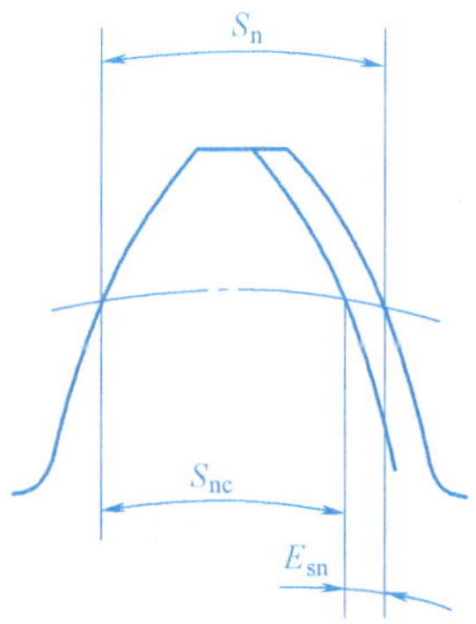

图 6-32　齿厚偏差

按照定义，齿厚以分度圆弧长计值（弧齿厚），但弧长不便于测量。因此，实际上是按分度圆上的弦齿高定位来测量弦齿厚的。如图 6-33 所示，直齿轮分度圆上的公称弦齿厚 S_{nc} 与公称弦齿高 h_c 的计算公式为

$$\left.\begin{aligned} S_{nc} &= mz\sin\delta \\ h_c &= r_a - \frac{mz}{2}\cos\delta \end{aligned}\right\} \quad (6\text{-}4)$$

式中　δ——分度圆弦齿厚之半所对应的中心角，$\delta=\frac{\pi}{2z}+\frac{2x}{z}\tan\alpha$；

r_a——齿轮齿顶圆半径的公称值；

m、z、α、x——齿轮的模数、齿数、标准压力角、变位系数。

齿厚偏差 E_{sn} 的合格条件是它在齿厚极限偏差范围内（$E_{sni}\leqslant E_{sn}\leqslant E_{sns}$）。

弦齿厚通常用游标齿厚卡尺或光学齿厚卡尺以弦齿高为依据来测量。由于测量弦齿厚以齿轮齿顶圆柱面作为测量基准，因此齿顶圆直径的实际偏差和齿顶圆柱面对齿轮基准轴线的径向圆跳动都对齿厚测量精度产生较大的影响。

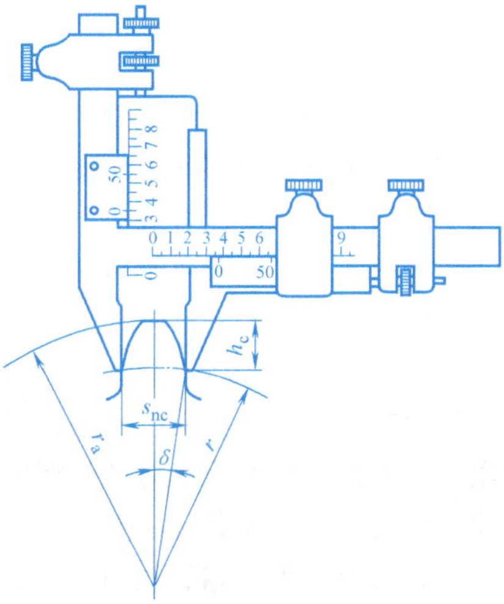

图 6-33　直齿轮分度圆上的弦齿厚与弦齿高

测量弦齿厚时，考虑到齿顶圆直径的尺寸偏差会产生弦齿高定位误差，对弦齿厚测量结果有影响，因此应把弦齿高的数值加以修正，修正结果 $h_{c(修正)}$ 如下

$$h_{c(修正)}=h_c+r_{a(实际)}-r_a$$

式中　$r_{a(实际)}$——齿顶圆半径的实测值。

进行齿轮精度设计时，如果对齿顶圆直径给出了严格的尺寸公差，则不必计及其尺寸偏差产生的弦齿高定位误差的影响。

（2）游标齿厚卡尺的操作步骤

1）用外径千分尺测量齿顶圆的实际直径；

2）计算分度圆处弦齿高 h_c 和弦齿厚 s_{nc}（可从表 6-16 查出）；

3）按 $h_{c(修正)}$ 值调整游标齿厚卡尺的垂直游标尺；

4）将游标齿厚卡尺置于被测齿轮上，使垂直游标尺的高度尺与齿顶相接触，然后移动水平游标尺的卡脚，使卡脚紧靠齿廓，从水平游标尺上读出弦齿厚的实际尺寸（用透光法判断接触情况）；

5）分别在圆周上间隔相同的几个轮齿上进行测量；

6）按齿轮图样标注的技术要求，确定齿厚上极限偏差 E_{sns} 和下极限偏差 E_{sni}，判断被测齿厚的适用性。

2. 公法线长度偏差的测量

齿轮齿厚的实际尺寸减小或增大，实际公法线长度也相应地减小或增大，因此可以测量公法线长度代替测量齿厚，以评定齿厚减薄量。

（1）公法线长度偏差　公法线长度是指齿轮上几个轮齿的两端异向齿廓间所包含的一段基圆圆弧，即该两端异向齿廓间基圆切线线段的长度，如图 6-34 所示。公法线长度偏差 E_{wm} 是指实际公法线长度 W_k 与公称公法线长度 W 之差。

直齿轮的公称公法线长度 W 按下式计算

$$W=m\cos\alpha[\pi(k-0.5)+z\mathrm{inv}\alpha]+2xm\sin\alpha \tag{6-5}$$

式中　m、z、α、x——齿轮的模数、齿数、标准压力角、变位系数；

$inv\alpha$——渐开线函数，$inv20° = 0.014904$；

k——测量时的跨齿数（整数）。

表 6-16　m=1mm 时分度圆弦齿高和弦齿厚的数值

z	s_{nc}/mm	h_c/mm	z	s_{nc}/mm	h_c/mm	z	s_{nc}/mm	h_c/mm
11	1.5655	1.0560	29	1.5700	1.0213	47	1.5705	1.0131
12	1.5663	1.0513	30	1.5701	1.0205	48	1.5705	1.0128
13	1.5669	1.0474	31	1.5701	1.0199	49	1.5705	1.0126
14	1.5673	1.0440	32	1.5702	1.0193	50	1.5705	1.0124
15	1.5679	1.0441	33	1.5702	1.0187	51	1.5705	1.0121
16	1.5683	1.0385	34	1.5702	1.0181	52	1.5706	1.0119
17	1.5686	1.0363	35	1.5703	1.0176	53	1.5706	1.0116
18	1.5688	1.0342	36	1.5703	1.0171	54	1.5706	1.0114
19	1.5690	1.0324	37	1.5703	1.0167	55	1.5706	1.0112
20	1.5692	1.0308	38	1.5703	1.0162	56	1.5706	1.0110
21	1.5693	1.0294	39	1.5704	1.0158	57	1.5706	1.0108
22	1.5694	1.0280	40	1.5704	1.0154	58	1.5706	1.0106
23	1.5695	1.0268	41	1.5704	1.0150	59	1.5706	1.0104
24	1.5696	1.0257	42	1.5704	1.0146	60	1.5706	1.0103
25	1.5697	1.0247	43	1.5705	1.0143	61	1.5706	1.0101
26	1.5698	1.0237	44	1.5705	1.0140	62	1.5706	1.0100
27	1.5698	1.0228	45	1.5705	1.0137	63	1.5706	1.0098
28	1.5699	1.0220	46	1.5705	1.0134	64	1.5706	1.0096

跨齿数 k 按照量具量仪的测量面与被测齿面大体上在齿高中部接触来选择。

对于标准直齿轮，$k = z\alpha/180° + 0.5$

对于变位直齿轮，$k = z\alpha m/180° + 0.5$，$\alpha m = \arccos[d_b/(d+2xm)]$，$d_b$ 和 d 分别为被测齿轮的基圆直径和分度圆直径。

计算出的 k 值通常不是整数，应将它化整为最接近计算值的整数。

公法线长度偏差 E_{wm} 的合格条件是它在其极限偏差范围内（$E_{wmi} \leqslant E_{wm} \leqslant E_{wms}$）。

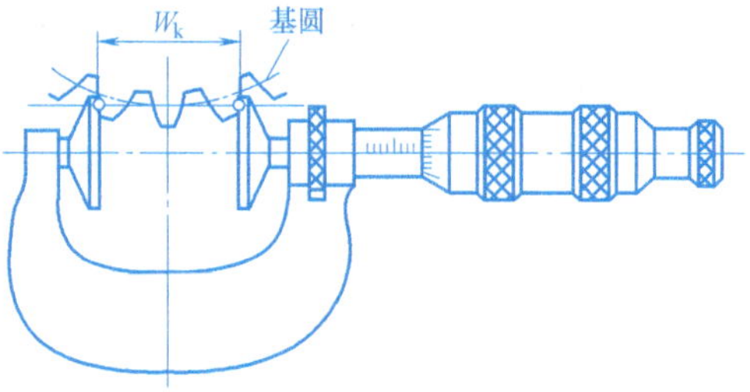

图 6-34　用公法线千分尺测量公法线长度

与测量齿厚相比较，测量公法线长度时测量精度不受齿顶圆直径偏差和齿顶圆柱面对齿轮基准轴线的径向圆跳动的影响。

16 公法线千分尺的使用

（2）公法线千分尺的操作步骤

1）根据齿轮的 α、m、z、x 值，用公式计算或查表 6-17 确定跨齿数 k 及公法线公称值 W；

2）将公法线千分尺的两个测头伸入齿槽，夹住齿侧测量公法线，让齿轮不动，左右摆动千分尺，手感测头夹紧齿侧，从千分尺的标尺上读数，此读数即为公法线的实际长度；

3）沿齿轮一周，测量各个实际公法线长度 W_i，从中找出 W_{max} 和 W_{min}，按下式计算公法线平均长度偏差 E_{wm} 和公法线长度变动 E_{bn}：

公法线平均长度偏差 $E_{wm}=(1/z)\sum W_i-W\ (i=1-z)$

公法线长度变动 $E_{bn}=W_{max}-W_{min}$

4）根据齿轮图样标注的技术要求，查出公法线长度变动公差 F_W，齿圈径向跳动公差，齿厚上、下极限偏差 E_{sns} 和 E_{sni}，按下式计算公法线平均长度的上、下极限偏差 E_{wms} 和 E_{wmi}：

$$E_{wms}=E_{sns}\cos\alpha-0.72F_r\sin\alpha$$

$$E_{wmi}=E_{sni}\cos\alpha+0.72F_r\sin\alpha$$

式中　$E_{sns}=-4f_{pt}$，$E_{sni}=-16f_{pt}$；

F_r——齿轮径向跳动；

α——标准压力角 $\alpha=20°$。

按 $E_{bn}\leqslant F_W$ 和 $E_{wmi}\leqslant E_{wm}\leqslant E_{wms}$ 来判断合格性。

表 6-17　$\alpha=20°$、$m=1$mm 的标准直齿圆柱齿轮的公法线长度公称值

齿轮齿数 z	跨齿数 k	公法线公称长度 W /mm	齿轮齿数 z	跨齿数 k	公法线公称长度 W /mm	齿轮齿数 z	跨齿数 k	公法线公称长度 W /mm
15	2	4.6383	27	4	10.7106	39	5	13.8308
16	2	4.6523	28	4	10.7246	40	5	13.8448
17	2	4.6663	29	4	10.7386	41	5	13.8588
18	3	7.6324	30	4	10.7526	42	5	13.8728
19	3	7.6464	31	4	10.7666	43	5	13.8868
20	3	7.6604	32	4	10.7806	44	5	13.9008
21	3	7.6744	33	4	10.7946	45	6	16.8670
22	3	7.6884	34	4	10.8006	46	6	16.8810
23	3	7.7024	35	4	10.8226	47	6	16.8950
24	3	7.7165	36	5	13.7888	48	6	16.9090
25	3	7.7305	37	5	13.8028	49	6	16.9230
26	3	7.7445	38	5	13.8168	50	6	16.9370

注：对于其他模数的齿轮，则将表中的数值乘以模数。

3. 齿距偏差、齿距累积总偏差的测量

（1）单个齿距偏差 f_{pt} 和齿距累积总偏差 F_p　单个齿距偏差 f_{pt} 指在齿轮端平面上，在接近齿高中部的一个与齿轮基准轴线同心的圆上，实际齿距与理论齿距之差。

齿距累积总偏差 F_p 指在齿轮端平面上，在接近齿高中部的一个与齿轮基准轴线同心的圆上，任意两个同侧齿面间的实际弧长与公称弧长之差的最大绝对值。

在实际测量中，通常采用某一齿距作为基准齿距，测量其余齿距对基准齿距的偏差。然

后通过数据处理来求解齿距偏差 f_{pt} 和齿距累积总偏差 F_p。要求测量应在齿高中部同一圆周上进行，这就要求必须保证测量基准的精度。齿轮的测量基准可选用齿轮内孔、齿顶圆和齿根圆，但为了使测量基准与装配基准一致，最好选用内孔。当选用齿顶作为基准时，必须控制齿顶圆对内孔轴线的径向圆跳动。实际生产中常根据所用量具的结构来确定测量基准。

（2）手持式齿距比较仪的操作步骤　图 6-35 所示为手持式齿距比较仪，它以齿顶圆作为测量基准，指示表的分度值为 0.005mm，测量范围为模数为 3～15mm。其操作步骤如下：

1）调整测量爪的位置。将固定测量爪 2 按被测齿轮模数调整到模数标尺的相应刻度线上，然后用螺钉 9 固定。

2）调整定位脚的相对位置。调整定位脚 4、5 的位置，使测量爪 2、3 在齿轮分度圆附近与两相邻同侧齿面接触，并使两接触点分别与两齿顶距离接近相等，然后用螺钉 6 固定。最后调整辅助定位脚 8，并用螺钉固定。

3）调节指示表零位。以任一齿距作为基准齿距（注上标记），将指示表 7 对准零位，然后将仪器测量爪稍微移开轮齿，再重新使它们接触，以检查指示表示值的稳定性。这样重复 3 次，待指示表稳定后，再调节指示表 7 对准零位。

图 6-35　手持式齿距比较仪

1—板　2、3—测量爪　4、5、8—定位脚　6、9—螺钉　7—指示表

4）逐齿测量各齿距的相对偏差，并将测量结果记录下来。

5）处理测量数据。

齿距累积总偏差可以用计算法或作图法求解，下面以实例说明。

1）用计算法处理测量数据。用于数据处理的测量数据实例见表 6-18。

表 6-18　数据处理　（单位：μm）

一	二	三	四	五
齿序	齿距相对偏差	相对齿距累积总偏差	齿距偏差	齿距累积总偏差
n	$f_{pt相对}$	$\Sigma f_{pt相对}$	f_{pt}	F_p
1	0	0	-0.5	-0.5
2	-1	-1	-1.5	-2.0
3	-2	-3	-2.5	-4.5
4	-1	-4	-1.5	-6.0
5	-2	-6	-2.5	-8.5
6	+3	-3	+2.5	-6.0
7	+2	-1	+1.5	-4.5
8	+3	+2	+2.5	-2.0
9	+2	+4	+1.5	-0.5
10	+4	+8	+3.5	+3.0
11	-1	+7	-1.5	+1.5
12	-1	+6	-1.5	0

将测得的齿距相对偏差（$f_{pt相对}$）记入表 6-18 中第 2 列。根据测得的 $f_{pt相对}$ 逐齿累积，计算出相对齿距累积总偏差（$\Sigma f_{pt相对}$），记入第 3 列。

计算基准齿距对理论齿距的偏差时，因为第 1 个齿距是任意选定的，假设它对理论齿距的偏差为 k，以后每测一个齿都引入了该偏差 k，k 值为各个齿距相对偏差的平均值，可按下式计算

$$k=\Sigma f_{pt相对}/z=\frac{6}{12}\mu m=0.5\mu m$$

式中　z—齿轮齿数。

各齿距相对偏差分别减去 k 值，即为各齿距偏差，记入表 6-18 中第 4 列。其中最大的绝对值为被测齿轮的齿距偏差 $f_{pt}=3.5\mu m$。根据各齿距偏差，逐齿累积，求得各齿的齿距累积总偏差，记入表 6-18 中第 5 列，该列中的最大值与最小值之差，即为被测齿轮的齿距累积总偏差 F_p，其值可按下式计算

$$F_p=F_{pmax}-F_{pmin}=[3-(-8.5)]\mu m=11.5\mu m$$

根据 GB/T 10095.1—2008，查出齿距累积总偏差 F_p 和齿距极限偏差 $\pm f_{pt}$ 数值，判断被测齿轮的适用性。

2）用作图法处理测量数据。以横坐标代表齿序，纵坐标代表表 6-18 中第 3 列内的相对齿距累积总偏差，绘出如图 6-36 所示的折线。连接折线首末两点的直线作为相对齿距累积总偏差的坐标线，从折线的最高点与最低点分别作平行于此坐标线的直线，所得的两条平行线在纵坐标上的距离即为齿距累积总偏差 F_p。

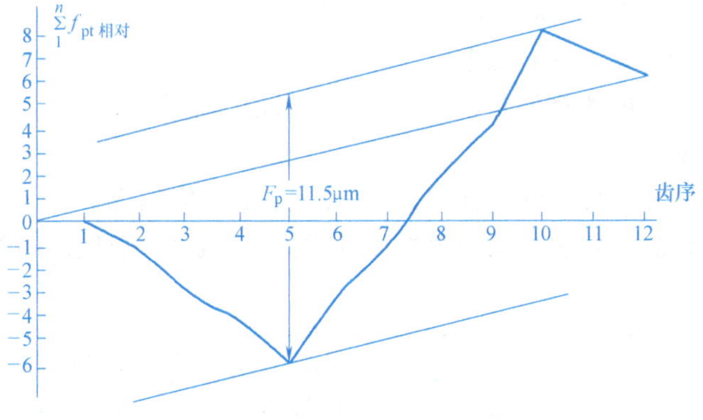

图 6-36　相对齿距累积总偏差坐标线

（3）万能测齿仪的操作步骤　万能测齿仪是应用比较广泛的齿轮测量仪器，它除了可以测量圆柱齿轮的齿距、基节、齿轮径向跳动和齿厚外，还可以测量锥齿轮和蜗轮。图 6-37 所示为万能测齿仪外形图，其测量基准是齿轮内孔。

万能测齿仪的使用步骤如下：

1）擦净被测齿轮，将其安装在仪器的两顶尖上；

2）调整仪器，使测量装置上的两个测量爪进入齿间，在分度圆附近与相邻两个同侧齿面接触；

3）在齿轮心轴上挂上重锤，使齿轮紧靠在定位爪上（图 6-38）；

4）测量时，先以任一齿距作为基准齿距，调整指示表的零位，然后使测量爪反复退出

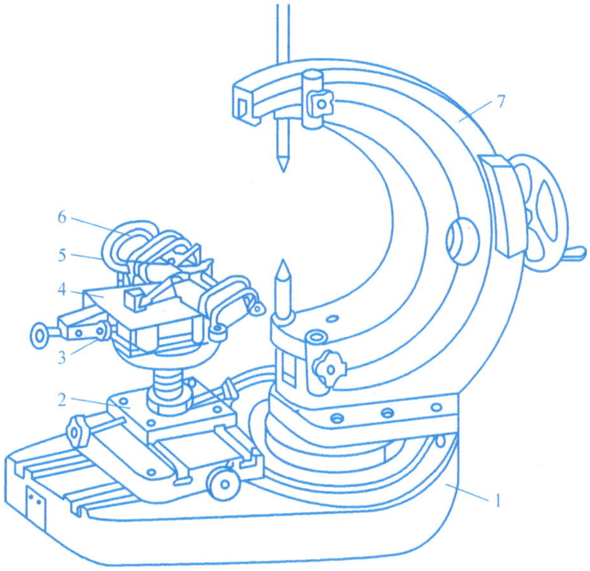

图 6-37　万能测齿仪外形图

1— 基座　2—支架　3—锁紧装置　4—滑板　5—测量装置　6—指示表　7—弧形支架

与进入被测齿面，以检查指示表示值的稳定性；

5）退出测量爪，将齿轮转动一个齿，使两个测量爪与另一对齿面接触，逐齿测量各齿距，从指示表上读出齿距相对偏差（$f_{pt相对}$）；

6）处理测量数据（方法如前）；

7）根据 GB/T 10095.1—2008 查出齿轮齿距累积总偏差 F_p 和齿距极限偏 $\pm f_{pt}$ 数值，判断被测齿轮的适用性。

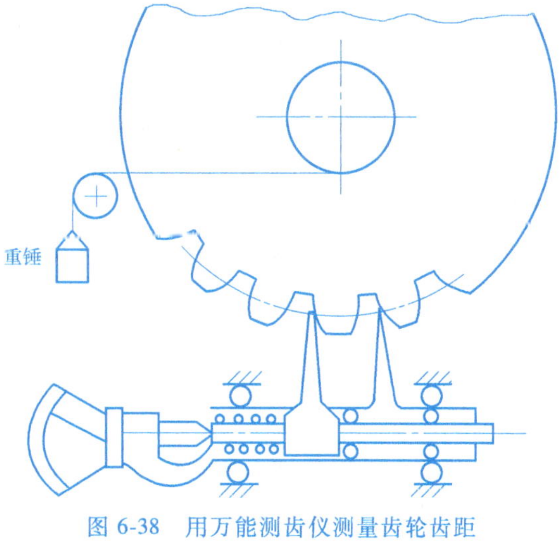

图 6-38　用万能测齿仪测量齿轮齿距

4. 齿轮径向跳动的测量

（1）齿轮径向跳动 F_r　齿轮径向跳动 F_r 是指将测头相继放入被测齿轮每个齿槽内，于接近齿高中部的位置与左右齿面接触时，从该测头到该齿轮基准轴线的最大距离与最小距离之差，如图 6-39 所示。

齿轮径向跳动主要是由于加工轮齿时齿轮坯的安装偏心引起的，它影响了传递运动的准确性。由于齿轮径向跳动是由加工时径向性质的因素所引起的误差，故仅作为影响传递运动准确性中属于径向性质的单项性误差指标。

另外，即使将齿轮径向跳动为零的齿轮装到机器上，若齿轮内孔与传动轴之间存在间隙，往往还会产生装配偏心，使齿轮的轴线与传动轴的轴线不重合。这样，运转时对传递运动准确性的影响，与齿轮径向跳动的影响相似。

（2）齿轮跳动检查仪的操作步骤　齿轮跳动检查仪的外形如图 6-40 所示，其指示表的

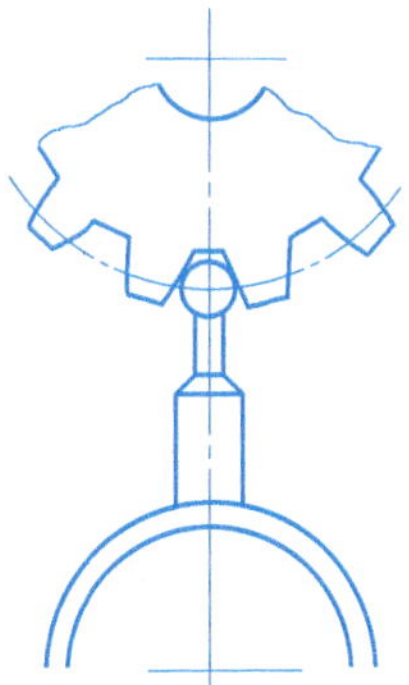

图 6-39　齿圈径向跳动

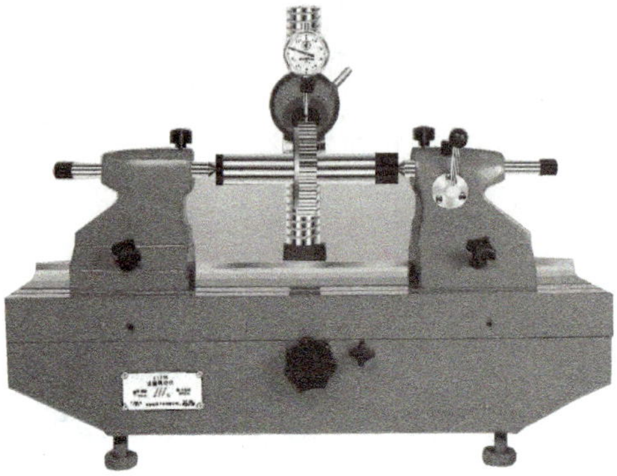

图 6-40　齿轮跳动检查仪外形图

分度值为 0.001mm，该仪器可测量模数为 0.3~5mm 的齿轮。

1）根据被测齿轮的模数，选择合适的球形测量头装入指示表测量杆的下端。测量齿轮径向跳动误差应在分度圆附近与齿面接触，故测量球或圆柱的直径 d 应按下述尺寸制造或选取

$$d=1.68m$$

式中　m——齿轮模数（mm）。

2）将被测齿轮和心轴装在仪器的两顶尖上，拧紧螺钉。

3）转动手柄，调整滑板的位置，使指示表测量头位于齿宽的中部。借升降调节螺母和提升手把，使测量头位于齿槽内。调整指示表的零位，并使其指针压缩 1~2 圈。

4）每测一齿，需抬起提升手把，使指示表的测量头离开齿面，逐齿测量一圈，并记录指示表的读数。

5）处理测量数据，根据 GB/T 10095.2—2008 查出齿轮的径向跳动公差 F_r 的数值，判断被测齿轮的适用性。

自检自查

判断题

1. 齿轮传动的平稳性是要求齿轮一转内最大转角误差限制在一定的范围内。(　　)
2. 齿轮传动的振动和噪声是由于齿轮传递运动的不准确性引起的。(　　)

参考文献

［1］ 徐茂功．公差配合与技术测量［M］．4版．北京：机械工业出版社，2020.

［2］ 甘永立．几何量公差与检测［M］．8版．上海：上海科学技术出版社，2009.

［3］ 王伯平．互换性与测量技术基础［M］．5版．北京：机械工业出版社，2019.

［4］ 顾小玲．量具、量仪与测量技术［M］．北京：机械工业出版社，2019.

［5］ 王颖．公差选用与零件测量［M］．2版．北京：高等教育出版社，2018.